復刊　基礎数学シリーズ……………………………3

# ベクトル空間入門

小松醇郎　菅原正博

朝倉書店

小堀　憲
小松醇郎
福原満洲雄
編集

## 基礎数学シリーズ
# 編集のことば

近年における科学技術の発展は，極めてめざましいものがある．その発展の基盤には，数学の知識の応用もさることながら，数学的思考方法，数学的精神の浸透が大きい．理工学はじめ医学・農学・経済学など広汎な分野で，数学の知識のみならず基礎的な考え方の素養が必要なのである．近代数学の理念に接しなければ，知識の活用も多きを望めないであろう．

編者らは，このような事実を考慮し，数学の各分野における基本的知識を確実に伝えることを目的として本シリーズの刊行を企画したのである．

上の主旨にしたがって本シリーズでは，重要な基礎概念をとくに詳しく説明し，近代数学の考え方を平易に理解できるよう解説してある．高等学校の数学に直結して，数学の基本を悟り，更に進んで高等数学の理解への大道に容易にはいれるよう書かれてある．

これによって，高校の数学教育に携わる人たちや技術関係の人々の参考書として，また学生の入門書として，ひろく利用されることを念願としている．

このシリーズは，読者を数学という花壇へ招待し，それの観覧に資するとともに，つぎの段階にすすむための力を養うに役立つことを意図したものである．

# 序

高校の数学にベクトルが導入されてからすでに久しい．従ってベクトルはポピュラーな概念になりつつある．しかし，高校における取扱いは“内積を使っての計算”が主であるかのようで，ベクトルの意味の理解には到底及ぶべくもないと思われる．本書はそのベクトルを正しく理解できるよう，さらにすすんでベクトル空間の概念にまで発展させて解説したものである．

このために，ベクトルの理解に必要な幾何学的側面である３次元アフィン空間またはユークリッド空間の性質について説明し，その幾何ベクトルのつくる３次元ベクトル空間について精確に述べた．一般のベクトル空間はその自然な形式的発展に過ぎないので，このようなベクトル空間への入門によって，いわゆる線形代数学の直観的理解も容易になるものと確信している．

１章は集合と実数についての準備である．実数の構造は2，３章で特に利用されている．

２章も準備の章で，計量的構造をもたないアフィン空間の説明である．３章はその幾何ベクトルの線形性であり，線形性はベクトル空間の概念の主要部分である．高校の数学ではふれていない部分でもある．４章の計量性は，長さ等の計量的構造をもつユークリッド空間について準備した後，その幾何ベクトルの内積を定義して解説される．５章は空間の点変換であり，ここでもアフィン構造をたもつアフィン変換と計量的構造をたもつ合同変換に分けて考え，それぞれの特長的性質が述べられる．なお，変換の行列表現は本シリーズの奥川光太郎著‘線形代数学入門’に述べられているので，行列表現を使わない具体的変換式で取扱ってある．

６章は$n$次元ベクトル空間で，ここではじめて実数体上のベクトル空間の一般論がこれまでの解説の自然な発展として述べられる．７章は一般の体上のベクトル空間，特に複素数体上のそれを簡単に述べたものである．

このように，幾何学的側面の準備のために多くのページ数をさいたが，勿論幾何学基礎論を述べようという意図は毛頭なく，ベクトル空間を正しく理解するために必要な程度にとどめた．ただ，“幾何的性質を考える”ことがなおざりにされる傾向にあるとき，ベクトルの導入のために基本的な幾何的性質を考えることは特に意義深いと思う．

本書は8，9年前本シリーズ刊行の初期に著者の1人が著述を企画したものであるが，不慮の事故により執筆が困難となり，共著で刊行のはこびに至ったのである．この間，本書の刊行を督促された方々に御詫びするとともに，辛抱強く待って頂いた朝倉書店の方々に謝意を表したい．

1974年10月

著　　者

# 目　　次

# 1. 集合，実数についての準備

この章では，まず集合について記号と用語を準備する．また，よく知られている実数の四則演算などの代数的性質および連続性などの位相的性質は，いくつかの基礎的性質に基づいているので，それらについて後章のために準備しておこう．

## 1.1 集　　合

ある条件をみたし，きまった範囲をなしている互いに区別できるものの集りを考え，それを**集合**とよび，その個々のものをその集合の**元**または**点**とよぶ．集合を $X$ で，元を $x$ で表わすとき，記号

$$x \in X \quad \text{または} \quad X \ni x$$

は元 $x$ が集合 $X$ の元であることを示す．記号

$$x \notin X \quad \text{または} \quad X \not\ni x$$

はその否定，すなわち $x$ が $X$ の元ではないこと，を示すものとする．

いかなるものも元として含まない集りも1つの集合と考えて**空集合**といい，$\phi$ で表わすこととする．

元 $x$ が集合 $X$ の元である条件が条件 $P(x)$ で与えられているとき，$X=\{x|P(x)\}$ と表わされる．また $X$ の元が $x, y, \cdots, z$ であるとき $X=\{x, y, \cdots, z\}$ と表わされる．

集合 $A$ の元がすべて集合 $X$ の元であるとき，すなわち

$$x \in A \Rightarrow x \in X$$

のとき，$A$ は $X$ の**部分集合**であるといい，記号

$$A \subset X \quad \text{または} \quad X \supset A$$

で表わす．ここに‘$\Rightarrow$’は‘ならば’を意味する記号である．集合 $A$ と集合 $X$ が同じ集合であるのは

$$x \in A \Longleftrightarrow x \in X$$

のとき，すなわち

$$A \subset X \quad \text{かつ} \quad A \supset X$$

のときであり，$A = X$ と表わされる．ここに‘$\Longleftrightarrow$’は‘$\Rightarrow$ かつ $\Leftarrow$’を意味する記号で，いわゆる‘必要かつ十分’を意味する．

**例題 1**　$$\phi \subset X.$$

**例題 2**　$$(A \subset X, B \subset A) \Rightarrow B \subset X.$$

集合 $X$, $Y$ が与えられているとき，以下のように種々の第 3 の集合が定義される．

$X$ と $Y$ の**和集合** $X \cup Y$ とは $X$ または $Y$ に属する元全体のつくる集合をいう．すなわち

$$X \cup Y = \{x \mid x \in X \quad \text{または} \quad x \in Y\}.$$

$X$ と $Y$ の**共通部分**または**交わり** $X \cap Y$ とは $X$ と $Y$ の両方に属する元全体のつくる集合をいう．すなわち

$$X \cap Y = \{x \mid x \in X \quad \text{かつ} \quad x \in Y\}.$$

また $X$ と $Y$ の**差集合**または $X$ に関する $Y$ の**補集合** $X - Y$ とは，$X$ の元で $Y$ に属さないもののつくる集合をいう．すなわち

$$X - Y = \{x \mid x \in X \quad \text{かつ} \quad x \notin Y\}$$

一般に有限個の集合 $X_1, X_2, \cdots, X_n$ に対しても，同様に**和集合** $X_1 \cup X_2 \cup \cdots \cup X_n$ および**共通部分** $X_1 \cap X_2 \cap \cdots \cap X_n$ が定義される．すなわち

$$\begin{aligned} & X_1 \cup X_2 \cup \cdots \cup X_n \\ &= \{x \mid \text{ある } i \ (1 \leqq i \leqq n) \text{ が存在して } x \in X_i\}, \\ & X_1 \cap X_2 \cap \cdots \cap X_n \\ &= \{x \mid \text{すべての } i \ (1 \leqq i \leqq n) \text{ に対し } x \in X_i\}. \end{aligned}$$

**例題 3**　$$X \cup Y = Y \cup X, \qquad X \cap Y = Y \cap X.$$

**例題 4**　$$(X \cup Y) \cup Z = X \cup (Y \cup Z) = X \cup Y \cup Z,$$
$$(X \cap Y) \cap Z = X \cap (Y \cap Z) = X \cap Y \cap Z.$$

**例題 5**　$$(X \cup Y) \cap Z = (X \cap Z) \cup (Y \cap Z),$$
$$(X \cap Y) \cup Z = (X \cup Z) \cap (Y \cup Z).$$

**例題 6**
$$X-(Y\cup Z)=(X-Y)\cap(X-Z),$$
$$X-(Y\cap Z)=(X-Y)\cup(X-Z).$$

集合 $X_1, X_2, \cdots, X_n$ の**直積** $X_1\times X_2\times\cdots\times X_n$ とは元 $x_i\in X_i(1\leqq i\leqq n)$ の(順序づけられた)組 $(x_1, x_2, \cdots, x_n)$ のつくる集合をいう．ここに $(x_1, x_2, \cdots, x_n)=(y_1, y_2, \cdots, y_n)$ であるのはすべての $i$ $(1\leqq i\leqq n)$ に対し $x_i=y_i$ のとき，かつそのときに限るとする．$X=X_1=X_2=\cdots=X_n$ のとき，この直積は $X^n$ と表わされる．すなわち
$$X^n=\{(x_1, x_2, \cdots, x_n)\,|\,x_i\in X(1\leqq i\leqq n)\}.$$

集合 $X$ と集合 $Y$ が与えられて，$X$ の各元 $x$ に対して $Y$ のある元 $y$ を一意に対応させる規則 $f$ が定まっているとき，$X$ から $Y$ への(一意)**写像** $f$ が定められているといい，記号
$$f: X\to Y$$
で表わす．規則 $f$ によって元 $x\in X$ に元 $y\in Y$ が対応するとき，
$$y=f(x)$$
と書いて，$y$ を $x$ の写像 $f$ による**像**という．

写像 $f: X\to Y$，$g: Y\to Z$ に対し，写像 $h: X\to Z$ を
$$h(x)=g(f(x)) \qquad (x\in X)$$
で定義することができる．この $h$ を $f$ と $g$ の**合成**とよび，
$$h=g\circ f: X\to Z$$
で表わす．

写像 $f: X\to Y$ が与えられたとき，$X$ の部分集合 $A$ の $f$ による**像** $f(A)$ は $A$ の元の $f$ による像の集合である．すなわち
$$f(A)=\{f(x)\,|\,x\in A\}\ (\subset Y).$$
また $Y$ の部分集合 $B$ の $f$ による**逆像**または**原像** $f^{-1}(B)$ は，$X$ の元でその $f$ による像が $B$ に属するもののつくる集合である．すなわち
$$f^{-1}(B)=\{x\,|\,x\in X, f(x)\in B\}\ (\subset X).$$
$y\in B$ に対し，1点 $y$ からなる部分集合 $\{y\}$ の逆像 $f^{-1}(\{y\})$ を簡単のため $f^{-1}(y)$ と書く．

**例題 7**　$A_1 \subset A_2 \Rightarrow f(A_1) \subset f(A_2)$； $B_1 \subset B_2 \Rightarrow f^{-1}(B_1) \subset f^{-1}(B_2)$.

**例題 8**　$f(A_1 \cup A_2) = f(A_1) \cup f(A_2)$； $f^{-1}(B_1 \cup B_2) = f^{-1}(B_1) \cup f^{-1}(B_2)$.

**例題 9**　$f(A_1 \cap A_2) \subset f(A_1) \cap f(A_2)$； $f^{-1}(B_1 \cap B_2) = f^{-1}(B_1) \cap f^{-1}(B_2)$.

**例題 10**　$f(A_1 - A_2) \supset f(A_1) - f(A_2)$； $f^{-1}(B_1 - B_2) = f^{-1}(B_1) - f^{-1}(B_2)$.

**例題 11**　$f^{-1}(f(A)) \supset A$； $f(f^{-1}(B)) = B \cap f(X)$.

写像 $f: X \to Y$ が**全射**または**上への写像**であるのは $f(X) = Y$ のときと定義され， $f$ が**単射**または **1-1 写像**であるのは各元 $y \in Y$ に対し逆像 $f^{-1}(y)$ が空集合か 1 点のみからなる集合のときと定義される．

写像 $f: X \to Y$ が全射かつ単射のとき，$f$ は**全単射**であるといい，

$$f: X \rightleftarrows Y \quad \text{または} \quad f: X \sim Y$$

と書き表わす．これは各 $y \in Y$ に対し逆像 $f^{-1}(y)$ がただ 1 点からなる集合のときであり，全単射 $f$ の**逆写像**

$$f^{-1}: Y \rightleftarrows X, \ \ f^{-1}(y) = x \Longleftrightarrow f^{-1}(y) = \{x\},$$

が定義できる．たとえば任意の集合 $X$ に対し**恒等写像**

$$1_X: X \to X, \quad 1_X(x) = x \quad (x \in X),$$

は全単射であり，その逆写像も恒等写像である．

全単射 $f: X \sim Y$ が存在するとき，集合 $X$, $Y$ は**対等**である，または **1-1 対応**がつくという．

**例題 12**　写像 $f: X \to Y$, $g: Y \to Z$ がともに全射，単射または全単射ならば，その合成 $g \circ f: X \to Z$ もそうである．

**例題 13**　直積 $(X \times Y) \times Z$ と $X \times Y \times Z$ は元 $((x, y), z)$ に元 $(x, y, z)$ を対応させることによって 1-1 対応がつく．

集合 $X$ において**同値関係** $\sim$ が与えられているとは， 任意の元 $x, y \in X$ はその関係にある（$x \sim y$ と書き，$x$ と $y$ は**同値**であるという）かないかが確定していて，各元 $x, y, z \in X$ に対して

$$x \sim x, \qquad \text{（反射律）}$$

$$x \sim y \Rightarrow y \sim x, \qquad \text{（対称律）}$$

$$(x \sim y, \ y \sim z) \Rightarrow x \sim z, \qquad \text{（推移律）}$$

が成り立つときをいう．このとき，元 $x\in X$ と同値な元全体のつくる $X$ の部分集合

(1.1) $$[x]=\{y|y\in X, x\sim y\}$$

を $x$ の**同値類**とよぶ．

**定理 1.1** (i) $x\in[x]$.

(ii) つぎの条件 (1)〜(6) は互いに同値である：

(1) $x\sim y$,　(2) $y\in[x]$,　(3) $x\in[y]$,　(4) $[x]=[y]$,

(5) $x$ と $y$ がある同値類 $[z]$ に属する，　(6) $[x]\cap[y]\neq\phi$.

**証明** (i) 反射律より明らか．

(ii) (1)$\Longleftrightarrow$(2)$\Longleftrightarrow$(3) 定義と対称律より明らか．(1)$\Rightarrow$(4) $z\in[y]$ ならば $y\sim z$，したがって (1) と推移律より $x\sim z$，すなわち $z\in[x]$． 逆は (1) と対称律より $y\sim x$ だから同様．(4)$\Rightarrow$(5) (i)より明らか．(5)$\Longleftrightarrow$(6)$\Rightarrow$(1) (2)$\Longleftrightarrow$(3) より $x, y\in[z]$ と $z\in[x]\cap[y]$ とは同値である．さらに，このとき(1)$\Longleftrightarrow$(2) より $x\sim z$, $z\sim y$ となり，推移律より $x\sim y$.

（証終）

この定理より，各元 $x\in X$ に対して $x$ を含む同値類はただ1つ存在し，それは $x$ の同値類 $[x]$ である．同値類 $[x]$ に対し，その元 $y\in[x]$ を $[x]$ の**代表元**とよび，$y$ は $[x]$ を**表わす**ともいう．$\sim$ による同値類の集合を

(1.2) $$X/\sim=\{[x]|x\in X\}$$

と書き，同値関係 $\sim$ によって $X$ を類別してえられる**商集合**，または $X$ において互いに同値な元を同一視してえられる**等化集合**とよぶ．

**例題 14** 元 $x\in X$ にそれを含むただ1つの同値類 $[x]\in X/\sim$ を対応させることによって，全射

$$p: X\to X/\sim,\quad p(x)=[x]$$

がえられる．これを商集合への**自然な射影**とよぶ．

**例題 15** 自然数の集合を $\boldsymbol{N}=\{1,2,3,\cdots\}$ で表わす．直積 $\boldsymbol{N}\times\boldsymbol{N}$ において，

$$(n,m)\sim(n',m')\Longleftrightarrow n+m'=m+n'\qquad((n,m),(n',m')\in\boldsymbol{N}\times\boldsymbol{N})$$

により $\sim$ を定義すれば，$\sim$ は $\boldsymbol{N}\times\boldsymbol{N}$ における同値関係である．さらに，商集合 $\boldsymbol{N}\times\boldsymbol{N}/\sim$ は整数の集合

$$\boldsymbol{Z}=\{0,\pm1,\pm2,\cdots\}$$

と 1-1 対応にある．実際，同値類 $[(n,m)]\in\boldsymbol{N}\times\boldsymbol{N}/\sim$ に整数 $n-m\in\boldsymbol{Z}$ を対応させればよい．

**例題 16**　直積 $\boldsymbol{Z}\times\boldsymbol{N}$ において，

$$(p,n)\sim(p',n')\Longleftrightarrow pn'=np' \qquad ((p,n),(p',n')\in\boldsymbol{Z}\times\boldsymbol{N})$$

により $\sim$ を定義すれば，$\sim$ は $\boldsymbol{Z}\times\boldsymbol{N}$ における同値関係である．さらに，商集合 $\boldsymbol{Z}\times\boldsymbol{N}/\sim$ は有理数の集合 $\boldsymbol{Q}$ と 1-1 対応にある．実際，同値類 $[(p,n)]$ に有理数 $p/n$ を対応させればよい．

集合 $X$ において**順序関係** $<$ が与えられているとは，任意の元 $x,y\in X$ はその関係にある($x<y$ または $y>x$ と書く)か，ない($x\nless y$ と書く)かが確定していて，各元 $x,y,z\in X$ に対して

$$(1.3)\qquad (x<y,\ y<z)\Rightarrow x<z, \qquad \textbf{(推移性)}$$

$$(1.4)\qquad x<y\Rightarrow (x\neq y,\ y\nless x), \qquad \textbf{(反対称性)}$$

が成り立つときをいう．このとき集合 $X=(X,<)$ を**順序集合**とよぶ．さらに，

(1.5)　任意の $x,y\in X$ に対し，関係

$$x<y,\ y<x \quad \text{または} \quad x=y$$

のうちただ1つだけが成り立つ，　　**(比較可能性)**

ならば，$(X,<)$ を**全順序集合**または**線形順序集合**とよぶ．明らかに，

**補題 1.2**　(1.5) ならば (1.4) である．従って全順序 $<$ は (1.3) と (1.5) をみたすものとしてよい．

順序集合 $X=(X,<)$ の部分集合 $A$ に対し，元 $x\in X$ が任意の $a\in A$ に対し $a\leqq x$[1] $(x\leqq a)$ をみたすとき，$x$ を $A$ の**上(下)界**とよび，このような $x$ が存在するとき $A$ は**上(下)に有界**であるという．さらに $a_0\in A$ が $A$ の上(下)界のとき，$a_0$ を $A$ の**最大(小)元**とよび，

1) '$a<x$ または $a=x$' をこのように略記する．

$$a_0=\max A \qquad (a_0=\min A)$$

と書き表わす．また，$A$ の上(下)界全体のつくる部分集合に最小(大)元 $x_0\in X$ が存在するとき，$x_0$ を $A$ の**上(下)限**とよび，

$$x_0=\sup A \qquad (x_0=\inf A)$$ [1)]

と書き表わす．

**補題 1.3**　全順序集合 $X$ とその部分集合 $A$ に対し，$x_0\in X$ が $A$ の上限であるためには，次の（1），（2）をみたすことが必要十分である．

（1）　任意の $a\in A$ に対し $a\leqq x_0$.

（2）　$x<x_0$ である任意の $x\in X$ に対し $x<a$ をみたす $a\in A$ が存在する．

下限についても全く同様のことが成り立つ．

**証明**　（1）は '$x_0$ は $A$ の上界' ということである．(1.5) より $x<a\Longleftrightarrow a\nleqq x$ だから，（2）は '$x<x_0$ ならば $x$ は $A$ の上界でない' こと，すなわち '$x$ が $A$ の上界ならば $x_0\leqq x$' と同値である．従って，（1），（2）は '$x_0$ が $A$ の最小上界' と同値である．　（証終）

**例題 17**　順序集合 $X$ の部分集合 $A$ に対し，最大元 $\max A$ が存在すればただ1つである．最小元，上限，下限についても同様．

［解］　定義と反対称性 (1.4) より明らか．　（以上）

**例題 18**　自然数の集合 $\boldsymbol{N}$ の任意の部分集合 $A\neq\phi$ は最小数をもつ．

［解］　$A$ に最小数がないとする．このとき $1\notin A$ であり，$m\notin A\,(1\leqq m\leqq n)$ ならば $n+1\notin A$ であるから，帰納法より $n\notin A\,(n\in\boldsymbol{N})$ で，$A=\phi$ となる．

（以上）

**問 1**

$$X\cup\phi=X, \qquad X\cap\phi=\phi.$$

**問 2**

$$X\subset Y\Longleftrightarrow X-Y=\phi,$$

$$X\cap Y=\phi\Longleftrightarrow X-Y=X.$$

**問 3**　写像 $f:X\to Y$ が単射ならば，例題9～11 の第1式において等号が成り立つ．すなわち

$$f(A_1\cap A_2)=f(A_1)\cap f(A_2), \qquad f(A_1-A_2)=f(A_1)-f(A_2),$$

$$f^{-1}f(A)=A.$$

**問 4**　写像 $f:X\to Y,\ g:Y\to Z$ と合成 $g\circ f:X\to Z$ について，

1)　最小上界(最大下界)ともよばれ，l.u.b. $A$(g.l.b. $A$)と書き表わされることも多い．

（i） $g\circ f$ が全射ならば $g$ も全射である.

（ii） $g\circ f$ が単射ならば $f$ も単射である.

**問 5** 写像 $f: X\to Y$ が全単射であるためには，写像 $g: Y\to X$ で $g\circ f=1_X, f\circ g=1_Y$ をみたすものの存在が必要十分である．このとき，$g$ は全単射 $f$ の逆写像 $f^{-1}$ となる.

**問 6** 自然数 $n$ 以下の自然数の集合 $\{1, 2, \cdots, n\}$ と自然数 $m$ 以下の自然数の集合 $\{1, 2, \cdots, m\}$ が対等であるのは $n=m$ のときだけである.

**問 7** $\sup A\in A$ ならば $\sup A=\max A$.

## 1.2 実　　数

**実数の集合**を $\boldsymbol{R}$ で表わすこととする.

実数はいろいろな性質をもっているが，その四則演算と大小関係のもっているよく知られた代数的性質は以下のようにまとめられる.

**実数の和・積**　任意の実数 $x, y$ に対して**和** $x+y\in\boldsymbol{R}$ と**積** $xy\in\boldsymbol{R}$ が一意に定まり，すなわち写像

$$+: \boldsymbol{R}\times\boldsymbol{R}\to\boldsymbol{R},\qquad +(x, y)=x+y,$$
$$\cdot: \boldsymbol{R}\times\boldsymbol{R}\to\boldsymbol{R},\qquad \cdot(x, y)=xy,$$

が与えられ，次の性質 (1.6)～(1.14) が成り立つ.

(1.6)　$(x+y)+z=x+(y+z).$　（和の**結合律**）

(1.7)　元 $0\in\boldsymbol{R}$ が存在して

$$x+0=0+x=x.$$　（**零元**の存在）

(1.8)　任意の $x\in\boldsymbol{R}$ に対して元 $-x\in\boldsymbol{R}$ が存在し

$$x+(-x)=(-x)+x=0.$$　（和の**逆元**の存在）

(1.9)　$x+y=y+x.$　（和の**可換律**）

(1.10)　$(xy)z=x(yz).$　（積の**結合律**）

(1.11)　元 $1\in\boldsymbol{R}$, $1\neq 0$ が存在して

$$x1=1x=x.$$　（**単位元**の存在）

(1.12)　任意の $x\in\boldsymbol{R}$, $x\neq 0$ に対して元 $x^{-1}\in\boldsymbol{R}$ が存在し

$$xx^{-1}=x^{-1}x=1.$$　（積の**逆元**の存在）

(1.13)　$(x+y)z=xz+yz$[1],

1) この右辺は，普通のように，まず積を求めてから和をとるものと約束している.

$$x(y+z)=xy+xz. \qquad \text{(配分律)}$$

(1.14) $$xy=yx. \qquad \text{(積の可換律)}$$

ここに $x, y, z \in \boldsymbol{R}$.

次の定理は容易に示すことができる.

**定理 1.4** (i) (1.7) の元 0 は一意に定まる.

(ii) 任意の $x \in \boldsymbol{R}$ に対して (1.8) の元 $-x$ は一意に定まる.

(iii) 任意の $x, y \in \boldsymbol{R}$ に対して

$$x=z+y, \qquad x=y+w$$

をみたす $z, w \in \boldsymbol{R}$ が一意に存在して, $z=x+(-y)$, $w=(-y)+x$ である.

(iv) (1.11) の元 1 は一意に定まる.

(v) 任意の $x \neq 0$ に対して (1.12) の元 $x^{-1}$ は一意に定まる.

(vi) 任意の $x, y \in \boldsymbol{R}$, $y \neq 0$, に対して

$$x=zy, \qquad x=yw$$

をみたす $z, w \in \boldsymbol{R}$ が一意に存在して, $z=xy^{-1}$, $w=y^{-1}x$ である.

(vii) $$xy=0 \Longleftrightarrow (x=0 \text{ または } y=0).$$

この定理の (i) の 0 および (iv) の 1 が普通の 0 および 1 である. また (1.9) と (1.14) の可換性を用いれば, (iii), (vi) において $z=w$ であり, それらは

$$x+(-y)=x-y, \qquad xy^{-1}=x/y$$

と書かれ, これらが**減法**および**除法**である.

**例題 1** (i) ある $x \in \boldsymbol{R}$ に対して $y+x=x$ ならば $y=0$.

(ii) $$x+y=0 \Longleftrightarrow x=-y \Longleftrightarrow y=-x.$$

(iii) $$-0=0, \quad -(-x)=x, \quad -(x+y)=-y-x,$$
$$-(xy)=(-x)y=x(-y).$$

**例題 2** (i) ある $x \neq 0$ に対して $yx=x$ ならば $y=1$.

(ii) $$xy=1 \Longleftrightarrow (y \neq 0 \text{ で } x=y^{-1}) \Longleftrightarrow (x \neq 0 \text{ で } y=x^{-1}).$$

(iii) $$1^{-1}=1.$$

(iv) $x \neq 0$, $y \neq 0$ ならば, $x^{-1} \neq 0$, $xy \neq 0$ で

$$(x^{-1})^{-1}=x,\quad -x^{-1}=(-x)^{-1},\quad (xy)^{-1}=y^{-1}x^{-1}.$$

**実数の大小**　実数の**正の部分**とよばれる $\boldsymbol{R}$ の部分集合 $\boldsymbol{R}_+$ が与えられて，次の性質 (1.15), (1.16) が成り立つ．

(1.15) 任意の $x\in\boldsymbol{R}$ に対して，

$$x\in\boldsymbol{R}_+,\quad -x\in\boldsymbol{R}_+,\quad \text{または}\quad x=0$$

のうちただ1つが成り立つ．

(1.16)　$$(x\in\boldsymbol{R}_+,\ y\in\boldsymbol{R}_+)\Rightarrow(x+y\in\boldsymbol{R}_+,\ xy\in\boldsymbol{R}_+).$$

$x\in\boldsymbol{R}_+$ のとき，$x$ は **正**であるという．また

(1.17)　$$x<y\ \ (\text{または}\ y>x)\Longleftrightarrow y-x\in\boldsymbol{R}_+$$

と定義し，このとき $y$ は $x$ より**大**であるという．

**定理 1.5**　$\boldsymbol{R}$ は上の $<$ により全順序集合となる．すなわち，任意の $x,y,z\in\boldsymbol{R}$ に対して (1.3), (1.5) が成り立つ．

さらに，次の (i)～(iv) が成り立つ．

(i)　$$x\in\boldsymbol{R}_+\Longleftrightarrow x>0\Longleftrightarrow -x<0.$$

(ii)　$$x<y\Longleftrightarrow x+z<y+z.$$

(iii)　$$1>0.$$

(iv)　$$(x<y,\ z>0)\Rightarrow xz<yz,$$
$$(x<y,\ z<0)\Rightarrow xz>yz.$$

**証明**　(1.3) 仮定より $y-x, z-y\in\boldsymbol{R}_+$．従って (1.16) より $z-x=(z-y)+(y-x)\in\boldsymbol{R}_+$．(1.5) 例題1の (iii) より $-(y-x)=x-y$ だから，(1.15) より明らか．

(i), (ii)　$0-(-x)=x$, $(y+z)-(x+z)=y-x$ だから定義より明らか．

(iii)　$1\notin\boldsymbol{R}_+$ と仮定すると，(1.15) と (1.11) の $1\neq 0$ より，$-1\in\boldsymbol{R}_+$．従って (1.16) より $(-1)(-1)\in\boldsymbol{R}_+$．ところが，例題1 (iii) より $(-1)(-1)=1$ だから，$1\in\boldsymbol{R}_+$ となり矛盾である．

(iv)　例題1の (iii) より $yz-xz=(y-x)z$, $xz-yz=(y-x)(-z)$ が示されるから，(1.16) と (i) より (vi) がわかる．　(証終)

**例題 3**　$$xy>0\Longleftrightarrow(x>0, y>0\ \text{または}\ x<0, y<0);$$

$$xy<0 \Longleftrightarrow (x>0, y<0 \text{ または } x<0, y>0).$$

**例題 4**　$x>0 \Longleftrightarrow x^{-1}>0$;　$x<0 \Longleftrightarrow x^{-1}<0$.

**例題 5**　任意の実数 $x$ に対して，実数 $|x|$ を

$$|x| = \begin{cases} x & (x \geqq 0 \text{ のとき}), \\ -x & (x<0 \text{ のとき}) \end{cases}$$

と定義し，これを $x$ の**絶対値**とよぶ．絶対値に関して次が成り立つ．

(i)　$|x|=|-x| \geqq 0$.

(ii)　$|x|=0 \Longleftrightarrow x=0$.

(iii)　$||x|-|y|| \leqq |x+y| \leqq |x|+|y|$.

(iv)　$|xy|=|x||y|$,　$|x^{-1}|=|x|^{-1}$.

**実数の連続性**　最後に，実数の位相的性質の基礎である連続性について考察しよう．

一般に，全順序集合 $X=(X, <)$ に対し，その部分集合の組 $(A, B)$ が

$$X=A \cup B,\quad A \cap B=\phi,\quad A \neq \phi,\quad B \neq \phi;$$
$$(a \in A,\ b \in B) \Rightarrow a<b,$$

をみたすとき，$(A, B)$ を $X$ の**切断**とよぶ．

(1.18)（**デデキント(Dedekind)の実数の連続性**）　定理 1.5 の全順序集合 $\boldsymbol{R}=(\boldsymbol{R}, <)$ の任意の切断 $(A, B)$ に対し，

$$\max A \quad \text{または} \quad \min B$$

のどちらか一方だけが必ず存在する．

**定理 1.6**（**実数の制限完備性**）　$\boldsymbol{R}$ の空でない部分集合 $A$ が上(下)に有界ならば，$A$ の上(下)限

$$\sup A \quad (\inf A)$$

が存在する．

**証明**　$A$ の上界の集合を $B$ とし，$A_1=\boldsymbol{R}-B$ とおけば，明らかに

$$\boldsymbol{R}=A_1 \cup B,\quad A_1 \cap B=\phi,\quad A_1 \neq \phi,\quad B \neq \phi$$

が成り立つ．また $b \in B$, $b \leqq x$ ならば定義より $x \in B$. $x \in A_1$ ならば $b \nleqq x$

すなわち比較可能性より $x<b$. 従って $(A_1, B)$ は $\boldsymbol{R}$ の切断である.

一方，$x\in A_1$ とすれば，$x$ は $A$ の上界でないから，$a\leqq x$ すなわち $x<a$ である $a\in A$ が存在する．このとき定理 1.5 より $x<(a+x)/2<a$ だから，$(a+x)/2\in A_1$ で $A_1$ には最大元はないことがわかる．故に (1.18) より $\min B$ すなわち $A$ の上限が存在する．(下限についても同様.)　(証終)

**定理 1.7 (アルキメデス(Archimedes)の性質)** 任意の正の実数 $x, y$ に対して

$$x<ny$$

をみたす自然数 $n\in\boldsymbol{N}$ が存在する.

**証明** すべての $n\in\boldsymbol{N}$ に対し $ny\leqq x$ と仮定すれば，集合 $A=\{ny\mid n\in\boldsymbol{N}\}$ は上に有界だから，上の定理より $z=\sup A$ が存在する．このとき $z-y<z$ だから，補題 1.3 より $z-y<ny$ となる $n\in\boldsymbol{N}$ が存在し，$z<(n+1)y$ となるから $z$ は $A$ の上界ではなく，矛盾である．よって定理が成り立つ.　(証終)

**系 1.8** (i) 任意の実数 $x$ に対し，$n-1\leqq x<n$ をみたす整数 $n\in\boldsymbol{Z}$ が存在する.

(ii) **(有理数の稠密性)** 実数 $x, y$ が $x<y$ ならば，$x<q<y$ をみたす有理数 $q\in\boldsymbol{Q}$ が存在する.

**証明** (i) $x=0$ ならば $n=1$ ととればよい．$x>0$ ならば上の定理より $x<m\cdot 1=m$ となる $m\in\boldsymbol{N}$ が存在し，§1.1 例題 18 よりそのような $m$ の最小数を $n$ とすれば明らかに $n-1\leqq x<n$. $x<0$ のときは，上に示したことから $n\leqq -x<n+1$ となる $n$ が存在し，$-n-1<x<-n$ または $-n\leqq x<-n+1$ が成り立つ.

(ii) $y-x>0$ だから，上の定理より $n(y-x)>1$ となる $n\in\boldsymbol{N}$ が存在する．また (i) より $m-1\leqq nx<m$ となる $m\in\boldsymbol{Z}$ をとれば，$m\leqq nx+1<ny$ だから $x<m/n<y$ である.　(証終)

有理数の集合 $\boldsymbol{Q}\subset\boldsymbol{R}$ は，$\boldsymbol{R}$ の全順序 $<$ と同じ順序によって，明らかに全順序集合となる.

**定理 1.9** 有理数の全順序集合 $\boldsymbol{Q}$ の任意の切断 $(A, B)$ に対して,

$$x_0=\sup A=\inf B\in \boldsymbol{R}$$

が存在する．さらにこの $x_0$ は，

$$(1.19)\qquad (a\in A, b\in B) \Rightarrow a\leqq x_0\leqq b,$$

をみたすただ1つの実数である[1)]．

**証明**　任意の $b\in B$ は $A$ の上界だから，定理1.6より $x_0=\sup A$ が存在し，$x_0\leqq b$ である．任意の $a\in A$ および $x_0$ は $B$ の下界だから，同様に $x_1=\inf B$ が存在し，$a\leqq x_1$，$x_0\leqq x_1$ である．もしも $x_0<x_1$ ならば，上の系の（ii）より $x_0<q<x_1$ をみたす $q\in \boldsymbol{Q}=A\cup B$ が存在し，$q\in A$ ならば $x_0$ は $A$ の上界でなく，$q\in B$ ならば $x_1$ は $B$ の下界でなく，矛盾であり，$x_0=x_1$ が成り立つ．また，任意の $a\in A$, $b\in B$ に対して $a\leqq x\leqq b$ が成り立てば，$x_0\leqq x\leqq x_1$ となり，$x_0=x_1$ だから $x=x_0$ である．（証終）

**問 1**　次式を確かめよ．

$$(x-y)+z=x-(y-z),\qquad (x-y)-z=x-(y+z),$$
$$(x-y)z=xz-yz,\qquad (x-y)(-z)=yz-xz,$$
$$(x-y)(x+y)=x^2-y^2,\qquad (x-y)/z=x/z-y/z,$$
$$(x/y)/z=x/(yz),\qquad (xy)/z=x(y/z)=(x/z)y.$$

ここに，$x^2=xx$ であり，分母は0でないとする．

**問 2**　$$x^2=y^2\Longleftrightarrow (x=y \text{ または } x=-y).$$

**問 3**　（i）　$x\geqq 0, y\geqq 0$ のとき，

$$|x|>|y|\Longleftrightarrow x>y\Longleftrightarrow x^2>y^2.$$

（ii）　$x\leqq 0, y\leqq 0$ のとき，

$$|x|>|y|\Longleftrightarrow x<y\Longleftrightarrow x^2>y^2.$$

---

1）　この定理を実数の定義とする，より正確には有理数の切断 $(A, B)$ で $\min B$ は存在しないものを1つの実数と定義する，のがデデキントの実数論である．他にカントル（Cantor）の実数論もあり，これらについては松村英之著‘集合論入門’（基礎数学シリーズ 5）の第 3 章 §§3.8, 3.9 に詳しく述べられている．

# 2. 空間のアフィン構造

空間の幾何ベクトルは，向きと長さを表わす量として定義されるのが普通である．しかし，長さすなわち空間の距離の概念を用いずに，空間のアフィン的な性質だけに基づいて，幾何ベクトルおよびその和・スカラー倍の演算を定義し，その線形性を考察することができる．そのための準備として，この章では空間のアフィン構造に関するよく知られた初等幾何についてまとめておこう．

なお，空間の距離などの計量的な構造については，第4章のはじめの節に幾何ベクトルの計量性のために考察される．

## 2.1 結合性，平行性，次元性

空間は多くの性質をもっているが，この節では次の (2.1)～(2.4) から導びかれる性質を調べよう．

空間の**点**全体の集合 $S$ には，**直線**および**平面**とよばれるその部分集合の族が存在して，以下の性質 (2.1)～(2.4) が成り立っている．

(2.1) **(直線の結合性)** 各直線は少なくとも2つの異なる点を含む．また $S$ の異なる2点 $A, B$ に対して，それらを含む直線がただ1つ存在する．この直線を $l(A, B)$ と書き表わすこととする．

(2.2) **(平面の結合性)** 各平面は少なくとも2つの異なる直線を含む．平面 $\varepsilon$ とその異なる2点 $A, B$ に対して直線 $l(A, B)$ は $\varepsilon$ に含まれる．また $S$ の3点 $A, B, C$ で1直線上にないものに対して，それらを含む平面がただ1つ存在する．この平面を $\varepsilon(A, B, C)$ と書き表わすこととする．

直線 $l$ または平面 $\varepsilon$ が点 $A$ を含むとき，$l$ または $\varepsilon$ は $A$ を**とおる**という．

(2.3) **(直線の平行性)** 直線 $l$ と点 $A$ に対し，$l$ と**平行**な直線 $l'$，すなわち $l=l'$ または $l$ と $l'$ が1平面に含まれていて交わらないもの，で $A$ をとおるものがただ1つ存在する．この $l'$ を $A$ をとおる $l$ の**平行線**とよぶ．また $l, l'$ が平行のとき $l/\!/l'$ と書き表わされる．

(2.4) **(空間の次元性)** 空間には少なくとも2つの異なる平面が存在する．また2平面 $\varepsilon, \varepsilon'$ は，$\varepsilon=\varepsilon'$ または $\varepsilon\cap\varepsilon'=\phi$ であるか，または共通部分 $\varepsilon\cap\varepsilon'$ は1直線である．前者の場合，$\varepsilon$, $\varepsilon'$ は**平行**であるといい，$\varepsilon/\!/\varepsilon'$ と書き表わされる．後者の場合，直線 $\varepsilon\cap\varepsilon'$ を $\varepsilon, \varepsilon'$ の**交線**とよぶ．

次の定理は (2.1)～(2.3) から結論できる．

**定理 2.1** (i) 平面 $\varepsilon$ 上の2直線 $l, l'$ は平行でなければただ1点で交わる．その点を $l, l'$ の**交点**とよぶ．

(ii) 直線 $l$ と点 $A\notin l$ に対し，それらを含む平面がただ1つ存在する．さらに (2.3) の $l$ の平行線 $l'\ni A$ はこの平面に含まれる．

(iii) 異なる2直線 $l, l'$ が平行であるか，またはただ1点 $A$ で交われば，$l, l'$ を含む平面がただ1つ存在する．

(iv) 平行な2直線 $l, l'$ とそれらを含む平面上の直線 $l''$ に対し，$l$ と $l''$ がただ1点で交われば，$l'$ と $l''$ もそうである．

**証明** (i) $l\cap l'\ni A, B$, $A\neq B$ ならば，(2.1) より $l=l(A, B)=l'$ となる．

(ii) (2.1) より，$l$ 上の異なる2点 $B, C$ をとって $l=l(B, C)$ とすれば，(2.2) より $\varepsilon(A, B, C)$ が求めるただ1つの平面である．さらに平行の定義より $l$ と $l'$ は1平面 $\varepsilon$ に含まれるが，$A, B, C\in\varepsilon$ だから (2.2) より $\varepsilon=\varepsilon(A, B, C)$ となり，$l'\subset\varepsilon(A, B, C)$．

(iii) 異なる2点 $A, B\in l$ と点 $C\in l'-l$ をとれば，$\varepsilon(A, B, C)$ が求めるただ1つの平面である．

(iv) $l\cap l''=\{A\}$ とする．$l'/\!/l''$ とすれば，$l$ と $l''$ はともに $l'$ と平行で点 $A$ を含むから，(2.3) より $l=l''$ となり仮定に反する．従って (i) より $l'$ と $l''$ はただ1点で交わる． (証終)

**定理 2.2** (i) 平面 $\varepsilon$ は，1直線上にない3点 $O, A_1, A_2$, 従って1点で交わる異なる2直線 $l_i=l(O, A_i)\,(i=1, 2)$，を含む．

(ii) さらにこのとき，点 $B\in\varepsilon$ をとおるそれぞれ $l_2, l_1$ の平行線は，上の定理の (iv) より，$l_1, l_2$ と点 $B_1, B_2$ で交わるが，$B\in\varepsilon$ に $(B_1, B_2)\in l_1\times l_2$ を

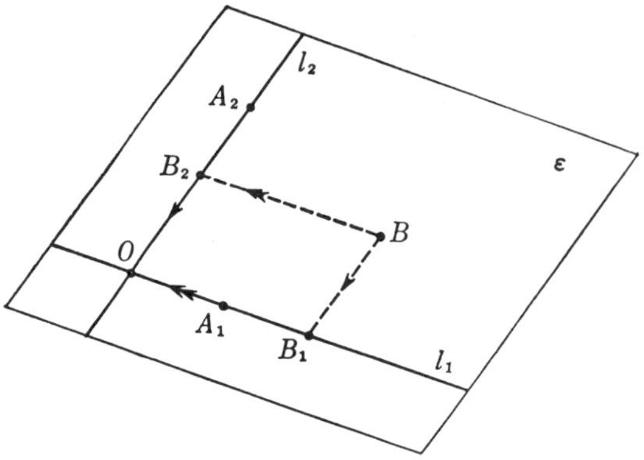


対応させる写像は平面 ε から直積 $l_1 \times l_2$ への全単射である.

**証明**　(i)　(2.2), (2.1) より, ε は異なる2直線を含み, 直線は異なる2点を含むから, 求める3点がとれる.

(ii)　逆に $B_i \in l_i (i=1, 2)$ に対し, $B_1$ をとおる $l_2$ の平行線 $l_2'$ は上の定理の (iv) より $l_1$ と1点で交わるから, $B_2$ をとおる $l_1$ の平行線は再び上の定理の (iv) より $l_2'$ とただ1点で交わり, (ii) がわかる.

(証終)

次は (2.4) を用いる.

**定理 2.3**　(i)　任意の直線 $l$ と平面 ε は, $l \subset \varepsilon$ または $l \cap \varepsilon = \phi$ であるか, そうでなければ $l \cap \varepsilon$ はただ1点からなる. 前者のとき $l$ は ε と平行であるといい, $l /\!/ \varepsilon$ と書き表わす.

(ii)　平行な2直線 $l, l'$ と平面 ε に対して, $l \cap \varepsilon$ がただ1点からなるならば $l' \cap \varepsilon$ もそうである.

**証明**　(i)　$l \cap \varepsilon \ni A, B,\ A \neq B$ ならば, (2.1), (2.2) より $l = l(A, B) \subset \varepsilon$ となる.

(ii)　$l \cap \varepsilon = \{A\}$ とし, $l$ と $l'$ を含む平面を $\varepsilon'$ とすれば, 仮定より $\varepsilon \neq \varepsilon'$, $\varepsilon \cap \varepsilon' \neq \phi$ だから, (2.4) より $l'' = \varepsilon \cap \varepsilon'$ は直線である. このとき, $l \cap l'' = l \cap \varepsilon \cap \varepsilon' = l \cap \varepsilon = \{A\}$ となるから, $l' \cap \varepsilon = l' \cap \varepsilon' \cap \varepsilon = l' \cap l''$ は, $l /\!/ l'$ と定理 2.1(iv)より, ただ1点であることがわかる.　　(証終)

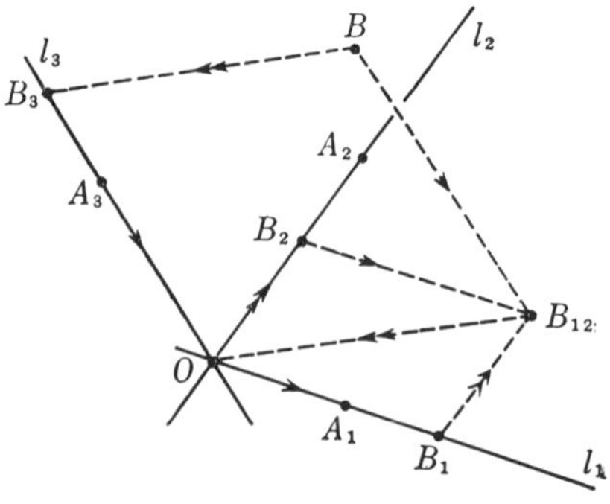


**定理 2.4**　(i)　空間には, 1平面上にない4点 $O, A_1, A_2, A_3$, 従って1点で交わり1平面に含まれない

3直線 $l_i=l(O,A_i)\,(i=1,2,3)$, が存在する.

（ii） さらにこのとき, 点 $B\in S$ をとおる $l_3$ の平行線は上の定理の（ii）より平面 $\varepsilon=\varepsilon(O,A_1,A_2)$ と1点 $B_{12}$ で交わる. $B_{12}\neq O$ のとき, 点 $B$ をとおる直線 $l(O,B_{12})\,(\subset\varepsilon)$ の平行線は定理 2.1(iv) より $l_3$ と1点 $B_3$ で交わるが, $B_{12}=O$ のときは $B_3=B$ とする. また $B_{12}\in\varepsilon$ に対し定理 2.2 のように $(B_1,B_2)\in l_1\times l_2$ をとれば, $B\in S$ に $(B_1,B_2,B_3)\in l_1\times l_2\times l_3$ を対応させる写像は, 空間の点全体の集合 $S$ から直積 $l_1\times l_2\times l_3$ への全単射である.

**証明** （i） (2.4) より異なる2平面 $\varepsilon,\varepsilon'$ が存在するから, 点 $A_3\in\varepsilon'-\varepsilon$ をとり, さらに定理 2.2(i)より1直線上にない3点 $O,A_1,A_2\in\varepsilon$ をとればよい.

（ii） 逆に $B_i\in l_i(i=1,2,3)$ に対し, 定理 2.2(ii) より点 $B_{12}\in\varepsilon$ が一意に定まる. $B_{12}\neq O$ のとき $B_{12}$ をとおる $l_3$ の平行線 $l_3'$ は, 上の定理の（ii）より $\varepsilon$ と, 従って直線 $l(O,B_{12})$ と1点 $B_{12}$ で交わる. 従って $B_3$ をとおる $l(O,B_{12})$ の平行線は, 定理 2.1(iv) より, $l_3'$ と1点 $B$ で交わり, （ii）がわかる. （証終）

**定理 2.5** （i） 直線 $l$ が平面 $\varepsilon$ と平行であるためには, 点 $A\in\varepsilon$ をとおる $l$ の平行線 $l'$ は $\varepsilon$ に含まれることが必要十分である.

（ii） 2平面 $\varepsilon,\varepsilon'$ と点 $A\in\varepsilon$ に対し, $\varepsilon$ と $\varepsilon'$ が平行 $\varepsilon/\!/\varepsilon'$ ならば, $l/\!/\varepsilon'$, $l\ni A$ である直線 $l$ は $\varepsilon$ に含まれる. 逆に $l_1/\!/\varepsilon', l_2/\!/\varepsilon', l_1\cap l_2=\{A\}$ である2直線 $l_1,l_2$ が $\varepsilon$ に含まれれば $\varepsilon/\!/\varepsilon'$ である.

(iii) 点 $A$ と平面 $\varepsilon$ に対し, $A$ をとおり $\varepsilon$ と平行な平面はただ1つ存在する.

**証明** （i） $l/\!/\varepsilon$ ならば, 定理 2.3(ii) の対偶より, $l'/\!/\varepsilon$ で, $l'\cap\varepsilon\ni A$ だから $l'\subset\varepsilon$. 逆に $l'\subset\varepsilon$ ならば $l'/\!/\varepsilon$, 従って定理 2.3(ii)の対偶より $l/\!/\varepsilon$.

（ii） 点 $A'\in\varepsilon'$ をとおる $l$ の平行線 $l'$ は（i）より $\varepsilon'$ に含まれる. $\varepsilon/\!/\varepsilon'$ ならば, $\varepsilon=\varepsilon'$ または $\varepsilon\cap\varepsilon'=\phi$ であり, $l'/\!/\varepsilon$ がわかるから, （i）より $l\subset\varepsilon$.

逆の場合, 任意の $B\in\varepsilon$ に対し, 定理 2.2(ii) のように, $l_2/\!/l$, $l\ni B$ であ

る直線 $l$ と $l_1$ の交点を $B_1$ とすれば，定理 2.3(ii) の対偶より $l // \varepsilon'$．いま，$A \notin \varepsilon'$ ならば，$A \in l_1 // \varepsilon'$ だから $l_1 \cap \varepsilon' = \phi$．従って $B_1 \notin \varepsilon'$ で，同様に $l \cap \varepsilon' = \phi$，$B \notin \varepsilon'$ となり，$\varepsilon \cap \varepsilon' = \phi$．$A \in \varepsilon'$ のときは，同様に $l_1 \subset \varepsilon'$，$l \subset \varepsilon'$，$B \in \varepsilon'$ となり，$\varepsilon \subset \varepsilon'$ がわかり，(2.2) より $\varepsilon = \varepsilon'$．

(iii) 定理 2.2(i) より，$\varepsilon$ 上に1点で交わる2直線をとり，$A$ をとおるそれらの平行線を $l_1, l_2$ とするとき，(2.2) より $l_1 \neq l_2$ で，これらを含む定理 2.1(iii) のただ1つの平面が求めるものであることは (i), (ii) よりわかる．

(証終)

**定理 2.6** 直線の平行関係は同値関係である．すなわち任意の直線 $l, l', l''$ に対して，

$$l // l\,; \qquad l // l' \Rightarrow l' // l\,; \qquad (l // l', l' // l'') \Rightarrow l // l''.$$

**証明** 反射律と対称律は明らか．$l, l', l''$ が1平面上にあるときの推移律は定理 2.1(iv) の対偶である．

$l, l', l''$ は1平面上にはなく，$l // l', l' // l''$ と仮定する．点 $A \in l'' - l$ をとり，$A$ と $l$ を含む定理 2.1(ii) の平面 $\varepsilon$ を考えれば，定理 2.5(i) より，$l // l'$ だから $l' // \varepsilon$ で，さらに $l' // l'' \ni A$ だから $l'' \subset \varepsilon$ がわかる．異なる2直線 $l, l''$ が交われば仮定より (2.3) に反するから，$l \cap l'' = \phi$ で，$l // l''$ が示された．

(証終)

空間の2点の組 $(A, B) \in S \times S$ を

$$\overrightarrow{AB} = (A, B) \qquad (A \in S, B \in S)$$

のように書き表わし，**始点** $A$，**終点** $B$ の**有向線分**または(**幾何**)**ベクトル**とよぶ[1]．また，異なる4点からなる組 $(A, B, A', B')$ (または $AA'B'B$) が**平行四辺形**をなすのは，4点が1直線上になく，

$$l(A, B) // l(A', B'), \qquad l(A, A') // l(B, B')$$

のときであるが，このとき有向線分 $\overrightarrow{AA'}$ は $\overrightarrow{BB'}$ と**同等**であるといい，

$$\overrightarrow{AA'} \,\square\, \overrightarrow{BB'} \tag{2.5}$$

---

1) このよび方は普通であるが，次章で見られるように，幾何ベクトルは正確には有向線分それ自身ではなく，有向線分のある同値関係による同値類と定義されるものであることに注意しておく．

と書き表わすこととする.

**補題 2.7** (i) (2.5) ならば
$$\overrightarrow{BB'} \square \overrightarrow{AA'}, \quad \overrightarrow{A'A} \square \overrightarrow{B'B}, \quad \overrightarrow{AB} \square \overrightarrow{A'B'}.$$

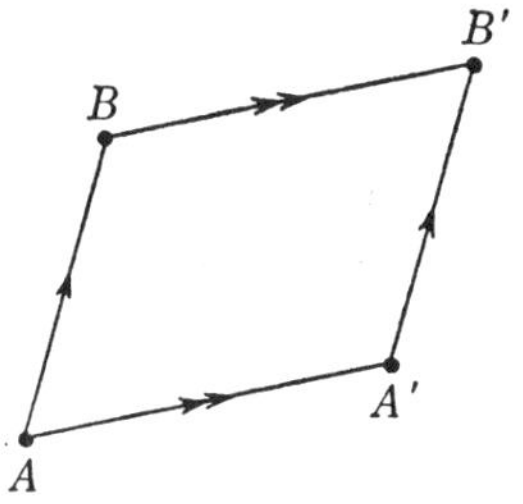

(ii) (2.5) ならば, $A, B, A', B'$ のどの3点も1直線上にはなく, 4点は1平面 $\varepsilon(A, B, A')$ 上にある.

(iii) 異なる3点 $A, B, A'$ が1直線上になければ, (2.5) をみたす点 $B'$ がただ1つ存在する.

**証明** (i) 定義より明らか. (ii) (2.3) と定理 2.1(ii) よりわかる. (iii) 定理 2.2(ii) の証明より明らか. (証終)

次の定理は以下の推論において重要である.

**定理 2.8** (デザルグ(Desargues)の特別定理)[1]
$$\overrightarrow{AA'} \square \overrightarrow{BB'}, \quad \overrightarrow{BB'} \square \overrightarrow{CC'}$$
と仮定する. このとき $C \notin \varepsilon(A, B, A')$ ならば, $C' \notin \varepsilon(A, B, A')$ で, さらに $\overrightarrow{AA'} \square \overrightarrow{CC'}$ である.

**証明** 仮定と定理 2.5(i) より前半がわかる. また定理 2.6 より $l(A, A') \| l(C, C')$ であり, これらを含む平面を $\varepsilon$ とおく. 異なる2平面 $\varepsilon(A, B, C)$ と $\varepsilon(A', B', C')$ は仮定と定理 2.5(ii) より平行で交わらない. 従ってこれらと $\varepsilon$ との交線である $l(A, C)$ と $l(A', C')$ も交わらず, 求める $l(A, C) \| l(A', C')$ が示された. (証終)

**系 2.9** 上の定理の仮定の下に, $C$ が $\varepsilon(A, B, A') - l(A, A')$ の点ならば, $C'$ もそうで, さらに $\overrightarrow{AA'} \square \overrightarrow{CC'}$.

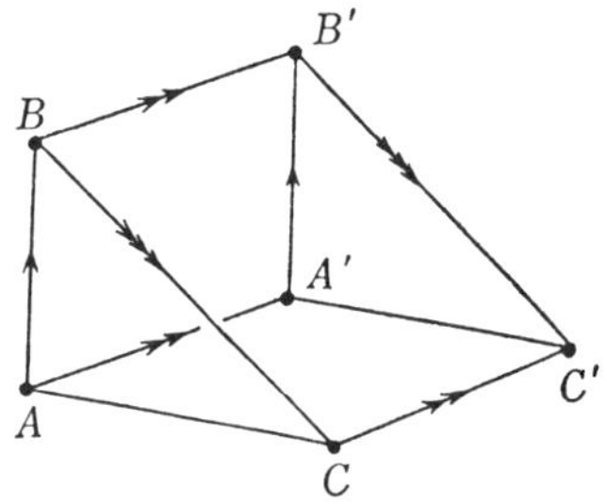

**証明** 前半は補題 2.7(ii) より明らか. 後半のため, (2.4) より点 $P \notin \varepsilon(A, B, A')$ をとり, 補題 2.7(iii) より

---
[1] 次の系もデザルグの特別定理であり, 一般な形のデザルグの定理は§2.3例題3である.

$$\overrightarrow{BB'}\ ▱\ \overrightarrow{PP'}$$

とすれば，補題 2.7(i)と上の定理より

$$\overrightarrow{AA'}\ ▱\ \overrightarrow{PP'}, \qquad \overrightarrow{PP'}\ ▱\ \overrightarrow{CC'}$$

がわかり，$C \notin \varepsilon(A, P, A')$ だから再び上の定理より求める $\overrightarrow{AA'}$ ▱ $\overrightarrow{CC'}$ がわかる[1]．　(証終)

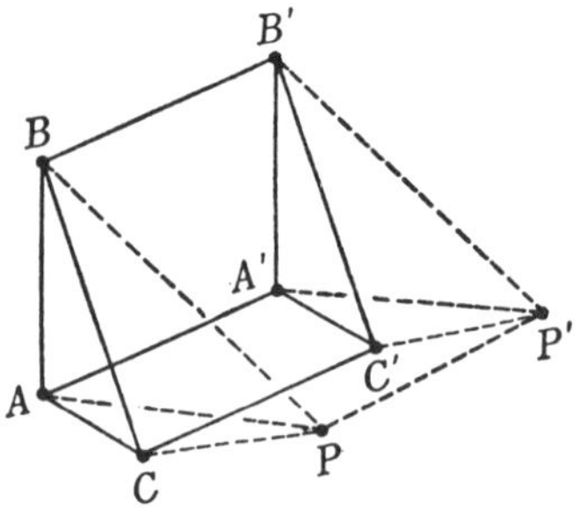


**補題 2.10**　異なる2点 $A, A'$ と点 $B \in l(A, A')$ に対し，

(2.6)　$\overrightarrow{AA'}$ ▱ $\overrightarrow{PP'}$，$\overrightarrow{PP'}$ ▱ $\overrightarrow{BB'}$，$P \notin l(A, A')$，

をみたす点 $B' \in (A, A')$ が，$P$ の選び方に関係せずに，ただ1つ存在する．

**証明**　点 $P$ を与えたとき，補題2.7(iii)より，(2.6) をみたす点 $P'$ および $B'$ が存在し，(2.3) より $B' \in l(A, A')$ である．さらに，(2.4) より点 $Q \notin \varepsilon(A, P, A')$ をとって，$\overrightarrow{PP'}$ ▱ $\overrightarrow{QQ'}$ とすれば，上の系の証明より

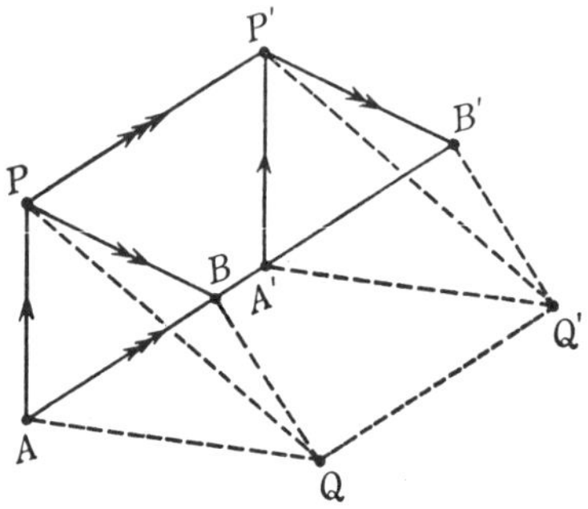


$$\overrightarrow{AA'}\ ▱\ \overrightarrow{QQ'}, \qquad \overrightarrow{QQ'}\ ▱\ \overrightarrow{BB'}$$

となり，点 $B'$ は $P$ の選び方に関係せずに定まることがわかる．　(証終)

さて，(2.5) の同等の定義をひろげて，有向線分 $\overrightarrow{AA'}$ が $\overrightarrow{BB'}$ と**同等**，$\overrightarrow{AA'} \equiv \overrightarrow{BB'}$，であるのは $A=A'$，$B=B'$ のときまたは有限回の (2.5) の関係で $\overrightarrow{AA'}$ と $\overrightarrow{BB'}$ が結ばれるときと定義する．すなわち

(2.7)　$\overrightarrow{AA'} \equiv \overrightarrow{BB'} \Longleftrightarrow (A=A'$ で $B=B'$，

または有限個の有向線分 $\overrightarrow{P_iP_i'}, i=0, 1, \cdots, n$，が存在して

$\overrightarrow{AA'} = \overrightarrow{P_0P_0'}$，$\overrightarrow{BB'} = P_nP_n'$，$\overrightarrow{P_{i-1}P'_{i-1}}$ ▱ $\overrightarrow{P_iP_i'}$，$i=1, \cdots, n)$．

1) この証明で，(2.4) の1平面上にない点が存在すること，従って上の定理を用いることができること，が重要である．1平面だけでこの系を証明することは，さらにたとえば長さなどの別の性質を使わなければ，できないことが知られている．それは1平面だけではデザルグの定理が成立するとは限らず(附録参照)，空間内の平面と考えてはじめて成立するという理由による．

このとき補題 2.7〜補題 2.10 より，幾何ベクトルの定義に直接関係している次の定理がえられる．

**定理 2.11** （i） (2.7) の有向線分の同等は同値関係である．すなわち

$$\overrightarrow{AA'}\equiv\overrightarrow{AA'};\qquad \overrightarrow{AA'}\equiv\overrightarrow{BB'}\Rightarrow\overrightarrow{BB'}\equiv\overrightarrow{AA'};$$
$$(\overrightarrow{AA'}\equiv\overrightarrow{BB'},\quad \overrightarrow{BB'}\equiv\overrightarrow{CC'})\Rightarrow\overrightarrow{AA'}\equiv\overrightarrow{CC'}.$$

（ii） $A\neq A'$ のとき，$\overrightarrow{AA'}\equiv\overrightarrow{BB'}$ であるためには，$B\notin l(A, A')$ ならば (2.5) の $\overrightarrow{AA'}\square\overrightarrow{BB'}$ となること，$B\in l(A, A')$ ならば (2.6) をみたす点 $P\notin l(A, A')$ が存在すること，が必要十分である．

(iii) 空間の3点 $A, A', B$ に対し，$\overrightarrow{AA'}\equiv\overrightarrow{BB'}$ をみたす点 $B'$ がただ1つ存在する．さらに，$A, A', B$ が1直線 $l$ 上にあれば $B'\in l$ であり，そうでなければ $B'\in\varepsilon(A, A', B)-l(A, A')$ である．

**証明** $A=A'$ のときは明らか．$A\neq A'$ とする．

（i） 反射律は (2.7) で $n=0$ ととればよく，対称律は補題 2.7（i）より明らか．(2.7)の $\overrightarrow{P_iP_i'}$ $(0\leqq i\leqq n)$ と $\overrightarrow{BB'}\equiv\overrightarrow{CC'}$ に対する $\overrightarrow{P_iP_i'}$ $(n\leqq i\leqq n+m)$ を続けた $\overrightarrow{P_iP_i'}$ $(0\leqq i\leqq n+m)$ が $\overrightarrow{AA'}\equiv\overrightarrow{CC'}$ を示すから推移律も成り立つ．

（ii） (十分) 明らか．(必要) (2.7) で $n=0$ のとき補題 2.7(i) より明らか．$n=1$ のときは自明．$n=2$ のとき定理 2.8，系 2.9 よりただちに示される．$n=3$ のとき，$P_2\in l(P_0, P_0'), P_3\in l(P_1, P_1')$ ならば上の補題の証明より $\overrightarrow{P_0P_0'}\square\overrightarrow{P_3P_3'}$ がわかり，そうでないならば $n=2$ の場合より $\overrightarrow{P_0P_0'}\square\overrightarrow{P_2P_2'}$ または $\overrightarrow{P_1P_1'}\square\overrightarrow{P_3P_3'}$ で，$n\leqq 2$ のときに帰着できる．$n>4$ のときも同様に $n-1$ 以下のときに帰着できるから，帰納法により必要性がわかる．

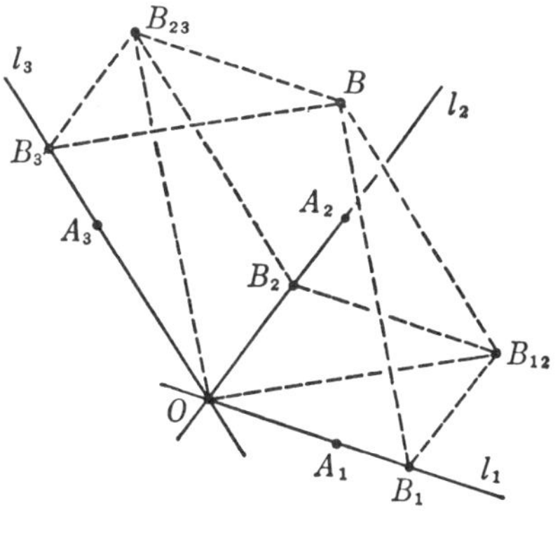


(iii) (ii) と補題 2.7，2.10 より明らか． （証終）

**問 1** 定理 2.4(ii)において，1, 2, 3 を 2, 3, 1 におきかえて，$B$ をとおる $l_1$ の平行線と $\varepsilon(O, A_2, A_3)$ の交点を $B_{23}$ として，同様に定義できる点 $B_i'\in l_i$ $(i=1, 2, 3)$ は $B_i$ と一

致する.

**問 2**　定理 2.4(ii) において，点 $B_3$ は $B$ をとおり $\varepsilon(O, A_1, A_2)$ と平行な平面と $l_3$ の交点である．$B_1, B_2$ も同様.

**問 3**　空間には異なる2平面で，平行であるもの，および 1直線で交わるもの，が存在する.

**問 4**　平面の平行関係は同値関係である.

**問 5**　平行な2直線 $l_1, l_2$ と異なる2平面 $\varepsilon_1 \supset l_1, \varepsilon_2 \supset l_2$ に対し，交線 $\varepsilon_1 \cap \varepsilon_2$ は $l_1, l_2$ と平行である.

## 2.2　空間の順序性

前節では，空間における結合性，平行性および次元性 (2.1)～(2.4) により考察されたが，さらに次の空間の順序性を用いよう.

(2.8)　(**順序性**)　空間の任意の異なる2点 $A, B \in S$ に対し，'$A, B$ の**間にある**' とよばれる点 $C$ の集合

$$(A, B) \subset S \quad (\text{これを}\textbf{開線分}\text{とよぶ})$$

が与えられ，次の (i)～(iv) が成り立つ.

(i)　$C \in (A, B)$ ならば $A, B, C$ は直線 $l(A, B)$ 上の異なる3点で,

$$(A, B) = (B, A).$$

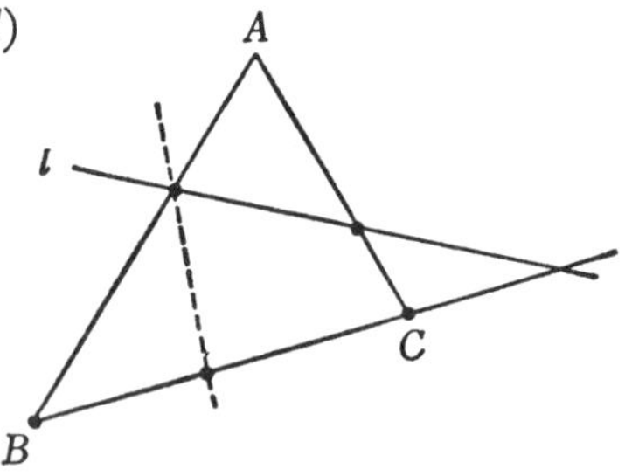


(ii)　異なる2点 $A, B$ に対して $B \in (A, C)$ をみたす点 $C$ が存在する.

(iii)　$C \in (A, B) \Rightarrow A \notin (C, B)$.

(iv)　1直線上にない3点 $A, B, C$ と平面 $\varepsilon(A, B, C)$ 上の $A, B, C$ をとおらない直線 $l$ に対し，$l \cap (A, B) \neq \phi$ ならば

$$l \cap (B, C) \neq \phi \quad \text{または} \quad l \cap (C, A) \neq \phi.$$

開線分に関連して，集合 $AB = (A, B) \cup \{A, B\}$ および $AA = \{A\}$ を**閉線分**または単に**線分**とよび，$(A, B)$ の点を $AB$ の**内点**とよぶ．また1直線上にない3点 $A, B, C$ は，それらを**頂点**とし，$AB$, $BC$, $CA$ を**辺**とする**三角形**をなすといい，$\triangle ABC$ と書き表わす．このとき上の (iv) は次のようにいい表わ

すことができる．

(iv)′ $\triangle ABC$ とそれを含む平面上の各頂点をとおらない直線 $l$ に対し，$l$ が１辺の内点をとおれば $l$ は少なくとも他の１辺と内点で交わる．

**補題 2.12** （i） 異なる２点 $A, B$ に対し $(A, B) \neq \phi$.

（ii） 直線 $l$ 上の異なる３点 $A, B, C$ に対し，関係

$$A \in (B, C),\quad B \in (C, A)\quad または\quad C \in (A, B)$$

のうちただ１つだけが成り立つ．

**証明** （i） 点 $P_1 \notin l(A, B)$ をとれば，（ii）[1]より，$P_1 \in (A, P_2)$ となる点 $P_2$，さらに $P_2 \in (B, P_3)$ となる $P_3$，が存在する． このとき（i），(iii) より $P_3 \notin (P_2, B)$ だから，$\triangle AP_2B$ と直線 $l(P_1, P_3)$ に対する (iv) より，$l(P_1, P_3) \cap (A, B) \neq \phi$.

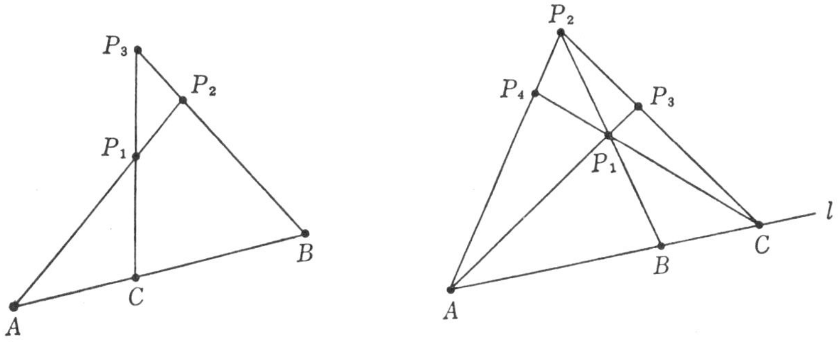


（ii） ３つの関係のうち１つが成り立てば他が成り立たないことは，(iii)，（i）より明らか．次に $A \notin (B, C), C \notin (B, A)$ と仮定し $B \in (A, C)$ を示す．点 $P_1 \notin l$ および（ii）より $P_1 \in (B, P_2)$ となる $P_2$ をとれば，上の証明より，直線 $l(P_1, A)$ は $CP_2$ と内点 $P_3$ で交わることがわかる．同様に $l(P_1, C)$ は $AP_2$ と内点 $P_4$ で交わり，(iii) より $A \notin (P_4, P_2)$ だから，$\triangle CP_2P_4$ と $l(P_1, A)$ に対する (iv) より $P_1 \in (C, P_4)$．さらに $P_2 \notin (A, P_4)$ だから，$\triangle CP_4A$ と $l(B, P_1)$ に対する (iv) より求める $B \in (A, C)$ がわかる． （証終）

**補題 2.13** $B \in (A, C)$ のとき，任意の $D$ に対し

$$C \in (B, D) \Longleftrightarrow C \in (A, D).$$

1) この証明で（i）～(iv) は (2.8) のそれらである．

**証明**　(⇒)　(iii)[1] より $A\notin(B,C)$ だから，上の補題の（ii）の証明のように点 $P_1$, $P_2$, $P_3$ がとれて，さらに $B\in(A,C)$ だから，$\triangle ACP_3$ と $l(B,P_1)$ に対する（iv）より

$$P_1\in(P_3,A),\quad P_3\notin(P_1,A).$$

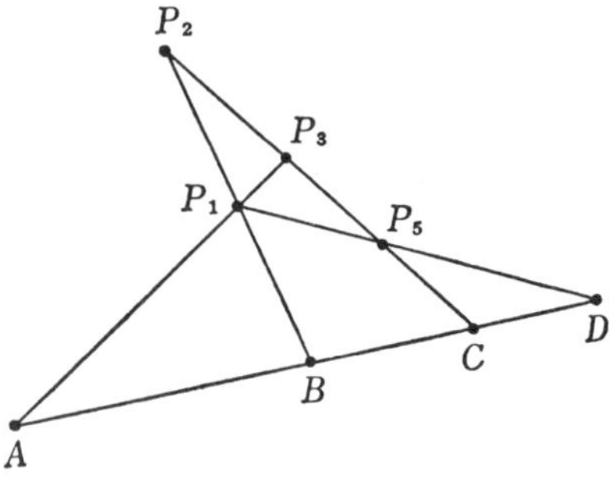


また $C\in(B,D)$ だから，$\triangle BP_2C$ に対する（iv）より，$l(P_1,D)$ は $CP_2$ と内点 $P_5$ で交わり，同様に $P_5\in(P_1,D)$ がわかる．従って $\triangle DP_1A$ と $l(C,P_3)$ に対する（iv）より，求める $C\in(A,D)$ が成り立つ．

(⇐)　上の証明の前半の $P_3\notin(P_1,A)$ と仮定の $C\in(A,D)$ および $\triangle ADP_1$ に対する（iv）より，$l(C,P_2)$ は $P_1D$ と内点で交わり，従って $\triangle DP_1B$ と $l(C,P_2)$ に対する（iv）より求める $C\in(B,D)$ がわかる．　（証終）

**補題 2.14**　直線 $l$ 上の異なる点 $O, A, B, C$ に対し，

（i）　$(O\notin(A,B),\ O\notin(B,C)) \Rightarrow O\notin(A,C)$,

（ii）　$(O\in(A,B),\ O\in(B,C)) \Rightarrow O\notin(A,C)$,

（iii）　$(A\in(O,B),\ B\in(O,C)) \Rightarrow A\in(O,C)$.

**証明**　（i）　$O\notin(A,B)$ ならば，補題 2.12（ii）より，$A\in(B,O)$ または $B\in(A,O)$ である．このとき，さらに $O\in(A,C)$ ならば，上の補題より $O\in(B,C)$ が示され，対偶をとって（i）がわかる．

（ii）　補題 2.12（ii）の $A\in(B,C)$ または $B\in(C,A)$ のとき，$O\in(A,B)$ だから上の補題より $A\in(O,C)$ または $B\in(O,C)$ となるが，$O\in(B,C)$ だから (2.8)(iii) より後者は成り立たない．最後の $C\in(A,B)$ のとき，$O\in(B,C)$ だから上の補題より $C\in(O,A)$．従って補題 2.12（ii）より $O\notin(A,C)$ である．

（iii）　上の補題より $B\in(A,C)$ であり，これと $A\in(O,B)$ と上の補題より $A\in(O,C)$ がわかる．　（証終）

1)　この証明でも，(iii)，(iv) は (2.8) のそれらである．

以上の補題より次の定理がえられる.

**定理 2.15** 直線 $l$ とその1点 $O$ が任意に与えられたとし, 2点 $A, B\in l-\{O\}$ は, $A=B$ または

$$O\notin(A, B) \qquad (\Longleftrightarrow A\in(B, O) \text{ または } B\in(A, O))$$

のとき, 点 $O$ の**同じ側にある**と定義する. このとき, この同じ側にあるという関係は $l-\{O\}$ における同値関係であり, $l-\{O\}$ は2つの同値類(それらを $O$ からでる**半直線**という)に分けられる.

**証明** 反射律と対称律は明らか. 推移律は上の補題の(i)よりわかる. 1点 $A\in l-\{O\}$ と (2.8)(ii) より $O\in(A, B)$ となる $B$ をとれば, 定義より異なる同値類 $[A], [B]$ がえられる. さらに任意の点 $C\in l-\{O\}$ は, $O\notin(B, C)$ ならば定義より $C\in[B]$ で, そうでなければ上の補題の(ii)より $O\notin(A, C)$, 従って $C\in[A]$ であり, 同値類は2つである. (証終)

次に平行性との関連について調べよう.

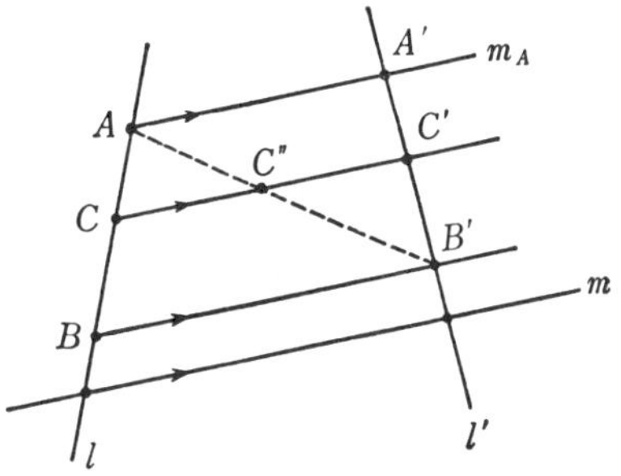


**補題 2.16** 2直線 $l, l'$ およびそれらとそれぞれ1点で交わる直線 $m$ が与えられたとき, 点 $A\in l$ に対し, $A$ をとおる $m$ の平行線 $m_A$ は定理 2.1(iv) より $l'$ と1点 $A'$ で交わる. このとき写像

$$f_m: l\to l', \qquad f_m(A)=A',$$

は (2.3) より全単射であるが, さらに次が成り立つ.

$$C\in(A, B) \Rightarrow f_m(C)\in(f_m(A), f_m(B)) \qquad (A, B, C\in l).$$

**証明** $m_B\cap m_C=\phi$ だから, $\triangle ABB'$ と $m_C$ に対する (2.8)(iv) より, $m_C$ は $AB'$ と内点 $C''$ で交わる. 同様に $m_A\cap m_C=\phi$ だから $C'\in(A', B')$.

(証終)

**補題 2.17** (i) 平行四辺形 $(A, B, A_1, B_1)$ の対角線 $AB_1, BA_1$ はそれぞれの内点 $C$ で交わる.

(ii) 2点 $A, A_1$ に対し定理 2.11(iii) より

$$\overrightarrow{AA_1}\equiv\overrightarrow{A_1A_2}, \qquad A_2\in l(A, A_1),$$

をみたす点 $A_2$ が定まるが，このとき

$$A_1 \in (A, A_2).$$

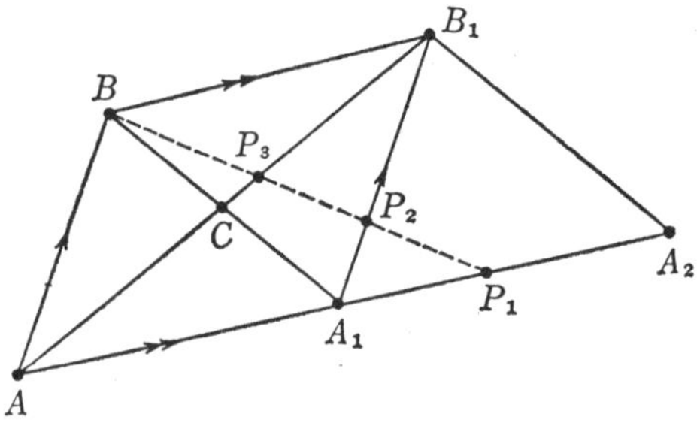


**証明**　(i)　(2.8)(ii) より $A_1 \in (A, P_1)$ となる $P_1$ をとる．$l(A, B) // l(A_1, B_1)$ だから上の補題より，$l(A_1, B_1)$ は $BP_1$ と内点 $P_2$ で交わり，$l(A_1, P_1) // l(B, B_1)$ だから上の補題より $P_2 \in (A_1, B_1)$．従って $\triangle B_1AA_1$ に対する (2.8)(iv) より，$l(B, P_1)$ は $AB_1$ と内点 $P_3$ で交わり，再び上の補題より $P_3 \in (B, P_1)$．故に $\triangle BP_1A_1$ に対する (2.8)(iv) より，直線 $l(A, B_1)$ は $BA_1$ と内点 $C$ で交わる．全く同様に $C \in (A, B_1)$ であり，(i) が示された．

(ii)　定理 2.11(ii) より $l(B, A_1) // l(B_1, A_2)$ としてよく，(i) と上の補題より (ii) がえられる．　(証終)

この補題の (ii) のとき，$A_1$ は $AA_2$ の**中点**であるという．このとき明らかに $A_1$ は $A_2A$ の中点でもある．

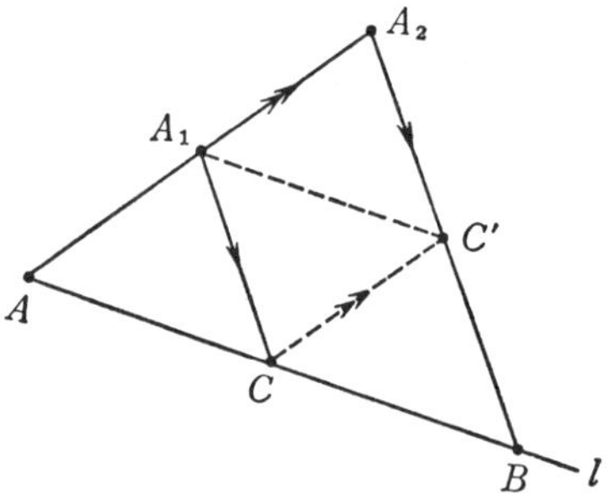


**定理 2.18**　異なる 2 点 $A, B$ に対し，$AB$ の中点がただ 1 つ存在し，それは $A, B$ の間にある．実際，点 $A_1 \notin l(=l(A, B))$ と上の補題の (ii) の点 $A_2 \notin l$ に対し，$A_1$ をとおる $l(A_2, B)$ の平行線と $l$ の交点 $C$ が定まり，$C$ が求める中点である．

**証明**　$\overrightarrow{A_1A_2} \,\square\, \overrightarrow{CC'}$ をみたす点 $C' \in l(A_2, B)$ をとれば，仮定の $\overrightarrow{AA_1} \equiv \overrightarrow{A_1A_2}$ と定理 2.11(ii) と補題 2.10 の一意性より，$\overrightarrow{AA_1} \,\square\, \overrightarrow{CC'}$．従って $l // l(A_1, C')$ で，$\overrightarrow{AC} \,\square\, \overrightarrow{A_1C_1} \,\square\, \overrightarrow{CB}$，すなわち $\overrightarrow{AC} \equiv \overrightarrow{CB}$ となり，$C$ は $AB$ の中点である．$C \in (A, B)$ は上の補題の (ii) である．

逆に，$C_1 \in l$ に対し，$A_2$ をとおる $l(A_1, C_1)$ の平行線と $l$ の交点を $C_2$ とすれば，上に示したように，$\overrightarrow{AC_1} = \overrightarrow{C_1C_2}$．従って $C_1$ が $AB$ の中点，すなわち $\overrightarrow{AC_1} \equiv \overrightarrow{C_1B}$ ならば，補題 2.10 の一意性より $B = C_2$ であり，$A_1C_1 // A_2B$,

$A_1C/\!/A_2B$ だから $C_1$ は定理の交点 $C$ と一致する． (証終)

**定理 2.19** (2.7) の同等 $\overrightarrow{AA'}\equiv\overrightarrow{BB'}$ が成り立つためには $AB'$ の中点 $C$ は $A'B$ の中点と一致することが必要十分である．
さらにこのとき
$$\overrightarrow{A'A}\equiv\overrightarrow{BB'},\quad \overrightarrow{AB}\equiv\overrightarrow{A'B'}.$$

**証明** （ i ） $\overrightarrow{AA'}\square\overrightarrow{BB'}$ のとき．（必要）$AB$ の中点 $D_1$ をとおる $l(A, A')$ の平行線 $l_1$ は，上の定理より $C$ および $A'B$ の中点 $C'$ をとおる．同様に $AA'$ の中点 $D_2$ をとおる $l(A, B)$ の平行線 $l_2$ もそうで，$C, C'$ は $l_1, l_2$ の交点と一致する．（十分）$\overrightarrow{AA'}\square\overrightarrow{BB_1}$ となる点 $B_1$ をとれば，上に示した必要性より，$C$ は $AB_1$ の中点でもあり，補題 2.10 の一意性より $B_1=B'$ がわかる．（後半）明らか．

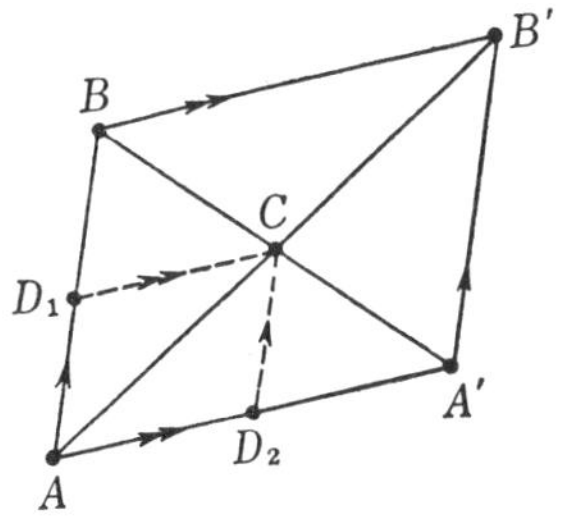

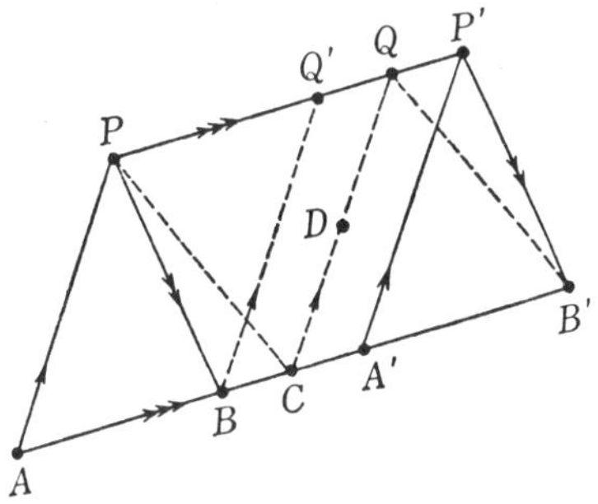

（ii） $B\in l(A, A')$ のとき．（必要）定理 2.11(ii) より (2.6) をみたす $\overrightarrow{PP'}$ をとり，さらに $\overrightarrow{AC}\square\overrightarrow{PQ}$ とすれば，
$$Q\in l(P, P'),\quad \overrightarrow{A'C}\square\overrightarrow{P'Q}.$$
また $C$ は $AB'$ の中点だから，$\overrightarrow{PQ}\square\overrightarrow{CB'}$ であり，（ i ）より，$CQ$ の中点は $B'P$ と $BP'$ の共通な中点 $D$ と一致し，$\overrightarrow{P'Q}\square\overrightarrow{CB}$ となり，定義より $C$ は $A'B$ の中点である．（十分）（ i ）の十分性と同じ証明で示される．（後半）$\overrightarrow{AB}\square\overrightarrow{PQ'}$ とすれば，$\overrightarrow{A'B}\square\overrightarrow{P'Q'}$ であり，（ i ）より $A'Q'$ の中点は $D$ と一致して $\overrightarrow{A'B'}\square\overrightarrow{PQ'}$ がわかる．従って $\overrightarrow{AB}\equiv\overrightarrow{A'B'}$． (証終)

中点の考え方は次のように一般化できる．

異なる 2 点 $A_0, A_1$ が与えられたとき，直線 $l(A_0, A_1)$ 上の点 $A_i$ $(i\in \mathbf{Z})$ が，定理 2.11(iii) より帰納的に，
$$\overrightarrow{A_0A_1}\equiv\overrightarrow{A_1A_2}\equiv\cdots\equiv\overrightarrow{A_iA_{i+1}}\equiv\cdots \quad (i\geq 0),$$
$$\overrightarrow{A_1A_0}\equiv\overrightarrow{A_0A_{-1}}\equiv\overrightarrow{A_{-1}A_{-2}}\equiv\cdots\equiv\overrightarrow{A_iA_{i-1}}\equiv\cdots \quad (i\leq 0),$$
のように，すなわち各 $A_i$ は $A_{i-1}A_{i+1}$ の中点であるように定まる．この条件

は

$$\overrightarrow{A_0A_1}\equiv\overrightarrow{A_iA_{i+1}}\qquad(i\in\boldsymbol{Z})$$

と書ける．このとき定義より $\overrightarrow{A_0A_m}\equiv\overrightarrow{A_iA_{i+m}}$ となるから，

(2.9)　$$\overrightarrow{A_0A_i}=(i/n)\overrightarrow{A_0A_n}\qquad(n\in\boldsymbol{N},i\in\boldsymbol{Z})$$

と書き表わし，これを有向線分 $\overrightarrow{A_0A_n}$ の**有理数** $i/n$ **倍**とよぶことができる．

**定理 2.20**　直線 $l$ 上の異なる2点 $A_0,A$ と自然数 $n\in\boldsymbol{N}$ が与えられたとき，各 $i\in\boldsymbol{Z}$ に対し $A_n=A$ として (2.9) をみたす点 $A_i\in l$ がただ1つ存在する．実際，1点 $B_1\notin l$ に対し，$B_0=A_0$ として

$$\overrightarrow{B_0B_i}=i\overrightarrow{B_0B_1}\qquad(i\in\boldsymbol{Z})$$

をみたす点 $B_i$ が定まり，$l(B_n,A)$ の平行線 $m_i\ni B_i$ と $l$ の交点 $A_i$ が求める点である．

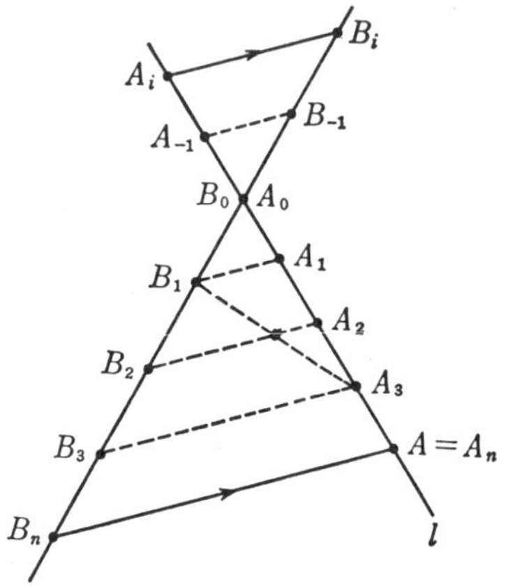


**証明**　各 $B_i$ は $B_{i-1}B_{i+1}$ の中点だから，定理 2.18 より $m_i$ は $B_{i-1}A_{i+1}$ の中点をとおり，再び定理 2.18 より $A_i$ は $A_{i-1}A_{i+1}$ の中点であり，存在がわかった．

逆に，各 $\bar{A}_i\in l\ (i\in\boldsymbol{Z})$ は $\bar{A}_{i-1}\bar{A}_{i+1}$ の中点で，$\bar{A}_0=A_0$，$\bar{A}_n=A$ とし，$\bar{m}_i=l(B_i,\bar{A}_i)$ とおく．定理 2.18 より，$\bar{m}_1/\!/\bar{m}_2$ であり，従って $\bar{m}_2$ は $B_1A_3$ の中点をとおり，再び定理 2.18 より $\bar{m}_2/\!/\bar{m}_3$．これを続けて $\bar{m}_i/\!/\bar{m}_{i+1}\ (i\geqq1)$ がわかる．同様に $\bar{m}_i/\!/\bar{m}_{i-1}\ (i\leqq-1)$ となるが，定理 2.19 より $\bar{m}_1/\!/\bar{m}_{-1}$ だから，定理 2.6 より各 $\bar{m}_i$ は $\bar{m}_n=l(B_n,A)$ と平行であり，$\bar{m}_i=m_i$ で $\bar{A}_i$ は定理の交点 $A_i$ と一致する．　（証終）

さて，空間の直線 $l$ が与えられたとし，その1点 $O$ を任意に固定して考える．任意の点 $A\in l$ と有理数 $q\in\boldsymbol{Q}$ に対して，上の定理より $\overrightarrow{OC}=q\overrightarrow{OA}$ をみたす点 $C\in l$ が定まる．また任意の $A,B\in l$ に対して，$\overrightarrow{OB}\equiv\overrightarrow{AD}$ をみたす点 $D\in l$ が定理 2.11(iii) より定まる．これらをしばらく

(2.10)　$$C=qA\Longleftrightarrow\overrightarrow{OC}=q\overrightarrow{OA}\ ;\qquad D=A+B\Longleftrightarrow\overrightarrow{AD}\equiv\overrightarrow{OB},$$

と書き表わすこととする．

**補題 2.21** (2.10) の有理数倍と和について，$A, B, C \in l$，$q, r \in \boldsymbol{Q}$ に対し，

（i） $0A=O$，$1A=A$，$A+B=B+A$，$(A+B)+C=A+(B+C)$，

（ii） $(q+r)A=qA+rA$，$q(A+B)=qA+qB$，$q(rA)=(qr)A$.

従って実数の和・有理数倍と同様なことが成り立つ.

**証明** （i） 可換性は定理 2.19 の後半で，他は明らか.

（ii） $A_i=iA_1(i\in\boldsymbol{Z})$ とおけば，定義より明らかに $A_i+A_j=A_{i+j}$，$iA_j=A_{ij}$ $(i, j\in\boldsymbol{Z})$．従って $((i/n)+(j/m))A_{nm}=A_{im+jn}=A_{im}+A_{jn}=(i/n)A_{nm}+(j/m)A_{nm}$ で，第１式が成り立ち，第３式も同様．第２式は（i）の可換性を用いて同様に示される. （証終）

**補題 2.22** （i） $A\in l_- \Longleftrightarrow -A(=(-1)A)\in l_+$.

（ii） $(A, B\in l_+, q>0(q\in\boldsymbol{Q})) \Rightarrow (A+B, qA\in l_+)$.

（iii） $O\in(A, B) \Longleftrightarrow C\in(A+C, B+C)$.

ここに $l_+, l_-$ は定理 2.15 の２つの半直線で，$(A, B)$ は (2.8) の開線分.

**証明** （i） 補題 2.17(ii) より $O\in(A, -A)$ で，定理 2.15 より（i）が成り立つ.

（ii） $C=A+B$ とおく．定理 2.19 より $AB$ の中点 $D$ は $OC$ の中点で，$D\in(A, B), D\in(O, C)$．もし $O\in(A, D)$ ならば補題 2.14 (iii) より $O\in(A, B)$ となり仮定に反するから，$O\notin(A, D)$ であり，補題 2.14(i) より $O\notin(A, C)$，従って $C\in l_+$ がわかる．このことから帰納的に，$A_1\in l_\pm$ ならば $n\in\boldsymbol{N}$ に対し $nA_1\in l_\pm$（複号同順）がわかるから，$A=nA_1\in l_+$ ならば $(i/n)A=iA_1\in l_+$ $(i\in\boldsymbol{N})$.

（iii） 和の定義と補題 2.16 より容易にわかる. （証終）

上の２つの補題より，実数の大小関係と同様な次の定理がえられる.

**定理 2.23** （i） 与えられた直線 $l$ に対し，その１点 $O$ からでる定理 2.15 の半直線を $l_+$ とし，$A, B\in l$ に対して

(2.11) $$A<B \Longleftrightarrow B-A(=B+(-1)A)\in l_+$$

と定義する．このとき直線 $l$ は $<$ により全順序集合となり，$<$ と (2.10) の有理数倍と和について実数の定理 1.5 の後半と同様なことが成り立つ.

また，'$B<'A \Longleftrightarrow A<B$' で定まる $<$ の双対順序 $<'$ は，もう1つの半直線 $l_-$ によって定義されるものと一致する．

（ii）上の順序 $<$ は，任意の $A, B, C \in l$ に対して

(2.12)　　$(A<B<C$ または $C<B<A) \Longleftrightarrow B \in (A, C)$,

($(A, C)$ は (2.8) の開線分) をみたす．逆に直線 $l$ 上の (2.12) をみたす全順序 $<$ は（i）の2つに限る．

**証明**　（i）上の2つの補題より前半は定理1.5と全く同様に示される．後半は上の補題の（i）より明らか．

（ii）(2.12) の左辺は (2.11) より $O \in (A-B, C-B)$ と同値であり，上の補題の (iii) より右辺と同値である．

逆に，$l$ 上の全順序 $<$ が (2.12) をみたすとする．$O \in (A, -A)$ だから (2.12) より $A>O \Longleftrightarrow -A<O$．従って $E<O$ である $E \in l$ が存在し，$E$ を含まない半直線を $l_+$ とすれば，(2.12) より $A \in l_+ \Longleftrightarrow A>O$ がわかる．いま $A<B$ と仮定する．$A=O$ または $B=O$ のとき，上のことから $B-A>O$．$O<A$ または $B<O$ のとき，(2.12) より $A \in (O, B)$ で，上の補題の (iii) より $O \in (-A, B-A)$ であり，再び (2.12) より $B-A>O$．$A<O<B$ のとき，同様に $O \in (A, B), -A \in (O, B-A)$，従って $B-A>O$ である．$<$ は全順序だから上の場合しかなく，$<$ は (2.11) をみたすことがわかる．

（証終）

## 2.3　直線の連続性，アフィン空間

前節に引き続いて，空間の直線 $l$ とその1点 $O$ が与えられたとし，さらに $O$ と異なる点 $E \in l$ を任意に固定して考えよう．このとき (2.10) の有理数倍により，有理数の集合 $\boldsymbol{Q}$ から直線 $l$ への写像

(2.13)　　$\varphi : \boldsymbol{Q} \to l, \qquad \varphi(q) = qE (\Longleftrightarrow \overrightarrow{O\varphi(q)} = q\overrightarrow{OE})$

$(q \in \boldsymbol{Q})$ が定義され，補題 2.21～定理 2.23 より，

$$\varphi(0) = O, \qquad \varphi(1) = E$$

で，$\varphi$ は和と順序をたもつ，すなわち

(2.14) $\varphi(x+y)=\varphi(x)+\varphi(y)\,(\Longleftrightarrow \overrightarrow{O\varphi(y)}\equiv\overrightarrow{\varphi(x)\varphi(x+y)})$,

(2.15) $x<y \Rightarrow \varphi(x)<\varphi(y)$,

$(x, y\in \boldsymbol{Q})$ である，ことがわかる．ここに $\equiv$ は (2.7) の有向線分の同等で，(2.15) の右辺の $<$ は定理 2.23 の全順序で $O<E$ をみたすもの．

この節の1つの目標は，さらに無理数 $x\in\boldsymbol{R}-\boldsymbol{Q}$ に対しても $\varphi(x)$ を定義して，(2.13) の単射 $\varphi$ を全単射

$$\varphi:\boldsymbol{R}\rightleftarrows l$$

に拡張したい，ということであるが，このために (1.18) の実数の連続性と同様な次の性質を用いる．

(2.16) **(直線の連続性)** 任意の直線 $l$ に対し，定理 2.23 の全順序集合 $l=(l,<)$ を考える．このとき，その任意の切断 $(a, b)$ に対して

$$\max a \quad \text{または} \quad \min b$$

のどちらか一方だけが必ず存在する．

次の補題は定理 1.6，系 1.8 と全く同様に示される．

**補題 2.24** (i) $l$ の空でない部分集合 $a$ が上(下)に有界ならば，上(下)限 $\sup a$ $(\inf a)$ が存在する．

(ii) 任意の $A\in l$ に対し $\varphi(i-1)\leqq A<\varphi(i)$ をみたす $i\in\boldsymbol{Z}$ が存在する．また $A, B\in l$ が $A<B$ ならば $A<\varphi(q)<B$ をみたす $q\in\boldsymbol{Q}$ が存在する．ここに $\varphi$ は (2.13) の写像．

**定理 2.25** 直線 $l$ 上の異なる2点 $O, E$ に対する (2.13) の $\varphi$ を用いて，全単射

(2.17) $\varphi:\boldsymbol{R}\rightleftarrows l,\quad \varphi(x)=\sup\varphi(\boldsymbol{Q}\cap(-\infty, x])\quad (x\in\boldsymbol{R})$,

が定義され，$q\in\boldsymbol{Q}$ ならば $\varphi(q)$ は (2.13) の $\varphi(q)$ と一致する．さらにこの $\varphi$ は和と順序をたもつ，すなわち任意の $x, y\in\boldsymbol{R}$ に対して (2.14)，(2.15) が成り立つ．

**証明** 区別するため (2.13) の $\varphi$ を $\varphi'$ と書き，$\varphi'$ に対する (2.14)，(2.15) は $'$ をつけて表わそう．また，$\boldsymbol{Q}\cap(-\infty, x]=\boldsymbol{Q}_x$ とおく．

存在．$x<i$ をみたす $i\in\boldsymbol{Z}$ が存在するから，(2.15)$'$ より $\varphi'(\boldsymbol{Q}_x)$ は上に有

界で，上の補題の（i）よりその上限 $\varphi(x)$ が定まる．$q\in\boldsymbol{Q}$ ならば (2.15)′ より $\varphi'(q)=\max\varphi'(\boldsymbol{Q}_q)=\varphi(q)$ がわかる．

(2.14)．(2.14)′ より (2.14) の左辺は $\sup\{\varphi'(q)+\varphi'(r)\,|\,q\in\boldsymbol{Q}_x, r\in\boldsymbol{Q}_y\}$ に等しく，定理 2.23（i）（$l$ に対する定理 1.5（ii））より $l$ 上の和は順序をたもつから，これが右辺の $\sup\varphi'(\boldsymbol{Q}_x)+\sup\varphi'(\boldsymbol{Q}_y)$ に等しいことは上限の定義より容易にわかる．

(2.15)．系 1.8（ii）より $x<q<r<y$ をみたす $q, r\in\boldsymbol{Q}$ が存在し，(2.15)′ と定義より $\varphi(x)\leqq\varphi'(q)<\varphi'(r)\leqq\varphi(y)$．

$\varphi$ の全単射．(2.15) より明らかに $\varphi$ は単射である．任意の $A\in l$ に対し，$a=\{B\in l|B\leqq A\}$ の逆像 $\varphi^{-1}(a)$ は，上の補題の（ii）と (2.15) より，空ではなく上に有界である．従って定理 1.6 より $x=\sup\varphi^{-1}(a)\in\boldsymbol{R}$ が存在する．$\varphi(x)<A$ $(A<\varphi(x))$ ならば，上の補題の（ii）より $\varphi(x)<\varphi(q)<A$ $(A<\varphi(q)<\varphi(x))$ をみたす $q\in\boldsymbol{Q}$ が存在し，(2.15) より $x<q$ で $q\in\varphi^{-1}(a)$ $(q<x$ で $q$ は $\varphi^{-1}(a)$ の上界) となり，$x=\sup\varphi^{-1}(a)$ と矛盾する．従って，$<$ は全順序だから，$A=\varphi(x)$．　（証終）

**定理 2.26**（i）直線 $l$ に対する上の定理の全単射 $\varphi:\boldsymbol{R}\sim l$ は，

(2.18)　$x-x'=y-y'\Longleftrightarrow\overrightarrow{\varphi(x)\varphi(x')}\equiv\overrightarrow{\varphi(y)\varphi(y')}$,

(2.19)　($x<y<z$ または $z<y<x$) $\Longleftrightarrow\varphi(y)\in(\varphi(x), \varphi(z))$,

$(x, x', y, y', z\in\boldsymbol{R})$ をみたす．ここに $\equiv$ は (2.7) の有向線分の同等であり，(　,　) は (2.8) の開線分．

（ii）逆に，全単射 $\varphi:\boldsymbol{R}\rightleftarrows l$ で (2.18), (2.19) をみたすものは，2点 $O=\varphi(0), E=\varphi(1)$ によって一意に定まり，それらに対して上の定理のように定義される $\varphi$ と一致する．

（iii）さらに (2.18), (2.19) をみたす任意の全単射 $\varphi':\boldsymbol{R}\rightleftarrows l$ は，実数 $a, b\in\boldsymbol{R}$, $b\neq0$ により次式で表わされるものに限る．

$$\varphi'(x)=\varphi(a+bx)\qquad(x\in\boldsymbol{R}).$$

**証明**（i）上の定理と定理 2.11（i）および (2.12) より，容易に示される．

（ii） (2.18) をみたす $\varphi$ は明らかに和，従って有理数倍をたもつから，$\varphi$ は $\boldsymbol{Q}$ 上では (2.13) で与えられる．さらに $\varphi$ が (2.19) をみたせば，$l$ 上の $O<E$ をみたす全順序 $<$ について，$\varphi$ は順序をたもち，従って上限をたもつから，$\varphi$ は (2.17) で与えられるものと一致する．

（iii） 与式で定義される $\varphi':\boldsymbol{R}\to l$ が全単射で (2.18), (2.19) をみたすことは，実数の和・積と順序の性質より明らか．逆に $\varphi'$ が与えられたとき，実数

$$a=\varphi^{-1}(\varphi'(0)),\qquad b=\varphi^{-1}(\varphi'(1))-a\ (\neq 0)$$

によって，$\varphi''(x)=\varphi(a+bx)\ (x\in\boldsymbol{R})$ と定義すれば，明らかに $\varphi'(0)=\varphi''(0)$, $\varphi'(1)=\varphi''(1)$ であり，上のことと（ii）より求める $\varphi''=\varphi'$ がわかる．

（証終）

任意の直線 $l$ に対して，上の定理の１つの全単射 $\varphi:\boldsymbol{R}\sim l$ を与えることを，$l$ 上に**座標**を導入するといい，$O=\varphi(0)$ をその**原点**，$E=\varphi(1)$ を**単位点**，実数 $\varphi^{-1}(A)$ を点 $A\in l$ の**座標**とよぶ．また，直線 $l$ または実数の集合 $\boldsymbol{R}$ は，座標によって同一視して考え，**実直線**とよばれる．

座標により有向線分の有理数倍は実数倍に拡張される．

空間の２点 $A, B$ と実数 $x\in\boldsymbol{R}$ に対し，$A, B$ をとおる直線 $l$ 上の座標 $\varphi:\boldsymbol{R}\rightleftarrows l$ を用いて，

(2.20) $$\overrightarrow{AC}=x\overrightarrow{AB},\qquad C=\varphi(\varphi^{-1}(A)+x(\varphi^{-1}(B)-\varphi^{-1}(A)))\in l,$$

と定義し，これを有向線分 $\overrightarrow{AB}$ の**実数** $x$ **倍**とよぶ．

**補題 2.27** 上の $C$ は座標 $\varphi$ の選び方に関係せずに定まる．$A=B$ ならば $C=A$ であり，$A\neq B$ のとき $A$ を原点，$B$ を単位点とする座標によって $C$ は座標 $x$ の点である．また $x$ が有理数ならば，(2.20) は (2.9) の $x$ 倍と一致する．

**証明** はじめのことは上の定理の（iii）より容易に示され，他は明らか．

（証終）

**定理 2.28** 補題 2.16 の全単射 $f_m: l\sim l'$ は実数倍をたもつ，すなわち $A, B, C\in l$ の $f_m$ による像を $A', B', C'\in l'$ とおけば

$$\overrightarrow{AC}=x\overrightarrow{AB}\Longleftrightarrow\overrightarrow{A'C'}=x\overrightarrow{A'B'}\qquad (x\in\boldsymbol{R}).$$

**証明**　(i)　$x$ が有理数のとき．直線 $l(A, B')$ を考え，定理 2.20 を二度用いて定理がわかる．(ii) 一般のとき．直線 $l$ 上の $A$ を原点，$B$ を単位点とする座標 $\varphi$ および $l'$ 上の同様な座標 $\varphi'$ をとれば，上の補題と (i) より

$$f_m(\varphi(q))=\varphi'(q)\qquad (q\in\boldsymbol{Q}).$$

一方補題 2.16 より $f_m$ は‘間にある’という関係をたもつから，定理 2.23 (ii) よりそれぞれ $A<B, A'<B'$ である $l, l'$ 上の全順序について，$f_m$ は順序を，従って上限をたもつことがわかり，$q\in\boldsymbol{Q}$ に対する上式と (2.17) より求める $f_m(\varphi(x))=\varphi'(x)$ がわかる．　　(証終)

**定理 2.29**　定理 2.4 において，直線 $l_i=l(O, A_i)$ 上に $O$ を原点，$A_i$ を単位点とする座標

$$\varphi_i : \boldsymbol{R}\rightleftarrows l_i,\qquad i=1, 2, 3,$$

を導入するとき，点 $(x_1, x_2, x_3)\in\boldsymbol{R}^3=\boldsymbol{R}\times\boldsymbol{R}\times\boldsymbol{R}$ に対して，点

$$(B_1, B_2, B_3)\in l_1\times l_2\times l_3,\qquad B_i=\varphi_i(x_i)\quad (i=1, 2, 3),$$

に定理 2.4 により対応する点 $B\in S$ を対応させて，全単射

$$\varphi : \boldsymbol{R}^3\rightleftarrows S,\qquad \varphi(x_1, x_2, x_3)=B,$$

がえられる．このとき空間 $S$ に**座標**が導入されたといい，$O$ をその**原点**，$A_1, A_2, A_3$ を**単位点**，$(O ; A_1, A_2, A_3)$ を**座標系**，$(x_1, x_2, x_3)$ を点 $B=\varphi(x_1, x_2, x_3)$ の**座標**とよぶ．

この章における考察は，空間の結合性，平行性，次元性(2.1)～(2.4)，順序性 (2.8) および連続性 (2.16) に基づいてなされたが，空間 $S$ はこれらの性質だけに着目して考察するとき**3 次元アフィン空間**とよばれる[1]．

**例題 1**　**(パスカル(Pascal)の定理)**　1 平面上の異なる 2 直線 $l, m$ と点 $A_i\in l, B_i\in m$ $(i=1, 2, 3)$ に対し，$l(A_1, B_2)/\!/l(B_1, A_3)$，$l(A_1, B_3)/\!/l(B_1, A_2)$ ならば $l(A_2, B_2)/\!/l(A_3, B_3)$．

---

1)　これらの性質を公理とし，さらに (2.7) の同等を含むいわゆる合同公理を加えたものが，ヒルベルト(Hilbert)によるユークリッド(Euclid, 正確には Eucleidēs)幾何の公理系であり，合同公理は長さ，角などの計量的構造を確定するものである．従って，アフィン空間はユークリッド空間で合同公理(計量的構造)だけを仮定しないものと考えてよい．

［解］ $l//m$ のとき，定理 2.19 より，$A_1B_1$ の中点は $A_3B_2$，$A_2B_3$ の中点と一致して求める結果がわかる．$l\cap m=\{O\}$ のとき，$\overrightarrow{OA_1}=x\overrightarrow{OA_2}$，$\overrightarrow{OB_1}=y\overrightarrow{OB_2}$ とおけば，定理 2.28 より $\overrightarrow{OA_3}=y\overrightarrow{OA_1}=yx\overrightarrow{OA_2}$, $\overrightarrow{OB_3}=xy\overrightarrow{OB_2}$ で $(A_2, B_2)//l(A_3, B_3)$．　（以上）

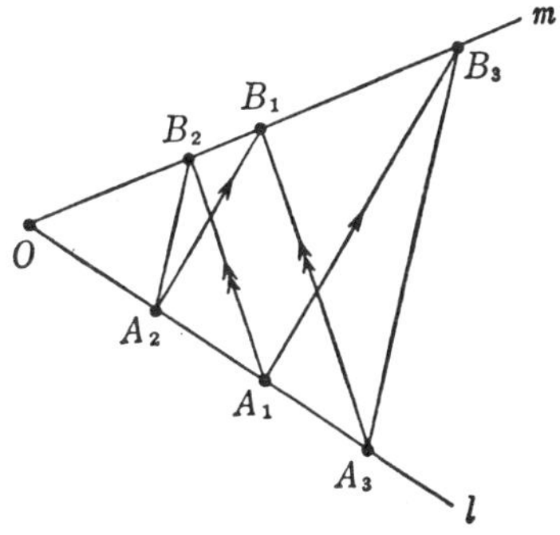


**例題 2 （メネラウス(Menelaus)の定理）** $\triangle A_1A_2A_3$ に対して，$A_4=A_1$ として

$$x_i\overrightarrow{B_iA_i}=\overrightarrow{B_iA_{i+1}}, \qquad x_i\fallingdotseq 0, 1,$$

をみたす 3 点 $B_i(1\leqq i\leqq 3)$ が 1 直線上にあるためには $x_1x_2x_3=1$ が必要十分である．

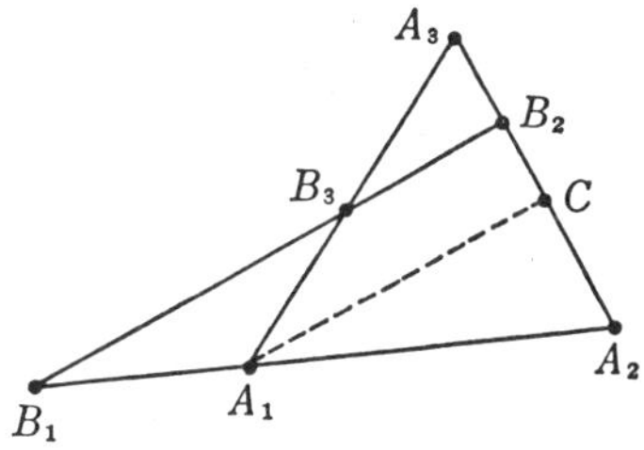


［解］ 図で $A_1$ をとおる直線 $l(B_1, B_2)$ の平行線と $l(A_2, A_3)$ の交点を $C$ とすれば，仮定と定理 2.28 より $x_1\overrightarrow{B_2C}=\overrightarrow{B_2A_2}$ で，仮定より $x_2x_1\overrightarrow{B_2C}=\overrightarrow{B_2A_3}$ すなわち $(1/x_1x_2)\overrightarrow{B_2A_3}=\overrightarrow{B_2C}$．これと仮定の $x_3\overrightarrow{B_3A_3}=\overrightarrow{B_3A_1}$ および定理 2.28 より求める結果がわかる．　（以上）

**例題 3 （デザルグの定理）** 2つの三角形 $\triangle ABC, \triangle A'B'C'$ において，3 直線 $l(A, A')$，$l(B, B')$，$l(C, C')$ が 1 点 $O$ で交わるならば，対応辺の交点 $X=l(A, B)\cap l(A', B')$，$Y=l(B, C)\cap l(B', C')$，$Z=l(C, A)\cap l(C', A')$ は 1 直線上にある．特別な場合として，$O$ が無限遠点 $\infty$ となる場合（すなわち $l(A, A')//l(B, B')//l(C, C')$ の場合）も結論は同じである．また結論で，$X=\infty$（すなわち $l(A, B)//l(A'B')$）のときは $l(Y, Z)//l(A, B)$ を，さらに $Y=\infty$（すなわち $l(B, C)//l(B', C')$）のときは $Z=\infty$（すなわち $l(C, A)//l(C', A')$）を意味する[1]．

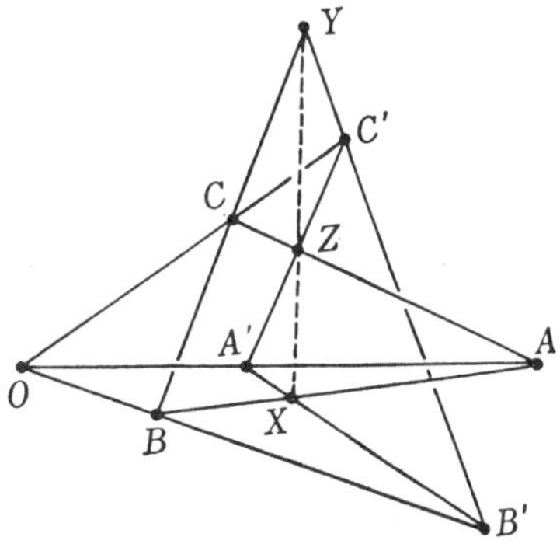


1) $O, X, Y$ が $\infty$ の場合が定理 2.8，系 2.9 である．射影幾何ではデザルグの定理は 3 次元で成り立つが，2 直線は必ず交わるから，これらの特別な場合の考慮は不要である．

［解］ $a\overrightarrow{A'A}=\overrightarrow{A'O}$, $b\overrightarrow{B'B}=\overrightarrow{B'O}$, $c\overrightarrow{C'C}=\overrightarrow{C'O}$, $x\overrightarrow{XA}=\overrightarrow{XB}$, $y\overrightarrow{YB}=\overrightarrow{YC}$, $z\overrightarrow{ZC}=\overrightarrow{ZA}$ とおく．$\triangle OA'B'$ と $A, X, B$ に対する上の例題より $bx/a=1$ で，同様に $ay/c=1, cx/b=1$ だから $xyz=1$ で，再び $\triangle ABC$ と $X, Y, Z$ に対する上の例題より $X, Y, Z$ は1直線上にある．$X=\infty$ のとき，定理2.28より $a=b$ で上のことより $yz=1$ がわかり，再び定理2.28 より $l(Y, Z)//l(A, B)$. さらに $Y=\infty$ のときは，定理 2.28 より $a=b=c$ で $Z=\infty$ がわかる．

$O=\infty$ の場合．$x'\overrightarrow{AX}=\overrightarrow{AB}$, $y'\overrightarrow{CB}=\overrightarrow{CY}$ とおけば，上の例題より $l(A, C)$, $l(X, Y)$ の交点 $Z$ は $x'y'\overrightarrow{ZX}=\overrightarrow{ZY}$ をみたす．また，仮定と定理 2.28 より $x'\overrightarrow{A'X}=\overrightarrow{A'B'}$, $y'\overrightarrow{C'B'}=\overrightarrow{C'Y}$ だから，同様に $l(A', C'), l(X, Y)$ の交点 $Z'$ も $x'y'\overrightarrow{Z'X}=\overrightarrow{Z'Y}$ をみたし，従って $Z=Z'$ である．$X=\infty$ のときは，$Y$ をとおる $l(A, B)$ の平行線と $l(A, C)$ または $l(A', C')$ の交点を $Z$ または $Z'$ とおけば，定理 2.28 より $y'\overrightarrow{CA}=\overrightarrow{CZ}$, $y'\overrightarrow{C'A'}=\overrightarrow{C'Z'}$ となり $Z=Z'$ がわかる．さらに $Y=\infty$ のときは定理 2.8，系 2.9 である．　　（以上）

**問 1**　**（メネラウスの定理）**　4点 $A_1, \cdots, A_4$ は1平面上にないとき，

$$x_i\overrightarrow{B_iA_i}=\overrightarrow{B_iA_{i+1}}, \quad x_i \neq 0, 1,$$

$(A_5=A_1)$ をみたす点 $B_i$ $(1\leqq i\leqq 4)$ が1平面上にあるためには $x_1x_2x_3x_4=1$ が必要十分である．

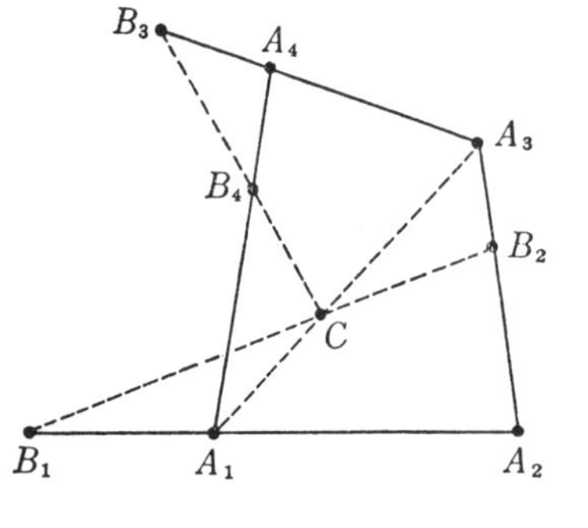


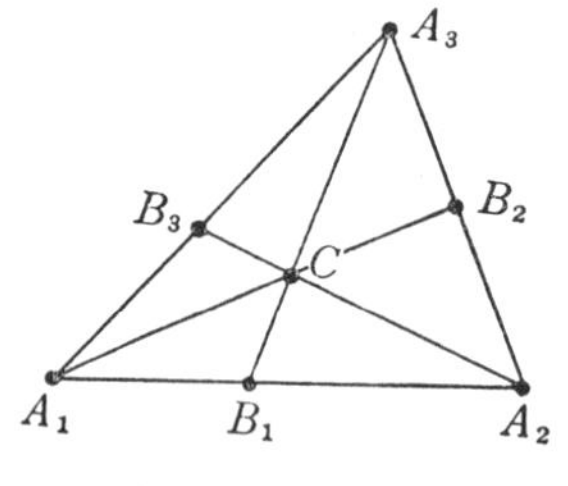


**問 2**　**（チェバ(Čeva)の定理）**　（i）　例題2において，3直線 $l(B_1, A_3)$, $l(B_2, A_1)$, $(B_3, A_2)$ が1点 $C$ で交わるためには $x_1x_2x_3=-1$ が必要十分である．

（ii）　上の問において，$A_{4+i}=A_i$ とする．4平面 $\varepsilon_i=\varepsilon(B_i, A_{i+2}, A_{i+3})$ $(1\leqq i\leqq 4)$ が1点 $C$ を共有するためには $x_1x_2x_3x_4=1$ が必要十分である．

## 附録　非デザルグ幾何

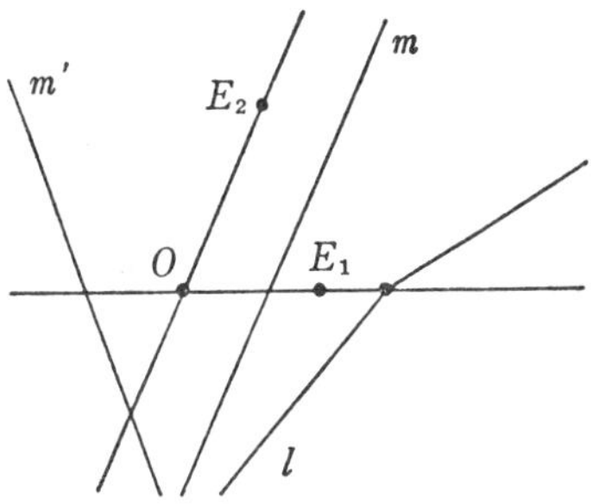


アフィン空間 $S$ の平面 $\varepsilon$ 上に，定理 2.29 と同様に定理 2.2 により，原点 $O$，単位点 $E_1, E_2$ の座標を導入する．$\varepsilon$ 上の直線は1次方程式

$$p_1x_1+p_2x_2=p$$

で表わされる．

いま $\varepsilon$ 上の直線の集合を少し変えた新しい平面 $\tilde{\varepsilon}$ を考えよう．すなわち集合 $\tilde{\varepsilon}$ は集合 $\varepsilon$ と同じで，$\tilde{\varepsilon}$ の直線は定数 $\alpha$ $(0<\alpha<1)$ を固定して次のように定義する．

（1）　　$x_1=p$ 　または　$x_2=p_1x_1+p, p_1\leqq 0$

の形の $\varepsilon$ の直線(図の $m$ または $m'$)はそのまま $\tilde{\varepsilon}$ の直線とする．

（2）　$p_1>0$ のとき，$\varepsilon$ の直線 $x_2=p_1x_1+p$ を変形して，2つの半直線

$$\begin{cases} x_2=p_1x_1+p & \text{の}\quad x_2\leqq 0 \quad \text{の部分,} \\ x_2=\alpha(p_1x_1+p) & \text{の}\quad x_2\geqq 0 \quad \text{の部分,} \end{cases}$$

の和集合(図の $l$)を $\tilde{\varepsilon}$ の直線とする．

**補題 1**　任意の異なる2点 $A(a_1, a_2), B(b_1, b_2)$ をとおる $\tilde{\varepsilon}$ の直線がただ1つ存在する．

**証明**　$a_1\geqq b_1$ としてよい．（i）$a_1>b_1, a_2>0>b_2$ のとき．明らかに $A, B$ をとおる（1）の形の直線はない．（2）の形の直線が $A, B$ をとおるのは

$$a_2=\alpha(p_1a_1+p), \qquad b_2=p_1b_1+p, \qquad p_1>0,$$

のときであり，これは

$$p_1=(a_2/\alpha-b_2)/(a_1-b_1)>0, \qquad p=(a_1b_2-a_2b_1/\alpha)/(a_1-b_1),$$

のときだけである．（ii）$a_1>b_1$, $a_2>b_2$, $a_2b_2\geqq 0$ のとき．$A, B$ はただ1つの（2）の形のどちらかの半直線に含まれる．（iii）その他のとき．ただ1つの（1）の形の直線に含まれる．　（証終）

次の補題は殆んど明らかである．

**補題 2**　$\tilde{\varepsilon}$ の2直線が平行である(すなわち交わらない)ためには，2直線が

$x_2=p$ および $x_2=p'$ の形，またはそれらの $x_2\leqq 0$ の部分の半直線が $\varepsilon$ において平行，すなわち $x_1=p$ および $x_1=p'$ の形または

$$x_2=p_1x_1+p \quad (x_2\leqq 0) \quad \text{および} \quad x_2=p_1'x_1+p' \quad (x_2\leqq 0)$$

の形で $p_1=p_1'$，であることが必要十分である．

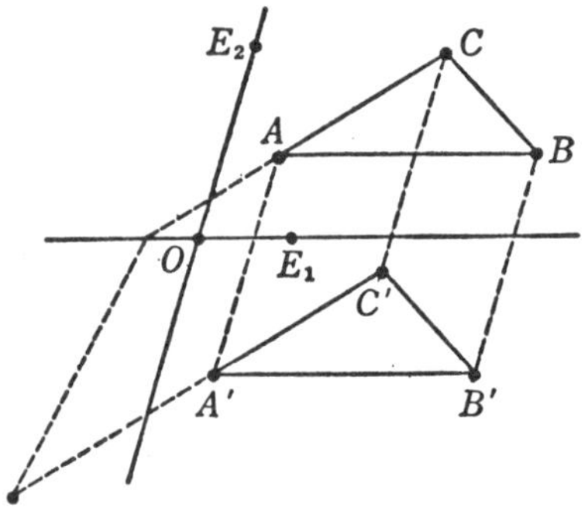


**定理 3** 上の平面 $\tilde{\varepsilon}$ においては，§2.3例題3のデザルグの定理は成り立たない[1]．

**証明** その特別定理である系 2.9 が $\tilde{\varepsilon}$ では成り立たないことが右図よりわかる．ここに平行線 $l(A,A')//l(B,B')//l(C,C')$, $l(A,B)//l(A',B')$, $l(B,C)//l(B',C')$ は（1）の形の直線で，$l(C,A)$ と $l(C',A')$ は，アフィン平面 $\varepsilon$ で考えれば平行であるが，$\tilde{\varepsilon}$ では（2）の形で平行ではない． （証終）

1) 射影幾何でもデザルグの定理は3次元で成り立ち，2次元だけでは証明できない．

# 3. ベクトルの線形性

この章では，空間はそのアフィン構造にだけ着目した前章の3次元アフィン空間とし，前章における考察に基づいて，空間における幾何ベクトルおよびその和・スカラー倍の演算を定義して，幾何ベクトル全体のつくるベクトル空間のそれらの演算による線形性について考察しよう．これは後章で考えられる一般なベクトル空間の1つの具体的な実例である．

## 3.1 幾何ベクトル，和・スカラー倍

この章では，空間 $S$ は前章で考察された3次元アフィン空間とする．

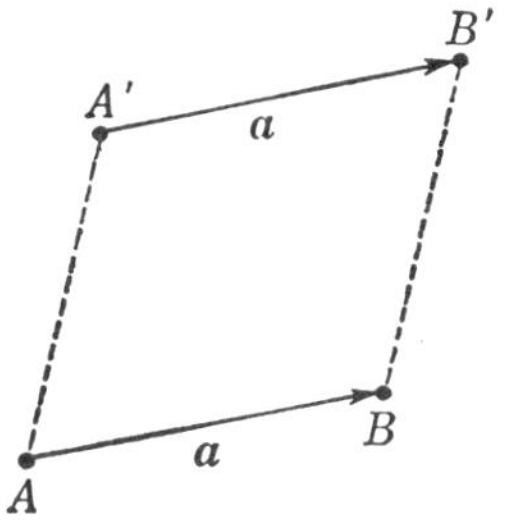


空間 $S$ の2点 $A, B$ の(順序づけられた)組である有向線分

$$\overrightarrow{AB}=(A, B)\in S\times S$$

の集合を考えよう．有向線分の (2.7) の同等

$$\overrightarrow{AB}\equiv\overrightarrow{A'B'} \tag{3.1}$$

は定理 2.11(i) より同値関係である．従って $\equiv$ による (1.1) の同値類

$$[\overrightarrow{AB}]=\{\overrightarrow{A'B'}\,|\,\overrightarrow{AB}\equiv\overrightarrow{A'B'}\},$$

およびその集合である (1.2) の商集合

$$\boldsymbol{V} = (S\times S)/\equiv = \{[\overrightarrow{AB}]\,|\,\overrightarrow{AB}\in S\times S\}$$

がえられる．このおのおのの同値類を空間 $S$ の**幾何ベクトル**または単に**ベクトル** (vector) とよび，集合 $\boldsymbol{V}$ をそれらのつくる**ベクトル空間**とよぶ．普通のようにベクトルを太いラテン小文字で書き表わす．ベクトル $\boldsymbol{a}$ が $\boldsymbol{a}=[\overrightarrow{AB}]$ のとき，すなわち $\boldsymbol{a}$ が有向線分 $\overrightarrow{AB}$ によって表わされるとき，簡単に

$$\boldsymbol{a}=[\overrightarrow{AB}]=\overrightarrow{AB} \quad (\in\boldsymbol{V})$$

と書き表わし，$\boldsymbol{a}$ を**ベクトル** $\overrightarrow{AB}$ とよぶ．

次の定理は定理 2.11(iii) よりただちにえられる．

**定理 3.1** (i) 空間の任意のベクトル $\boldsymbol{a}\in\boldsymbol{V}$ と任意の点 $A\in S$ に対し，

$\boldsymbol{a}$ を表わす有向線分 $\overrightarrow{AB}$ がただ1つ存在する.

（ii）　空間の1点 $O$ を任意に固定するとき，各点 $A\in S$ にベクトル $\overrightarrow{OA}\in \boldsymbol{V}$ を対応させて，全単射

$$\pi : S \rightleftarrows \boldsymbol{V}, \qquad \pi(A)=\overrightarrow{OA} \quad (A\in S),$$

がえられる.

このベクトル $\overrightarrow{OA}$ は $O$ を**原点**とする，点 $A$ の**位置ベクトル**とよばれる.

ベクトル空間 $\boldsymbol{V}$ において．和・スカラー倍の演算を定義しよう.

**幾何ベクトルの和**　ベクトル $\boldsymbol{a},\boldsymbol{b}\in \boldsymbol{V}$ が与えられたとする．空間の1点 $A$ に対して，定理 3.1(i) より，$\boldsymbol{a}$ を表わす有向線分 $\overrightarrow{AB}$ が定まり，さらに $\boldsymbol{b}$ を表わす有向線分 $\overrightarrow{BC}$ が定まる．このとき有向線分 $\overrightarrow{AC}$ が表わすベクトルを $\boldsymbol{a}$ と $\boldsymbol{b}$ の**和**と定義し，記号 $\boldsymbol{a}+\boldsymbol{b}$ で書き表わす.

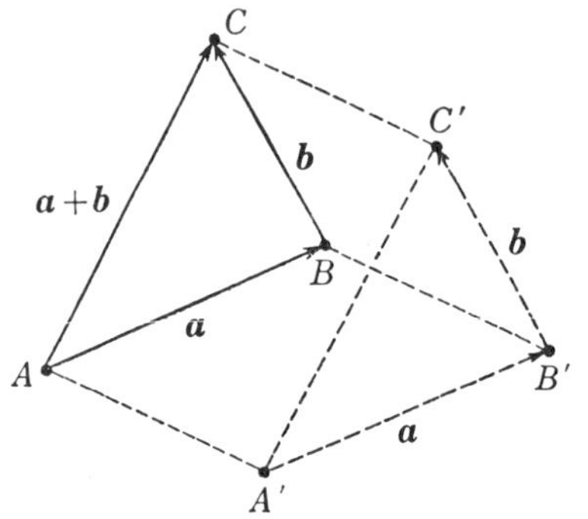


(3.2)　　$\boldsymbol{a}=\overrightarrow{AB},\ \boldsymbol{b}=\overrightarrow{BC}\in \boldsymbol{V}$

$$\Rightarrow \boldsymbol{a}+\boldsymbol{b}=\overrightarrow{AC}\in \boldsymbol{V}.$$

この定義が点 $A$ の選び方に関係しないことは次のようにわかる．点 $A'$ に対して同様に $\boldsymbol{a}=\overrightarrow{A'B'},\ \boldsymbol{b}=\overrightarrow{B'C'}$ ととる．定義より $\overrightarrow{AB}\equiv\overrightarrow{A'B'}$ だから定理 2.19 の後半より $\overrightarrow{AA'}\equiv\overrightarrow{BB'}$ で，同様に $\overrightarrow{BB'}\equiv\overrightarrow{CC'}$ であり，$\equiv$ は同値関係だから $\overrightarrow{AA'}\equiv\overrightarrow{CC'}$ となる．従って再び定理 2.19 の後半より求める $\overrightarrow{AC}\equiv\overrightarrow{A'C'}$ がわかる.

**零ベクトル**　同等の定義より，各点 $A$ に対する有向線分 $\overrightarrow{AA}$ は1つの同値類をつくる．このベクトルを**零ベクトル**とよび，$\boldsymbol{o}$ と書き表わす.

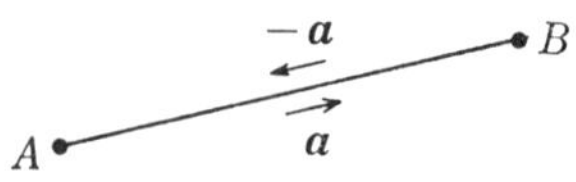


(3.3)　　$\boldsymbol{o}=\overrightarrow{AA}\in \boldsymbol{V}.$

**和の逆元**　ベクトル $\boldsymbol{a}\in \boldsymbol{V}$ を表わす有向線分 $\overrightarrow{AB}$ をとるとき，$\overrightarrow{BA}$ の表わすベクトルが $\boldsymbol{a}$ に対し定まることは，$\overrightarrow{AB}\equiv\overrightarrow{A'B'} \Longleftrightarrow \overrightarrow{BA}\equiv\overrightarrow{B'A'}$ よりわかるから，これを $-\boldsymbol{a}$ と書き表わす.

(3.4)　　$\boldsymbol{a}=\overrightarrow{AB}\in \boldsymbol{V} \Rightarrow -\boldsymbol{a}=\overrightarrow{BA}\in \boldsymbol{V}.$

ベクトルというよび方に対応して，実数を**スカラー**(scaler)とよぶ.

**幾何ベクトルのスカラー(実数)倍**　ベクトル $\boldsymbol{a}\in\boldsymbol{V}$ とスカラー $x\in\boldsymbol{R}$ に対して，$\boldsymbol{a}$ を表わす有向線分 $\overrightarrow{AB}$ をとるとき，$A, B$ をとおる直線 $l$ 上の座標 $\varphi:\boldsymbol{R}\sim l$ を用いて (2.20) の $x$ 倍の有向線分

(3.5)　$\overrightarrow{AC}=x\overrightarrow{AB},\quad C=\varphi(\varphi^{-1}(A)+x(\varphi^{-1}(B)-\varphi^{-1}(A)))\in l,$

が定まり，補題 2.27 より $C$ は座標 $\varphi$ の選び方に関係しない．この $\overrightarrow{AC}$ が表わすベクトルをベクトル $\boldsymbol{a}$ の**スカラー $x$ 倍**と定義し，記号 $x\boldsymbol{a}$ で書き表わす.

(3.5)′　$\boldsymbol{a}=\overrightarrow{AB},\ x\in\boldsymbol{R}$
$\Rightarrow x\boldsymbol{a}=x\overrightarrow{AB}$ ((3.5) で定義されるもの).

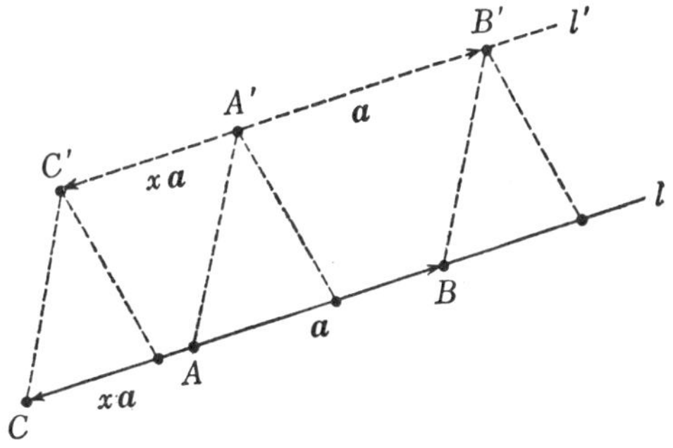


この定義が点 $A$ の選び方に関係しないこと，すなわち

$$(\overrightarrow{AB}\equiv\overrightarrow{A'B'},\ \overrightarrow{AC}=x\overrightarrow{AB},\ \overrightarrow{A'C'}=x\overrightarrow{A'B'})\Rightarrow\overrightarrow{AC}\equiv\overrightarrow{A'C'},$$

は次のようにわかる．$A'\notin l$ のとき，(2.3) の $l$ の平行線 $l'\ni A'$ は $l\cap l'=\phi$ で，仮定と定義より $B', C'\in l'$ であり，(2.1) の直線 $l(A, A')$, $l(B, B')$ は平行である．従って仮定と定理 2.28 より $l(A, A')//l(C, C')$ となり，求める $\overrightarrow{AC}\equiv\overrightarrow{A'C'}$ が成り立つ．$A'\in l$ のときは，定理 2.11(ii) より (2.6) のように $\overrightarrow{AB}\equiv\overrightarrow{A''B''}\equiv\overrightarrow{A'B'}\,(A''\notin l)$ とすれば，上のことを2度用いて $\overrightarrow{AC}\equiv x\overrightarrow{A''B''}\equiv\overrightarrow{A'C'}$ となり，$\overrightarrow{AC}\equiv\overrightarrow{A'C'}$ である.

上に述べた幾何ベクトルの演算について，§1.2 で述べた実数の和の性質，積の結合律と単位元の存在，および配分律と同様な性質が成り立つ.

**定理 3.2**　(3.2)～(3.5) の幾何ベクトルの和・スカラー倍の演算について，

(3.6)　$(\boldsymbol{a}+\boldsymbol{b})+\boldsymbol{c}=\boldsymbol{a}+(\boldsymbol{b}+\boldsymbol{c}),\quad \boldsymbol{a}+\boldsymbol{b}=\boldsymbol{b}+\boldsymbol{a}.$

(3.7)　$\boldsymbol{a}+\boldsymbol{o}=\boldsymbol{a},\quad \boldsymbol{a}+(-\boldsymbol{a})=\boldsymbol{o}.$[1)]

---

1) 零ベクトル，和の逆元のよび方はこれらの等式による．それらの一意性は次の系 3.3(i) よりわかる.

(3.8) $1\boldsymbol{a}=\boldsymbol{a}, \quad (xy)\boldsymbol{a}=x(y\boldsymbol{a}).$

(3.9) $(x+y)\boldsymbol{a}=x\boldsymbol{a}+y\boldsymbol{a}, \quad x(\boldsymbol{a}+\boldsymbol{b})=x\boldsymbol{a}+x\boldsymbol{b}.$ [1)]

ここに，$\boldsymbol{a}, \boldsymbol{b}, \boldsymbol{c} \in \boldsymbol{V}$，$x, y \in \boldsymbol{R}$.

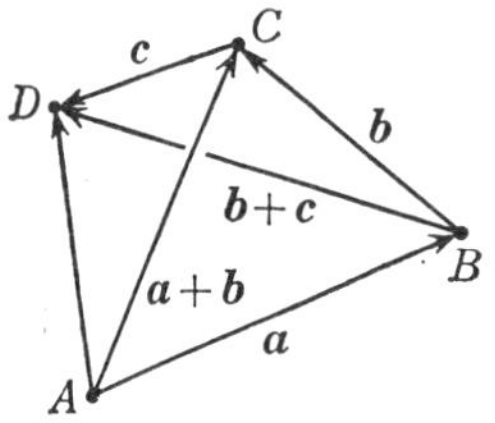


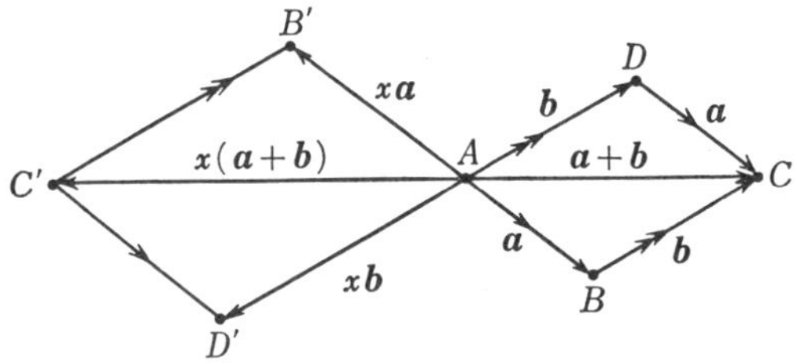


**証明** 上の左図において $\overrightarrow{AD}$ が (3.6) の第1式の両辺に等しい．上の右図において $\overrightarrow{AD}\equiv\overrightarrow{BC}$ とすれば，定理 2.19 の後半より $\overrightarrow{AB}\equiv\overrightarrow{DC}$ であり，(3.6) の第2式が成り立つ．さらに $A, B, C$ が1直線上にないとき，$\overrightarrow{AC'}=x\overrightarrow{AC}$ である点 $C'$ をとれば，$C'$ をとおる直線 $l(B, C)$ の平行線と $l(A, B)$ の交点 $B'$ は，定理 2.28 より $\overrightarrow{AB'}=x\boldsymbol{a}$ をみたす．同様に $C'$ をとおる $l(D, C)$ の平行線と $l(A, D)$ の交点 $D'$ は $\overrightarrow{AD'}=x\boldsymbol{b}$ をみたすから，このとき (3.9) の第2式が成り立つ．$A, B, C$ が1直線 $l$ 上にあるとき，$\varphi(0)=A$ である $l$ 上の座標 $\varphi$ をとれば，補題 2.27，(2.20) と (2.18) より

$$x\overrightarrow{A\varphi(a)}=\overrightarrow{A\varphi(xa)}, \quad \overrightarrow{A\varphi(a)}+\overrightarrow{A\varphi(b)}=\overrightarrow{A\varphi(a+b)}$$

が成り立ち，このときの (3.9) の第2式が容易に示される．(3.9) の第1式と (3.8) も同様で，(3.7) は明らか． (証終)

**系 3.3** (i) ベクトル $\boldsymbol{a}, \boldsymbol{b} \in \boldsymbol{V}$ に対し，

$$\boldsymbol{a}=\boldsymbol{c}+\boldsymbol{b}$$

をみたす $\boldsymbol{c} \in \boldsymbol{V}$ が一意に存在し，$\boldsymbol{c}=\boldsymbol{a}+(-\boldsymbol{b})$ である．とくに

$$\boldsymbol{a}=\boldsymbol{c}+\boldsymbol{a} \Rightarrow \boldsymbol{c}=\boldsymbol{o}.$$

(ii) ベクトル $\boldsymbol{a} \in \boldsymbol{V}$ とスカラー $x \in \boldsymbol{R}$ に対し，

$$x\boldsymbol{a}=\boldsymbol{o} \Longleftrightarrow (x=0 \quad \text{または} \quad \boldsymbol{a}=\boldsymbol{o}).$$

**証明** 定義によって直接証明することも容易であるが，上の定理を用いて定

1) このように和とスカラー倍が括弧なしに書かれているときは，実数の和・積と同様に，まずスカラー倍を求め，次に和をとるものと約束する．

理1.4と同様に証明できる.

(i) ベクトル $\boldsymbol{c}'$ も $\boldsymbol{a}=\boldsymbol{c}'+\boldsymbol{b}$ をみたすとすれば, $\boldsymbol{c}'+\boldsymbol{b}=\boldsymbol{c}+\boldsymbol{b}=\boldsymbol{a}$. これと $-\boldsymbol{b}$ の和をつくり, (3.6) と (3.7) を用いれば, 前の等号から $\boldsymbol{c}'=\boldsymbol{c}$ が, 後の等号から $\boldsymbol{c}=\boldsymbol{a}+(-\boldsymbol{b})$ がわかる. (3.6) と (3.7) より $\boldsymbol{a}=\boldsymbol{o}+\boldsymbol{a}$ だから, 後半は前半の一意性よりわかる.

(ii) (⇐) (1.7) の $0=0+0$, (3.7) の $\boldsymbol{o}=\boldsymbol{o}+\boldsymbol{o}$ と (3.9) より

$$0\boldsymbol{a}=0\boldsymbol{a}+0\boldsymbol{a}, \qquad x\boldsymbol{o}=x\boldsymbol{o}+x\boldsymbol{o}$$

が成り立つから, (i) の後半より $0\boldsymbol{a}=\boldsymbol{o}$, $x\boldsymbol{o}=\boldsymbol{o}$ がわかる. (⇒) $x\boldsymbol{a}=\boldsymbol{o}$, $x\neq0$ ならば, (1.12), (3.8) と (⇐) より

$$\boldsymbol{a}=1\boldsymbol{a}=(x^{-1}x)\boldsymbol{a}=x^{-1}(x\boldsymbol{a})=x^{-1}\boldsymbol{o}=\boldsymbol{o}. \qquad \text{(証終)}$$

この系の(i) の前半のベクトル $\boldsymbol{c}$ は

$$\boldsymbol{a}-\boldsymbol{b}=\boldsymbol{a}+(-\boldsymbol{b})\in \boldsymbol{V}$$

と書き表わされ, これが幾何ベクトルの**減法**である.

**例題 1** (i) $\boldsymbol{a}+\boldsymbol{b}=\boldsymbol{o}\Longleftrightarrow\boldsymbol{a}=-\boldsymbol{b}\Longleftrightarrow\boldsymbol{b}=-\boldsymbol{a}$.

(ii) $-\boldsymbol{o}=\boldsymbol{o}, \quad -(-\boldsymbol{a})=\boldsymbol{a}, \quad -(\boldsymbol{a}+\boldsymbol{b})=-\boldsymbol{a}-\boldsymbol{b},$

$-(x\boldsymbol{a})=(-x)\boldsymbol{a}=x(-\boldsymbol{a}), \quad (-1)\boldsymbol{a}=-\boldsymbol{a}.$

[解] (i) (3.6), (3.7) と上の系の (i) より明らか. (ii) $\boldsymbol{o}+\boldsymbol{o}=\boldsymbol{o}$, $\boldsymbol{a}+(-\boldsymbol{a})=\boldsymbol{o}$, $-\boldsymbol{a}+(-\boldsymbol{b})+\boldsymbol{b}+\boldsymbol{a}=\boldsymbol{o}$, $(-x)\boldsymbol{a}+x\boldsymbol{a}=((-x)+x)\boldsymbol{a}=\boldsymbol{o}$, $x(-\boldsymbol{a})+x\boldsymbol{a}=x((-\boldsymbol{a})+\boldsymbol{a})=\boldsymbol{o}$ だから, (i) より (ii) がわかる. (以上)

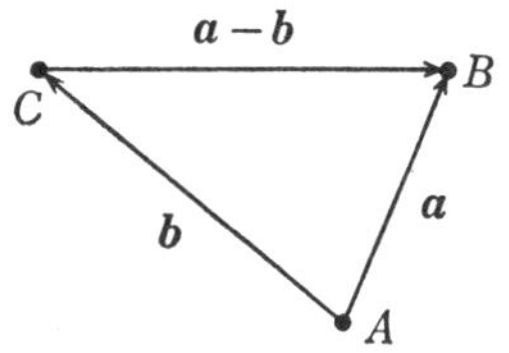


**問 1** $\boldsymbol{a}=\overrightarrow{AB}$, $\boldsymbol{b}=\overrightarrow{AC}$ ならば $\boldsymbol{a}-\boldsymbol{b}=\overrightarrow{CB}$.

**問 2** 次式を確かめよ.

$(\boldsymbol{a}-\boldsymbol{b})+\boldsymbol{c}=\boldsymbol{a}-(\boldsymbol{b}-\boldsymbol{c}), \quad (\boldsymbol{a}-\boldsymbol{b})-\boldsymbol{c}=\boldsymbol{a}-(\boldsymbol{b}+\boldsymbol{c}),$

$x(\boldsymbol{a}-\boldsymbol{b})=x\boldsymbol{a}-x\boldsymbol{b}, \quad (x-y)\boldsymbol{a}=x\boldsymbol{a}-y\boldsymbol{a}.$

## 3.2 線形結合, 線形部分空間

前節の幾何ベクトルの和・スカラー倍の定義より, 次の定理が成り立つ.

**定理 3.4** 空間の任意の点 $O$ を原点として固定し, 位置ベクトルを対応させる定理 3.1(ii) の全単射

$$\pi : S \rightleftarrows \boldsymbol{V}, \qquad \pi(A)=\overrightarrow{OA} \quad (A\in S)$$

を考えるとき，次が成り立つ.

（i） $O$ をとおる任意の直線 $l$ に対し，(2.1) より $O$ と異なる点 $A_1\in l$ をとるとき，上の全単射 $\pi$ による $l$ の点の像 $\pi(l)$ は位置ベクトル $\boldsymbol{a}_1=\overrightarrow{OA_1}$ のスカラー倍全体の集合と一致する.

$$\pi(l)=\{x\boldsymbol{a}_1|x\in\boldsymbol{R}\}.$$

（ii） $O$ をとおる任意の平面 $\varepsilon$ に対し，定理 2.2（i）より $O, A_1, A_2$ が 1 直線上にないような点 $A_1, A_2\in\varepsilon$ をとるとき，像 $\pi(\varepsilon)$ は位置ベクトル $\boldsymbol{a}_1=\overrightarrow{OA_1}, \boldsymbol{a}_2=\overrightarrow{OA_2}$ のおのおののスカラー倍の和全体の集合と一致する.

$$\pi(\varepsilon)=\{x_1\boldsymbol{a}_1+x_2\boldsymbol{a}_2|x_1, x_2\in\boldsymbol{R}\}.$$

（iii） 定理 2.4（i）より 1 平面上にない点 $O, A_1, A_2, A_3$ をとるとき，ベクトル空間 $\boldsymbol{V}$ は $\boldsymbol{a}_i=\overrightarrow{OA_i}$ $(i=1, 2, 3)$ のおのおののスカラー倍の和の形のベクトル全体の集合と一致する.

$$\boldsymbol{V}=\{x_1\boldsymbol{a}_1+x_2\boldsymbol{a}_2+x_3\boldsymbol{a}_3|x_1, x_2, x_3\in\boldsymbol{R}\}.$$

**証明** （i） スカラー倍の定義の (3.5) と座標 $\varphi : \boldsymbol{R}\sim l$ は全単射であることから明らか.

（ii） 定理 2.2（ii）の 1-1 対応

$$\varepsilon\ni B \leftrightarrow (B_1, B_2)\in l_1\times l_2 \quad (l_i=l(O, A_i))$$

は，その定義と (2.3) より

$$\pi(B)=\overrightarrow{OB}=\overrightarrow{OB_1}+\overrightarrow{OB_2}=\pi(B_1)+\pi(B_2)$$

をみたす. ところが（i）より $\pi(l_i)=\{x_i\boldsymbol{a}_i|x_i\in\boldsymbol{R}\}$ $(i=1, 2)$ だから，$\pi(\varepsilon)$ は求めるものと一致する.

（iii） 定理 2.4（ii）の 1-1 対応

$$S\ni B \leftrightarrow (B_1, B_2, B_3)\in l_1\times l_2\times l_3 \quad (l_i=l(O, A_i))$$

は，その定義と (2.3) より

$$\pi(B)=(\pi(B_1)+\pi(B_2))+\pi(B_3)=\pi(B_1)+\pi(B_2)+\pi(B_3)$$

をみたすから，上と同様に（i）より求める結果がえられる. （証終）

ベクトル $\boldsymbol{a}_1, \cdots, \boldsymbol{a}_n\in\boldsymbol{V}$ $(n\in\boldsymbol{N})$ が与えられたとき，おのおののスカラー倍

の和の形のベクトル

$$x_1\boldsymbol{a}_1+\cdots+x_n\boldsymbol{a}_n\in\boldsymbol{V} \qquad (x_1,\cdots,x_n\in\boldsymbol{R})$$

を，ベクトル $\boldsymbol{a}_1,\cdots,\boldsymbol{a}_n$ の**線形結合**または**1次結合**[1]とよぶ．またそれらのつくる $\boldsymbol{V}$ の部分集合を $L(\boldsymbol{a}_1,\cdots,\boldsymbol{a}_n)$ と書き表わそう．

(3.10) $$L(\boldsymbol{a}_1,\cdots,\boldsymbol{a}_n)=\{x_1\boldsymbol{a}_1+\cdots+x_n\boldsymbol{a}_n|x_1,\cdots,x_n\in\boldsymbol{R}\}\subset\boldsymbol{V}.$$

系 3.3(ii) より $L(\boldsymbol{o})=\{\boldsymbol{o}\}$ であり，上の定理の結論はそれぞれ

$$\pi(l)=L(\boldsymbol{a}_1),\qquad \pi(\varepsilon)=L(\boldsymbol{a}_1,\boldsymbol{a}_2),\qquad \boldsymbol{V}=L(\boldsymbol{a}_1,\boldsymbol{a}_2,\boldsymbol{a}_3)$$

と書くことができる．

一般の $L(\boldsymbol{a}_1,\cdots,\boldsymbol{a}_n)$ がどのようになるか調べていくが，まずその代数的性質にふれておこう．

**補題 3.5** (3.10) の $L(\boldsymbol{a}_1,\cdots,\boldsymbol{a}_n)$ に対し，

$$\boldsymbol{a},\boldsymbol{b}\in L(\boldsymbol{a}_1,\cdots,\boldsymbol{a}_n),\ x\in\boldsymbol{R} \quad \text{ならば} \quad \boldsymbol{a}+\boldsymbol{b},x\boldsymbol{a}\in L(\boldsymbol{a}_1,\cdots,\boldsymbol{a}_n).$$

**証明** $$\boldsymbol{a}=x_1\boldsymbol{a}_1+\cdots+x_n\boldsymbol{a}_n,\qquad \boldsymbol{b}=y_1\boldsymbol{a}_1+\cdots+y_n\boldsymbol{a}_n$$

とすれば，定理 3.2 の結合律，可換律，配分律を何回か用いて，容易に次式が確かめられる．

$$\boldsymbol{a}+\boldsymbol{b}=(x_1+y_1)\boldsymbol{a}_1+\cdots+(x_n+y_n)\boldsymbol{a}_n,$$

$$x\boldsymbol{a}=(xx_1)\boldsymbol{a}_1+\cdots+(xx_n)\boldsymbol{a}_n.$$ (証終)

一般に，ベクトル空間 $\boldsymbol{V}$ の空でない部分集合 $\boldsymbol{L}$ が与えられて，$\boldsymbol{L}$ が和・スカラー倍の演算に関して閉じているとき，すなわち

(3.11) $$\boldsymbol{a},\boldsymbol{b}\in\boldsymbol{L},\ x\in\boldsymbol{R} \quad \text{ならば} \quad \boldsymbol{a}+\boldsymbol{b},x\boldsymbol{a}\in\boldsymbol{L},$$

が成り立つとき，$\boldsymbol{L}$ を $\boldsymbol{V}$ の**線形部分空間**または**部分ベクトル空間**とよぶ．

**補題 3.6** 上の条件は，$\boldsymbol{L}$ が2つの，または任意の有限個のベクトルの線形結合に関して閉じていること，すなわち次の（1）または（2），と同値である．

（1） $$\boldsymbol{a}_1,\boldsymbol{a}_2\in\boldsymbol{L},\ x_1,x_2\in\boldsymbol{R} \quad \text{ならば} \quad x_1\boldsymbol{a}_1+x_2\boldsymbol{a}_2\in\boldsymbol{L}.$$

（2） 任意の自然数 $m$ について，

---

1) これらの用語はともに ‘linear combination’ の日本語訳である．また ‘線形’ は ‘線型’ と書かれることも多い．

$$\boldsymbol{a}_i \in \boldsymbol{L},\ x_i \in \boldsymbol{R}\ (i=1, \cdots, m)\quad ならば\quad x_1\boldsymbol{a}_1+\cdots+x_m\boldsymbol{a}_m \in \boldsymbol{L}.$$

**証明**　(3.11)⇒(1)　$\boldsymbol{a}_1, \boldsymbol{a}_2 \in \boldsymbol{L}$ ならば，$x_1\boldsymbol{a}_1, x_2\boldsymbol{a}_2 \in \boldsymbol{L}$，従って $x_1\boldsymbol{a}_1+x_2\boldsymbol{a}_2 \in \boldsymbol{L}$．(1)⇒(2)　$m=1$ のとき，$x_1\boldsymbol{a}_1=x_1\boldsymbol{a}_1+0\boldsymbol{a}_1 \in \boldsymbol{L}$．$m \geqq 2$ のとき，線形結合は前から順に括弧でくくった $((x_1\boldsymbol{a}_1+x_2\boldsymbol{a}_2)+x_3\boldsymbol{a}_3)+\cdots+x_n\boldsymbol{a}_n$ だから，(1) をくりかえし用いて $\boldsymbol{L}$ のベクトルであることがわかる．(2)⇒(3.11) 明らか．（証終）

明らかに $\boldsymbol{V}$ 自身は $\boldsymbol{V}$ の線形部分空間である．

**定理 3.7**　$\boldsymbol{a}_1, \cdots, \boldsymbol{a}_n \in \boldsymbol{V}$ が与えられたとき，それらの線形結合のつくる (3.10) の $L(\boldsymbol{a}_1, \cdots, \boldsymbol{a}_n)$ は $\boldsymbol{V}$ の線形部分空間である．さらにそれは $\boldsymbol{a}_1, \cdots, \boldsymbol{a}_n$ を含む線形部分空間のうちで最小のものである．

**証明**　前半は補題 3.5 である．いま $\boldsymbol{L}$ は $\boldsymbol{a}_1, \cdots, \boldsymbol{a}_n$ を含む任意の線形部分空間とする．$\boldsymbol{a} \in L(\boldsymbol{a}_1, \cdots, \boldsymbol{a}_n)$ ならば，$\boldsymbol{a}$ は $\boldsymbol{a}_1, \cdots, \boldsymbol{a}_n$ の線形結合であり，上の補題の (2) より $\boldsymbol{a} \in \boldsymbol{L}$ がわかる．これは $L(\boldsymbol{a}_1, \cdots, \boldsymbol{a}_n) \subset \boldsymbol{L}$ を示しており，後半が成り立つ．（証終）

この定理の $L(\boldsymbol{a}_1, \cdots, \boldsymbol{a}_n)$ をベクトル $\boldsymbol{a}_1, \cdots, \boldsymbol{a}_n$ によって**はられる**線形部分空間とよぶ．とくに $\boldsymbol{o}$ によってはられる $L(\boldsymbol{o})=\{\boldsymbol{o}\}$ は単に $\boldsymbol{o}$ と書き表わされる．

**例題 1**　$\boldsymbol{V}$ の線形部分空間 $\boldsymbol{L}, \boldsymbol{L}'$ に対して，

(i)
$$\boldsymbol{L}+\boldsymbol{L}'=\{\boldsymbol{a}+\boldsymbol{a}' \mid \boldsymbol{a} \in \boldsymbol{L}, \boldsymbol{a}' \in \boldsymbol{L}'\}$$

は $\boldsymbol{V}$ の線形部分空間である．

(ii)　共通部分 $\boldsymbol{L} \cap \boldsymbol{L}'$ も $\boldsymbol{V}$ の線形部分空間である．

［解］　(i)　$\boldsymbol{a}, \boldsymbol{b} \in \boldsymbol{L}$，$\boldsymbol{a}', \boldsymbol{b}' \in \boldsymbol{L}'$ ならば，$\boldsymbol{a}+\boldsymbol{b} \in \boldsymbol{L}$，$\boldsymbol{a}'+\boldsymbol{b}' \in \boldsymbol{L}'$，従って $(\boldsymbol{a}+\boldsymbol{a}')+(\boldsymbol{b}+\boldsymbol{b}')=(\boldsymbol{a}+\boldsymbol{b})+(\boldsymbol{a}'+\boldsymbol{b}') \in \boldsymbol{L}+\boldsymbol{L}'$．同様に $x(\boldsymbol{a}+\boldsymbol{b})=x\boldsymbol{a}+x\boldsymbol{b} \in \boldsymbol{L}+\boldsymbol{L}'$．(ii) 明らか．（以上）

線形部分空間は次のような性質をもっている．

**定理 3.8**　$\boldsymbol{V}$ の線形部分空間 $\boldsymbol{L}$ が与えられたとする．このとき，(3.11) に加えて，

$$(3.12)\qquad \boldsymbol{o} \in \boldsymbol{L};\qquad \boldsymbol{a} \in \boldsymbol{L} \Rightarrow -\boldsymbol{a} \in \boldsymbol{L},$$

が成り立ち，さらに定理 3.2 の等式 (3.6)～(3.9) および系3.3が $\boldsymbol{a},\boldsymbol{b},\boldsymbol{c}\in\boldsymbol{L}$, $x,y\in\boldsymbol{R}$ として成り立つ．

**証明**　$\boldsymbol{L}$ は空でないから，ベクトル $\boldsymbol{a}\in\boldsymbol{L}$ が存在する．このとき，系 3.3 (ii) より $\boldsymbol{o}=0\boldsymbol{a}$ だから，(3.11) より $\boldsymbol{o}\in\boldsymbol{L}$ がわかる．また，§3.1 例題1の最後の等式 $(-1)\boldsymbol{a}=-\boldsymbol{a}$ と (3.11) より，(3.12) の後半がわかる．

等式 (3.6)～(3.9) は，定理 3.2 より $\boldsymbol{V}$ の元として成り立っているから，$\boldsymbol{L}$ の元としても成り立つ．系 3.3 に対応することも，その (i) において $\boldsymbol{a}+(-\boldsymbol{b})\in\boldsymbol{L}$ が (3.11)，(3.12) よりわかることに注意しさえすれば，$\boldsymbol{V}$ に対する系 3.3 よりただちにわかる[1]．　（証終）

**例題 2**　§3.1 例題1は $\boldsymbol{a},\boldsymbol{b}\in\boldsymbol{L}$ として成り立つ．

**問 1**　$\boldsymbol{a}_i$ $(1\leqq i\leqq n)$ は $\boldsymbol{a}_1,\cdots,\boldsymbol{a}_n$ の線形結合である．

**問 2**　各 $\boldsymbol{b}_j$ $(1\leqq j\leqq m)$ が $\boldsymbol{a}_1,\cdots,\boldsymbol{a}_n$ の線形結合ならば，$\boldsymbol{b}_1,\cdots,\boldsymbol{b}_m$ の線形結合は $\boldsymbol{a}_1,\cdots,\boldsymbol{a}_n$ の線形結合である．

**問 3**　$L(\boldsymbol{a}_1,\cdots,\boldsymbol{a}_n)$ は $\boldsymbol{a}_1,\cdots,\boldsymbol{a}_n$ の順序に関係しない．たとえば

$$L(\boldsymbol{a}_1,\boldsymbol{a}_2,\boldsymbol{a}_3)=L(\boldsymbol{a}_3,\boldsymbol{a}_1,\boldsymbol{a}_2).$$

**問 4**

$$L(\boldsymbol{a}_1,\boldsymbol{a}_2)=L(\boldsymbol{a}_1+\boldsymbol{a}_2,\boldsymbol{a}_1-\boldsymbol{a}_2).$$

## 3.3　線形独立・従属，基底・成分，数ベクトル空間

ベクトル空間 $\boldsymbol{V}$ の $n$ 個のベクトル $\boldsymbol{a}_1,\cdots,\boldsymbol{a}_n$ に対して，次の条件を考える．

(3.13)　1つの $\boldsymbol{a}_i$ $(1\leqq i\leqq n)$ がその他の $\boldsymbol{a}_1,\cdots,\boldsymbol{a}_{i-1}$, $\boldsymbol{a}_{i+1},\cdots,\boldsymbol{a}_n$ の線形結合である．ここで0個のベクトルの線形結合は $\boldsymbol{o}$ だけと約束する．

**補題 3.9**　(3.13) は (3.10) の線形部分空間についての次式と同値である．

$$L(\boldsymbol{a}_1,\cdots,\boldsymbol{a}_n)=L(\boldsymbol{a}_1,\cdots,\boldsymbol{a}_{i-1},\boldsymbol{a}_{i+1},\cdots,\boldsymbol{a}_n).$$

ここで，上の約束より0個のベクトルの $L(\phi)$ は $\boldsymbol{o}$ である．

**証明**　(3.13) ならば $\boldsymbol{a}_i\in\boldsymbol{L}_i=L(\boldsymbol{a}_1,\cdots,\boldsymbol{a}_{i-1},\boldsymbol{a}_{i+1},\cdots,\boldsymbol{a}_n)$ であり，定理3.7の後半より $\boldsymbol{L}=L(\boldsymbol{a}_1,\cdots,\boldsymbol{a}_n)\subset\boldsymbol{L}_i$. $\boldsymbol{L}_i\subset\boldsymbol{L}$ は明らかだから $\boldsymbol{L}=\boldsymbol{L}_i$ となる．

---

1)　$\boldsymbol{V}$ に対する系 3.3 を用いなくても，$\boldsymbol{L}$ に対する定理 3.2 より $\boldsymbol{L}$ に対する系 3.3 が上の系 3.3 の証明そのままで証明されることに注意しておこう．

逆に $\boldsymbol{L}=\boldsymbol{L}_i$ ならば $\boldsymbol{a}_i\in\boldsymbol{L}_i$ すなわち定義より (3.13) が成り立つ.（証終）

従って，(3.13) のとき線形部分空間 $L(\boldsymbol{a}_1,\cdots,\boldsymbol{a}_n)$ をはっている $\boldsymbol{a}_1,\cdots,\boldsymbol{a}_n$ のうちから $\boldsymbol{a}_i$ をとり除いても線形部分空間は変らない．さらに $\boldsymbol{a}_i$ を除いた $\boldsymbol{a}_1,\cdots,\boldsymbol{a}_{i-1},\ \boldsymbol{a}_{i+1},\cdots,\boldsymbol{a}_n$ のうちにこの意味でとり除くことのできる $\boldsymbol{a}_j$ があればそれを除く，という操作を続けていけば，有限回の操作でもはやこの操作ができない場合になるか，またはベクトルがなくなる.

$\boldsymbol{a}_1,\cdots,\boldsymbol{a}_n$ がこの操作のできない場合であるのは，(3.13) が成り立たないとき，すなわち

(3.14) どの $\boldsymbol{a}_i$ $(1\leqq i\leqq n)$ もその他の $\boldsymbol{a}_1,\cdots,\boldsymbol{a}_{i-1},\boldsymbol{a}_{i+1},\cdots,\boldsymbol{a}_n$ の線形結合ではない，

ときである．このとき，ベクトル $\boldsymbol{a}_1,\cdots,\boldsymbol{a}_n$ は**線形独立**または **1 次独立**(略して単に**独立**)であるという.

$\boldsymbol{a}_1,\cdots,\boldsymbol{a}_n$ は，線形独立でないならば，すなわち (3.13) が成り立つならば，**線形従属**または **1 次従属**(略して単に**従属**)であるという.

上にのべたことは次の定理にまとめられる.

**定理 3.10** ベクトル $\boldsymbol{a}_1,\cdots,\boldsymbol{a}_n\in\boldsymbol{V}$ が与えられたとき，そのうちの適当な独立な $\boldsymbol{a}_{i_1},\cdots,\boldsymbol{a}_{i_r}$ $(1\leqq i_1<\cdots<i_r\leqq n)$ を選んで，(3.10) の $L(\boldsymbol{a}_1,\cdots,\boldsymbol{a}_n)$ が $L(\boldsymbol{a}_{i_1},\cdots,\boldsymbol{a}_{i_r})$ と一致するようにできる．ここに $r=0$ でもよく，このとき $L(\phi)=\boldsymbol{o}$ と約束している.

(3.14) のかわりに，次の定理の条件 (3.15) を独立の定義として用いるのが普通である.

**定理 3.11** (i) ベクトル $\boldsymbol{a}_1,\cdots,\boldsymbol{a}_n$ が独立であるためには，つぎのいずれかが必要十分である.

(3.15) $$x_1\boldsymbol{a}_1+\cdots+x_n\boldsymbol{a}_n=\boldsymbol{o}\Rightarrow x_1=\cdots=x_n=0.$$

(3.16) $$x_1\boldsymbol{a}_1+\cdots+x_n\boldsymbol{a}_n=y_1\boldsymbol{a}_1+\cdots+y_n\boldsymbol{a}_n$$
$$\Rightarrow x_1=y_1,\cdots,x_n=y_n.$$

(ii) ベクトル $\boldsymbol{a}_1,\cdots,\boldsymbol{a}_n$ が従属であるためには，

$$x_1\boldsymbol{a}_1+\cdots+x_n\boldsymbol{a}_n=\boldsymbol{o}$$

をみたし，少なくとも1つは0でない実数 $x_1, \cdots, x_n$ が存在する，ことが必要十分である．

**証明** （i）の (3.15) と（ii）は対偶である．

（ii）の条件が成り立つと仮定し，0でない実数を $x_i$ とし，等式 $x_1\boldsymbol{a}_1+\cdots+x_i\boldsymbol{a}_i+\cdots+x_n\boldsymbol{a}_n=\boldsymbol{o}$ より $x_i\boldsymbol{a}_i$ を移項して $-1/x_i$ 倍すれば，$\boldsymbol{a}_i$ はその他の $\boldsymbol{a}_1, \cdots, \boldsymbol{a}_{i-1}, \boldsymbol{a}_{i+1}, \cdots, \boldsymbol{a}_n$ の線形結合であることがわかる．逆に $\boldsymbol{a}_i=x_1\boldsymbol{a}_1+\cdots+x_{i-1}\boldsymbol{a}_{i-1}+x_{i+1}\boldsymbol{a}_{i+1}+\cdots+x_n\boldsymbol{a}_n$ ならば，$\boldsymbol{a}_i$ を移項して，$x_i=-1\ (\neq 0)$ として $x_1\boldsymbol{a}_1+\cdots+x_n\boldsymbol{a}_n=\boldsymbol{o}$ となる．従って（ii）が成り立つ．($n=1$ のときは (3.13) における約束によっている．)

(3.16) の仮定の式を移項して整理すれば，$(x_1-y_1)\boldsymbol{a}_1+\cdots+(x_n-y_n)\boldsymbol{a}_n=\boldsymbol{o}$ となるから，(3.15) が成り立てば，$x_i-y_i=0$，すなわち $x_i=y_i$，となる ($i=1, \cdots, n$)．逆に $y_1=\cdots=y_n=0$ とおいた (3.16) が (3.15) である．

（証終）

**補題 3.12** 従属な何個かのベクトルに何個かのベクトルをつけ加えたものは従属である．独立な何個かのベクトルの一部分は独立である．

**証明** 一般に線形結合 $x_1\boldsymbol{a}_1+\cdots+x_n\boldsymbol{a}_n$ は他の係数を0とした線形結合 $x_1\boldsymbol{a}_1+\cdots+x_n\boldsymbol{a}_n+0\boldsymbol{a}_{n+1}+\cdots+0\boldsymbol{a}_m$ ($m>n$) に等しいから，前半がわかる．後半は前半の対偶である．（証終）

**補題 3.13** ベクトル $\boldsymbol{a}_1, \cdots, \boldsymbol{a}_n$ は独立とするとき，ベクトル $\boldsymbol{a}, \boldsymbol{a}_1, \cdots, \boldsymbol{a}_n$ が従属(独立)であるためには，$\boldsymbol{a}$ が $\boldsymbol{a}_1, \cdots, \boldsymbol{a}_n$ の線形結合である(ない)こと，すなわち

$$\boldsymbol{a}\in L(\boldsymbol{a}_1, \cdots, \boldsymbol{a}_n) \qquad (\boldsymbol{a}\notin L(\boldsymbol{a}_1, \cdots, \boldsymbol{a}_n))$$

となること，が必要十分である．

**証明** 括弧内のことは本文の対偶で，本文を示そう．

（必要）$\boldsymbol{a}, \boldsymbol{a}_1, \cdots, \boldsymbol{a}_n$ が従属ならば，定理 3.11（ii）より，少なくとも1つは0でない実数 $x, x_1, \cdots, x_n$ が存在して

$$x\boldsymbol{a}+x_1\boldsymbol{a}_1+\cdots+x_n\boldsymbol{a}_n=\boldsymbol{o}$$

が成り立つ．このとき $x=0$ ならば再び定理 3.11（ii）より $\boldsymbol{a}_1, \cdots, \boldsymbol{a}_n$ は従属

となり，仮定に反する．従って $x \neq 0$ であり，上式で $x\boldsymbol{a}$ を移項して $-1/x$ 倍すれば，$\boldsymbol{a}$ は $\boldsymbol{a}_1, \cdots, \boldsymbol{a}_n$ の線形結合であることがわかる．

（十分） 従属の定義より明らか． （証終）

**定理 3.14** 空間の幾何ベクトル $\boldsymbol{a}_i = \overrightarrow{OA_i} \in \boldsymbol{V}\ (1 \leqq i \leqq n)$ の独立・従属について，次が成り立つ．

（i） 1個のベクトル $\boldsymbol{a}_1$ は，$\boldsymbol{a}_1 = \boldsymbol{o}$ のとき従属で，$\boldsymbol{a}_1 \neq \boldsymbol{o}$ のとき独立である．

（ii） $\boldsymbol{a}_1, \boldsymbol{a}_2$ が従属(独立)であるためには，3点 $O, A_1, A_2$ が1直線上にある(ない)ことが必要十分である．

（iii） $\boldsymbol{a}_1, \boldsymbol{a}_2, \boldsymbol{a}_3$ が従属(独立)であるためには，4点 $O, A_1, A_2, A_3$ が1平面上にある(ない)ことが必要十分である．

（iv） $\boldsymbol{a}_1, \cdots, \boldsymbol{a}_n$ は，$n \geqq 4$ ならば従属で，独立ならば $n \leqq 3$ である．

**証明** （i） 定義または定理 3.11 より明らか．

（ii） $\boldsymbol{a}_1, \boldsymbol{a}_2$ が従属であるのは，定義よりそのどちらか一方が他方のスカラー倍のときであり，これは定理 3.4（i）より3点 $O, A_1, A_2$ が1直線上にあることと同値であることがわかる．括弧内のことは本文の対偶である．

（iii） 括弧内のことは本文の対偶で，本文を示そう．

$\boldsymbol{a}_1, \boldsymbol{a}_2$ が従属のとき．補題 3.12 より $\boldsymbol{a}_1, \boldsymbol{a}_2, \boldsymbol{a}_3$ は従属である．また（ii）より $O, A_1, A_2$ は1直線上にあるから，$O, A_1, A_2, A_3$ は1平面上にあり，(iii) が成り立つ．

$\boldsymbol{a}_1, \boldsymbol{a}_2$ が独立のとき．$\boldsymbol{a}_1, \boldsymbol{a}_2, \boldsymbol{a}_3$ が従属であることは，上の補題より $\boldsymbol{a}_3 \in L(\boldsymbol{a}_1, \boldsymbol{a}_2)$ と同値である．また（ii）より $O, A_1, A_2$ は1直線上にないから，定理 3.4（ii）よりこれは $A_3$ が平面 $\varepsilon(O, A_1, A_2)$ 上にあることと同値であり，(iii) が成り立つ．

（iv） $O, A_1, A_2, A_3$ が1平面上になければ，定理 3.4(iii) より $\boldsymbol{a}_4 \in L(\boldsymbol{a}_1, \boldsymbol{a}_2, \boldsymbol{a}_3)$ で，$\boldsymbol{a}_1, \boldsymbol{a}_2, \boldsymbol{a}_3, \boldsymbol{a}_4$ は従属である．$O, A_1, A_2, A_3$ が1平面にあれば，(iii) より $\boldsymbol{a}_1, \boldsymbol{a}_2, \boldsymbol{a}_3$ は従属であり，いずれの場合も補題 3.12 より前半が成り立つ．後半は前半の対偶である． （証終）

この定理と定理 3.4 よりただちに次の系がえられる．

**系 3.15**　幾何ベクトル $\boldsymbol{a}_1, \cdots, \boldsymbol{a}_n \in \boldsymbol{V}$ は独立とする $(n \leqq 3)$．このときそれらがはる定理 3.7 の線形部分空間

$$L(\boldsymbol{a}_1, \cdots, \boldsymbol{a}_n), \qquad \boldsymbol{a}_i = \overrightarrow{OA_i} \ (1 \leqq i \leqq n),$$

は，$n=1$ のとき (2.1) の直線 $l(O, A_1)$ と，$n=2$ のとき (2.2) の平面 $\varepsilon(O, A_1, A_2)$ と，位置ベクトルを対応させる定理 3.1(ii) の全単射 $\pi : S \sim \boldsymbol{V}$ によって，1-1 対応にある．$n=3$ のときは $L(\boldsymbol{a}_1, \boldsymbol{a}_2, \boldsymbol{a}_3) = \boldsymbol{V}$ である．

**系 3.16**　ベクトル $\boldsymbol{a}_1, \cdots, \boldsymbol{a}_n$ および $\boldsymbol{b}_1, \cdots, \boldsymbol{b}_m$ が独立のとき，

$$L(\boldsymbol{a}_1, \cdots, \boldsymbol{a}_n) \subset L(\boldsymbol{b}_1, \cdots, \boldsymbol{b}_m)$$

ならば $n \leqq m$ で，この両辺が一致すれば $n=m$ である．

**証明**　$\{O\}$，1 直線，1 平面および空間は，(2.1), (2.2), (2.4) より互いに一致することはなく，その 1 つがこの順で前にあるものに含まれることはないから，上の定理よりただちに系がわかる．　（証終）

空間の 3 個の独立な幾何ベクトル

$$\boldsymbol{e}_1, \boldsymbol{e}_2, \boldsymbol{e}_3 \in \boldsymbol{V}$$

はベクトル空間 $\boldsymbol{V}$ の**基底**とよばれる．

**定理 3.17**　(i)　ベクトル空間 $\boldsymbol{V}$ の基底が存在する．

(ii)　$\boldsymbol{e}_1, \boldsymbol{e}_2, \boldsymbol{e}_3$ がベクトル空間 $\boldsymbol{V}$ の基底であるためには，任意のベクトル $\boldsymbol{a} \in \boldsymbol{V}$ はそれらの線形結合として一意に表わされる，すなわち

$$\boldsymbol{a} = a_1\boldsymbol{e}_1 + a_2\boldsymbol{e}_2 + a_3\boldsymbol{e}_3 \qquad (a_1, a_2, a_3 \in \boldsymbol{R})$$

となり，その係数 $a_1, a_2, a_3$ は $\boldsymbol{a}$ に対して一意に定まる，ことが必要十分である．

**証明**　(i)　定理 2.4(i)，3.14(iii) より明らか．

(ii)　(必要) 系 3.15 の最後のことと定理 3.11(i) の (3.16) より示される．(十分) (3.15) が成り立つことは一意性よりわかる．　（証終）

$\boldsymbol{V}$ の基底 $\boldsymbol{e}_1, \boldsymbol{e}_2, \boldsymbol{e}_3$ が与えられたとする．このとき $\boldsymbol{a} \in \boldsymbol{V}$ に対する上の定理の係数 $a_1, a_2, a_3$ を与えられた基底 $\boldsymbol{e}_1, \boldsymbol{e}_2, \boldsymbol{e}_3$ に関するベクトル $\boldsymbol{a}$ の**成分**とよぶ．上の定理の (ii) より，実数の集合の直積 $\boldsymbol{R}^3 = \boldsymbol{R} \times \boldsymbol{R} \times \boldsymbol{R}$ からベクト

ル空間 $\boldsymbol{V}$ への写像

(3.17)　　$\varphi : \boldsymbol{R}^3 \rightleftarrows \boldsymbol{V}, \quad \varphi(a_1, a_2, a_3) = a_1\boldsymbol{e}_1 + a_2\boldsymbol{e}_2 + a_3\boldsymbol{e}_3 \in \boldsymbol{V},$

$((a_1, a_2, a_3) \in \boldsymbol{R}^3)$ は全単射であることがわかる．

次の系は定理 3.2 と上の定理の成分の一意性よりただちにわかる．

**系 3.18**　ベクトル空間 $\boldsymbol{V}$ の1つの基底 $\boldsymbol{e}_1, \boldsymbol{e}_2, \boldsymbol{e}_3$ を固定し，(3.17) の全単射 $\varphi$ によって同一視して，$\boldsymbol{V}$ のベクトルをその成分により

$$a_1\boldsymbol{e}_1 + a_2\boldsymbol{e}_2 + a_3\boldsymbol{e}_3 = (a_1, a_2, a_3) \qquad (a_1, a_2, a_3 \in \boldsymbol{R})$$

と書き表わすとき，ベクトルの和・スカラー倍について次式が成り立つ．

$$(a_1, a_2, a_3) + (b_1, b_2, b_3) = (a_1 + b_1, a_2 + b_2, a_3 + b_3),$$

(3.18)　$$\boldsymbol{o} = (0, 0, 0), \qquad -(a_1, a_2, a_3) = (-a_1, -a_2, -a_3),$$

$$x(a_1, a_2, a_3) = (xa_1, xa_2, xa_3), \qquad (a_i, b_i, x \in \boldsymbol{R}).$$

**例題 1**　ベクトル空間 $\boldsymbol{V}$ の基底 $\boldsymbol{e}_i = \overrightarrow{OE_i}$ $(i=1, 2, 3)$ が与えられたとき，定理 3.14 より4点 $O, E_1, E_2, E_3$ は1平面上にはなく，定理 2.29 より空間 $S$ に $(O; E_1, E_2, E_3)$ を座標系とする座標 $\varphi : \boldsymbol{R}^3 \sim S$ を導入することができる．このとき点 $A \in S$ の座標を $(a_1, a_2, a_3)$ とすれば，$A$ の位置ベクトル $\overrightarrow{OA} \in \boldsymbol{V}$ の与えられた基底に関する成分は $a_1, a_2, a_3$ である．

いままで考察されたベクトルは空間の幾何ベクトルであったが，上の系より自然に，次のように代数的に定義される数ベクトルが考えられる．

実数の集合の直積 $\boldsymbol{R}^3 = \boldsymbol{R} \times \boldsymbol{R} \times \boldsymbol{R}$ の元，すなわち3個の実数 $a_1, a_2, a_3 \in \boldsymbol{R}$ の(順序づけられた)組，

$$(a_1, a_2, a_3) \in \boldsymbol{R}^3$$

を(3次元)**数ベクトル**とよぶ．数ベクトルを太いラテン小文字で書き表わすこととし，$\boldsymbol{a} = (a_1, a_2, a_3)$ のとき，$a_i$ $(i=1, 2, 3)$ を数ベクトル $\boldsymbol{a}$ の $i$ **成分**とよぶ．

数ベクトル $\boldsymbol{a} = (a_1, a_2, a_3), \boldsymbol{b} = (b_1, b_2, b_3)$ の**和** $\boldsymbol{a} + \boldsymbol{b}$, **零ベクトル** $\boldsymbol{o}$, $\boldsymbol{a}$ の**逆元** $-\boldsymbol{a}$ および $\boldsymbol{a}$ の**スカラー**(実数)**倍** $x\boldsymbol{a}$ $(x \in \boldsymbol{R})$ をそれぞれ (3.18) の右辺の数ベクトルと定義する．

数ベクトル全体の集合 $\boldsymbol{R}^3$ は，このように定義される和・スカラー倍をあわ

せ考えるとき，（3次元）**数ベクトル空間**とよばれる．

**定理 3.19**（i）上のように定義される数ベクトルの和・スカラー倍の演算について，定理 3.2 が $\boldsymbol{a}, \boldsymbol{b}, \boldsymbol{c} \in \boldsymbol{R}^3$ として成り立つ．

（ii）幾何ベクトルのつくるベクトル空間 $\boldsymbol{V}$ の基底 $\boldsymbol{e}_1, \boldsymbol{e}_2, \boldsymbol{e}_3$ が与えられたとき，(3.17) の全単射 $\varphi : \boldsymbol{R}^3 \sim \boldsymbol{V}$ は数ベクトルの和・スカラー倍を幾何ベクトルの和・スカラー倍にうつす．すなわち

$$\varphi(\boldsymbol{a}+\boldsymbol{b}) = \varphi(\boldsymbol{a}) + \varphi(\boldsymbol{b}), \qquad \varphi(x\boldsymbol{a}) = x\varphi(\boldsymbol{a}) \qquad (\boldsymbol{a}, \boldsymbol{b} \in \boldsymbol{R}^3, x \in \boldsymbol{R}).$$

**証明**（ii）は上の系のいいかえである．（i）は（ii）と $\boldsymbol{V}$ に対する定理 3.2 より明らかであるが，直接に定義と実数の和・積の性質よりただちに示される．（証終）

数ベクトル空間 $\boldsymbol{R}^3$ と（基底の与えられた）ベクトル空間 $\boldsymbol{V}$ を，上の定理の（ii）の和・スカラー倍をたもつ全単射 $\varphi$ によって，代数的に同一視できる．従って，数ベクトル空間 $\boldsymbol{R}^3$ においても**線形結合**，**線形部分空間**，**独立・従属**，**基底**などの概念が定義でき，ベクトル空間 $\boldsymbol{V}$ の性質のうち代数的な性質は $\boldsymbol{R}^3$ においても全く同様に成り立つことがわかるが，幾何的な性質も形式的に $\boldsymbol{R}^3$ における性質とみなすことができる[1]．たとえば

$$(3.19) \qquad \mathbf{1}_1 = (1, 0, 0), \qquad \mathbf{1}_2 = (0, 1, 0), \qquad \mathbf{1}_3 = (0, 0, 1) \in \boldsymbol{R}^3$$

は $\boldsymbol{R}^3$ の基底であり，数ベクトルの成分はこの基底に関する成分である：

$$(a_1, a_2, a_3) = a_1\mathbf{1}_1 + a_2\mathbf{1}_2 + a_3\mathbf{1}_3 \in \boldsymbol{R}^3.$$

上の全単射 $\varphi : \boldsymbol{R}^3 \sim \boldsymbol{V}$，従ってそれによる同一視の仕方，は勿論 $\boldsymbol{V}$ の基底 $\boldsymbol{e}_1, \boldsymbol{e}_2, \boldsymbol{e}_3$ の選び方に関係して定まることに注意しておこう．すなわち $\boldsymbol{V}$ の各基底に，それぞれ対応して定まる全単射によって同一視して，別々の数ベクトル空間 $\boldsymbol{R}^3$ がはりついていると考えるのが自然である．

空間 $S$ に対しても同様であり，$S$ の各座標系 $(O; E_1, E_2, E_3)$ に，その定理 2.29 の座標

---

1）ベクトル空間の代数的性質は直接 $\boldsymbol{R}^3$ において代数的な考察だけで確かめることもでき，そのようなベクトル空間の理論の導入がしばしば行なわれている．ここで述べられている $\boldsymbol{V}$ の性質のうち，どれが代数的性質かの確認は読者にまかせよう．

$$\varphi : \boldsymbol{R}^3 \rightleftarrows S$$

によって，数ベクトル空間 $\boldsymbol{R}^3$ がはりついていると考えることができる.

**問 1**　次のベクトルは従属であることを確かめよ.

(1)　$\boldsymbol{a}_1, \boldsymbol{a}_1, \boldsymbol{a}_2$.　　(2)　$2\boldsymbol{a}_1-\boldsymbol{a}_2, \boldsymbol{a}_1+\boldsymbol{a}_2, -3\boldsymbol{a}_1+5\boldsymbol{a}_2$.

(3)　$\boldsymbol{a}_1+\boldsymbol{a}_2, 3\boldsymbol{a}_1-\boldsymbol{a}_2+\boldsymbol{a}_3, 5\boldsymbol{a}_1-3\boldsymbol{a}_2+2\boldsymbol{a}_3$.

**問 2**　$\boldsymbol{e}_1, \boldsymbol{e}_2, \boldsymbol{e}_3$ が独立ならば，$\boldsymbol{e}_1+\boldsymbol{e}_2, \boldsymbol{e}_2+\boldsymbol{e}_3, \boldsymbol{e}_3+\boldsymbol{e}_1$ も独立である.

## 3.4　線形部分空間の基底・次元，階数

さらに，ベクトル空間 $\boldsymbol{V}$ の一般な線形部分空間 $\boldsymbol{L}$，すなわち $\boldsymbol{V}\supset\boldsymbol{L}\neq\phi$ で (3.11) をみたすもの，について調べよう.

**定理 3.20**　$\boldsymbol{V}$ の任意の線形部分空間 $\boldsymbol{L}$ に対して，$\boldsymbol{L}$ の適当な独立なベクトル $\boldsymbol{e}_1, \cdots, \boldsymbol{e}_n$ $(n\leqq 3)$ で

$$\boldsymbol{L}=L(\boldsymbol{e}_1, \cdots, \boldsymbol{e}_n)$$

となるものが存在する．さらにそのようなベクトルの数 $n$ は，ベクトルの選び方に関係せずに，$\boldsymbol{L}$ に対して一意に定まる.

**証明**　$\boldsymbol{L}=\{\boldsymbol{o}\}$ ならば，$\boldsymbol{L}=L(\phi)$ である.

$\boldsymbol{L}\neq\{\boldsymbol{o}\}$ ならば，$\boldsymbol{o}$ でないベクトル $\boldsymbol{e}_1\in\boldsymbol{L}$ が存在し，定理 3.14(i) より $\boldsymbol{e}_1$ は独立である．また定理 3.7 の後半より $L(\boldsymbol{e}_1)$ は $\boldsymbol{e}_1$ を含む最小の線形部分空間だから，$L(\boldsymbol{e}_1)\subset\boldsymbol{L}$ となるが，$L(\boldsymbol{e}_1)=\boldsymbol{L}$ ならば前半の証明は終りである.

$\boldsymbol{L}\neq(\boldsymbol{e}_1)$ ならば，$L(\boldsymbol{e}_1)$ に属さないベクトル $\boldsymbol{e}_2\in\boldsymbol{L}$ が存在する．このとき，補題 3.13 より $\boldsymbol{e}_1, \boldsymbol{e}_2$ は独立である．また定理 3.7 の後半より $L(\boldsymbol{e}_1, \boldsymbol{e}_2)\subset\boldsymbol{L}$ であるが，$\boldsymbol{L}=L(\boldsymbol{e}_1, \boldsymbol{e}_2)$ ならば前半の証明は終りである.

$\boldsymbol{L}\neq L(\boldsymbol{e}_1, \boldsymbol{e}_2)$ ならば，$L(\boldsymbol{e}_1, \boldsymbol{e}_2)$ に属さないベクトル $\boldsymbol{e}_3\in\boldsymbol{L}$ が存在する．このとき補題 3.13 より $\boldsymbol{e}_1, \boldsymbol{e}_2, \boldsymbol{e}_3$ は独立であり，定理 3.7 の後半より $L(\boldsymbol{e}_1, \boldsymbol{e}_2, \boldsymbol{e}_3)\subset\boldsymbol{L}$ がわかる．ところが，系 3.15 の最後のことから $L(\boldsymbol{e}_1, \boldsymbol{e}_2, \boldsymbol{e}_3)=\boldsymbol{V}$ で，$\boldsymbol{L}\subset\boldsymbol{V}$ だから，$\boldsymbol{L}=L(\boldsymbol{e}_1, \boldsymbol{e}_2, \boldsymbol{e}_3)$ である.

後半は系 3.16 よりわかる.　　(証終)

この定理のベクトル $\boldsymbol{e}_1, \cdots, \boldsymbol{e}_n$ は線形部分空間 $\boldsymbol{L}$ の**基底**とよばれる．また

基底のベクトルの数 $n$ は $\boldsymbol{L}$ の**次元**とよばれ，

$$n=\dim\boldsymbol{L}$$

と書き表わされる．このとき，$\boldsymbol{L}$ を $\boldsymbol{V}$ の $\boldsymbol{n}$ **次元線形部分空間**とよぶ．

定理 3.17 と全く同様に次の定理が成り立つ．

**定理 3.21**　ベクトル $\boldsymbol{e}_1,\cdots,\boldsymbol{e}_n$ が $\boldsymbol{V}$ の線形部分空間 $\boldsymbol{L}$ の基底であるためには，それらは $\boldsymbol{L}$ のベクトルで，$\boldsymbol{L}$ の任意のベクトルはそれらの線形結合として一意に表わされること，が必要十分である．

**例題 1**　実数の集合の直積 $\boldsymbol{R}^2=\boldsymbol{R}\times\boldsymbol{R}$ の元 $(a_1,a_2)\in\boldsymbol{R}^2$ を 2 次元**数ベクトル**とよび，3 次元数ベクトルの場合と同様に

$$(a_1,a_2)+(b_1,b_2)=(a_1+b_1,a_2+b_2),\quad \boldsymbol{o}=(0,0),$$
$$-(a_1,a_2)=(-a_1,-a_2),\quad x(a_1,a_2)=(xa_1,xa_2),$$

と定義される和・スカラー倍をあわせ考えた $\boldsymbol{R}^2$ を 2 次元**数ベクトル空間**とよぶ．この $\boldsymbol{R}^2$ は，$\boldsymbol{V}$ の任意の 2 次元線形部分空間と和・スカラー倍をたもつ 1-1 対応にある．

［解］　定理 3.19 と全く同様である．　（以上）

**定理 3.22**　線形部分空間 $\boldsymbol{L}$ の次元 $n=\dim\boldsymbol{L}$ は $\boldsymbol{L}$ のベクトルで独立なものの個数の最大数，すなわち $n$ 個の独立な $\boldsymbol{L}$ のベクトルが存在し，$n+1$ 個以上の $\boldsymbol{L}$ のベクトルは必ず従属となるような整数 $n(\geqq 0)$，である．

**証明**　$n=\dim\boldsymbol{L}$ とし，$\boldsymbol{e}_1,\cdots,\boldsymbol{e}_n$ を $\boldsymbol{L}$ の基底とする．$\boldsymbol{L}$ のベクトル $\boldsymbol{a}_1,\cdots,\boldsymbol{a}_m$ をとれば，定理 3.7 より $L(\boldsymbol{a}_1,\cdots,\boldsymbol{a}_m)\subset\boldsymbol{L}=L(\boldsymbol{e}_1,\cdots,\boldsymbol{e}_n)$．従って $\boldsymbol{a}_1,\cdots,\boldsymbol{a}_m$ が独立ならば系 3.16 より $m\leqq n$ となり，対偶により，$m>n$ ならば $\boldsymbol{a}_1,\cdots,\boldsymbol{a}_m$ は従属である．

逆に，$n$ を $\boldsymbol{L}$ の独立なベクトルの最大個数とし，独立な $\boldsymbol{e}_1,\cdots,\boldsymbol{e}_n\in\boldsymbol{L}$ をとる．このとき任意の $\boldsymbol{a}\in\boldsymbol{L}$ は，$\boldsymbol{a},\boldsymbol{e}_1,\cdots,\boldsymbol{e}_n$ が $n+1$ 個で従属となるから，補題 3.13 より $\boldsymbol{a}\in L(\boldsymbol{e}_1,\cdots,\boldsymbol{e}_n)$ となり，求める $\boldsymbol{L}=L(\boldsymbol{e}_1,\cdots,\boldsymbol{e}_n)$ がわかる．

（証終）

**例題 2**　線形部分空間 $\boldsymbol{L},\boldsymbol{L}'$ と §3.2 例題 1 の線形部分空間 $\boldsymbol{L}+\boldsymbol{L}'$，$\boldsymbol{L}\cap\boldsymbol{L}'$ の次元について次式が成り立つ．

$$\dim\boldsymbol{L}+\dim\boldsymbol{L}'=\dim(\boldsymbol{L}+\boldsymbol{L}')+\dim(\boldsymbol{L}\cap\boldsymbol{L}').$$

［解］ $\boldsymbol{L}+\boldsymbol{L}'$ の基底を定理 3.20 の証明のように選ぶさいに，まず $\boldsymbol{L}\cap\boldsymbol{L}'$ の基底 $\boldsymbol{e}_1,\cdots,\boldsymbol{e}_i$ を選び，つぎにそれに $\boldsymbol{L}-\boldsymbol{L}\cap\boldsymbol{L}'$ の適当なベクトルをつけ加えて，$\boldsymbol{e}_1,\cdots,\boldsymbol{e}_i,\cdots,\boldsymbol{e}_j$ が $\boldsymbol{L}$ の基底となるようにできる．さらに，$\boldsymbol{L}'-\boldsymbol{L}\cap\boldsymbol{L}'$ から適当に選んでいって，$\boldsymbol{e}_1,\cdots,\boldsymbol{e}_i,\boldsymbol{e}_{j+1},\cdots,\boldsymbol{e}_n$ が $\boldsymbol{L}'$ の基底となるようにできる．このとき，$\boldsymbol{L}+\boldsymbol{L}'$ のベクトルは $\boldsymbol{L},\boldsymbol{L}'$ のベクトルの和だから $\boldsymbol{e}_1,\cdots,\boldsymbol{e}_n$ の線形結合であり，これで $\boldsymbol{L}+\boldsymbol{L}'$ に対する定理 3.20 の証明の操作は終りで，$\boldsymbol{e}_1,\cdots,\boldsymbol{e}_n$ は $\boldsymbol{L}+\boldsymbol{L}'$ の基底となる． このときとり方から，$\dim(\boldsymbol{L}\cap\boldsymbol{L}')=i$，$\dim\boldsymbol{L}=j$，$\dim\boldsymbol{L}'=i+n-j$，$\dim(\boldsymbol{L}+\boldsymbol{L}')=n$ がわかり，求める等式が示された． （以上）

ベクトル $\boldsymbol{a}_1,\cdots,\boldsymbol{a}_n\in\boldsymbol{V}$ が与えられたとき，それらがはる定理 3.7 の線形部分空間 $L(\boldsymbol{a}_1,\cdots,\boldsymbol{a}_n)$ の次元はベクトル $\boldsymbol{a}_1,\cdots,\boldsymbol{a}_n$ の**階数**とよばれ，

$$\mathrm{rank}(\boldsymbol{a}_1,\cdots,\boldsymbol{a}_n)=\dim L(\boldsymbol{a}_1,\cdots,\boldsymbol{a}_n)$$

と書き表わされる．

このとき次の定理が成り立ち，それを階数の定義とするのが普通である．

**定理 3.23** $\boldsymbol{a}_1,\cdots,\boldsymbol{a}_n$ の階数 $r$ は，その一部で独立なものの個数の最大数，すなわちその中から $r$ 個の独立なベクトルを選び出すことはできるが，$r+1$ 個以上のベクトルをとり出せば必ず従属となるような整数 $r(\geqq 0)$，である．

**証明** 定理 3.10 より，$\boldsymbol{a}_1,\cdots,\boldsymbol{a}_n$ の中から $L(\boldsymbol{a}_1,\cdots,\boldsymbol{a}_n)$ をはる独立なベクトル $\boldsymbol{a}_{i_1},\cdots,\boldsymbol{a}_{i_r}$ $(1\leqq i_1<\cdots<i_r\leqq n)$ を選び出すことができる． このとき，次元の定義より $r=\mathrm{rank}(\boldsymbol{a}_1,\cdots,\boldsymbol{a}_n)$．$\boldsymbol{a}_1,\cdots,\boldsymbol{a}_n$ の $r+1$ 個以上のベクトルが従属であるのは，定理 3.22 よりわかる．

逆に，$r$ を $\boldsymbol{a}_1,\cdots,\boldsymbol{a}_n$ のうちの独立なものの最大個数とし，$\boldsymbol{a}_{i_1},\cdots,\boldsymbol{a}_{i_r}$ が独立とする． このとき，任意の $\boldsymbol{a}_i$ $(i\neq i_1,\cdots,i_r)$ は，$\boldsymbol{a}_i,\boldsymbol{a}_{i_1},\cdots,\boldsymbol{a}_{i_r}$ が従属だから，補題 3.13 より $\boldsymbol{a}_i\in L(\boldsymbol{a}_{i_1},\cdots,\boldsymbol{a}_{i_r})$ となる．従って $L(\boldsymbol{a}_1,\cdots,\boldsymbol{a}_n)=L(\boldsymbol{a}_{i_1},\cdots,\boldsymbol{a}_{i_r})$ であり，$r=\dim L(\boldsymbol{a}_1,\cdots,\boldsymbol{a}_n)$ がわかる． （証終）

ベクトル $\boldsymbol{a}_1,\cdots,\boldsymbol{a}_n$ がはる線形部分空間 $L(\boldsymbol{a}_1,\cdots,\boldsymbol{a}_n)$ の基底を選ぶには，上の定理より $\boldsymbol{a}_1,\cdots,\boldsymbol{a}_n$ の中から選んでもよいが，

$$L(\boldsymbol{a}_1, \cdots, \boldsymbol{a}_n) = L(\boldsymbol{b}_1, \cdots, \boldsymbol{b}_m)$$

となるベクトル $\boldsymbol{b}_1, \cdots, \boldsymbol{b}_m$ の中から独立なものを選び出してもよい．

上の等式が成り立つとき，ベクトル $\boldsymbol{a}_1, \cdots, \boldsymbol{a}_n$ とベクトル $\boldsymbol{b}_1, \cdots, \boldsymbol{b}_m$ は**同値**であるといい，次のように書き表わす．

$$(3.20) \qquad \{\boldsymbol{a}_1, \cdots, \boldsymbol{a}_n\} \sim \{\boldsymbol{b}_1, \cdots, \boldsymbol{b}_m\} \iff L(\boldsymbol{a}_1, \cdots, \boldsymbol{a}_n) = L(\boldsymbol{b}_1, \cdots, \boldsymbol{b}_m).$$

明らかに，この関係 $\sim$ は反射律，対称律，推移律をみたし，同値関係である．

**補題 3.24** (3.20) であるのは，各 $\boldsymbol{b}_j$ $(1 \leqq j \leqq m)$ が $\boldsymbol{a}_1, \cdots, \boldsymbol{a}_n$ の線形結合であり，かつ各 $\boldsymbol{a}_i$ $(1 \leqq i \leqq n)$ が $\boldsymbol{b}_1, \cdots, \boldsymbol{b}_m$ の線形結合であるとき，にほかならない．

**証明** 同値ならば $\boldsymbol{b}_j \in L(\boldsymbol{b}_1, \cdots, \boldsymbol{b}_m) = L(\boldsymbol{a}_1, \cdots, \boldsymbol{a}_n)$，すなわち $\boldsymbol{b}_j$ は $\boldsymbol{a}_1, \cdots, \boldsymbol{a}_n$ の線形結合であり，$\boldsymbol{a}_i$ についても同様である．逆に各 $\boldsymbol{b}_j$ が $L(\boldsymbol{a}_1, \cdots, \boldsymbol{a}_n)$ に属すれば，定理 3.7 の後半より $L(\boldsymbol{b}_1, \cdots, \boldsymbol{b}_m) \subset L(\boldsymbol{a}_1, \cdots, \boldsymbol{a}_n)$ がわかり，同様に後半の条件から反対の包含関係がわかる． (証終)

**定理 3.25** ベクトル $\boldsymbol{a}_1, \cdots, \boldsymbol{a}_n$ は，次の操作 (1)～(3) を有限回行なったものと同値である．

(1) ある $\boldsymbol{a}_i$ が $\boldsymbol{o}$ ならば $\boldsymbol{a}_i$ を取り除く．

(2) ある $\boldsymbol{a}_i$ を 0 でないスカラー倍 $x\boldsymbol{a}_i (x \neq 0)$ でおきかえる．

(3) ある $\boldsymbol{a}_i$ を他の $\boldsymbol{a}_j$ のスカラー倍との和 $\boldsymbol{a}_i + y\boldsymbol{a}_j$ でおきかえる．

**証明** (2)，(3) において，おきかえたものは $\boldsymbol{a}_1, \cdots, \boldsymbol{a}_n$ の線形結合である．逆に，$\boldsymbol{o} = 0\boldsymbol{a}_j$，$\boldsymbol{a}_i = (1/x)(x\boldsymbol{a}_i)$，$\boldsymbol{a}_i = (\boldsymbol{a}_i + y\boldsymbol{a}_j) - y\boldsymbol{a}_j$ だから，上の補題より，$\boldsymbol{a}_1, \cdots, \boldsymbol{a}_n$ は (1)～(3) のいずれかの操作を行なったものと同値であることがわかる．さらに $\sim$ の推移律より，これらの操作を有限回行なったものと同値である． (証終)

ベクトル $\boldsymbol{a}_1, \cdots, \boldsymbol{a}_n$ が与えられたとき，この定理の (2) と (3) を適当にくり返し行なって，わかりやすいものに変形し，できたらどれかが $\boldsymbol{o}$ となるようにして (1) によりベクトルの数をへらして行って，$\boldsymbol{a}_1, \cdots, \boldsymbol{a}_n$ と同値でわかりやすい $\boldsymbol{b}_1, \cdots, \boldsymbol{b}_m$ を探す，という方法がしばしば有効である．

**例題 3** $\boldsymbol{a}_1 = 2\boldsymbol{e}_1 - 6\boldsymbol{e}_2 - 4\boldsymbol{e}_3, \quad \boldsymbol{a}_2 = 2\boldsymbol{e}_1 - \boldsymbol{e}_2 + 6\boldsymbol{e}_3,$

$\boldsymbol{a}_3 = -\boldsymbol{e}_1 + 6\boldsymbol{e}_2 + 8\boldsymbol{e}_3, \quad \boldsymbol{a}_4 = -3\boldsymbol{e}_1 + \boldsymbol{e}_2 - 10\boldsymbol{e}_3,$

ならば，$\boldsymbol{a}_1, \boldsymbol{a}_2, \boldsymbol{a}_3, \boldsymbol{a}_4$ は

$$\boldsymbol{e}_1 - 2\boldsymbol{e}_2, \quad \boldsymbol{e}_2 + 2\boldsymbol{e}_3$$

と同値である．$\boldsymbol{e}_1, \boldsymbol{e}_2, \boldsymbol{e}_3$ が独立ならば，この2個のベクトルは独立である．

［解］ $\{\boldsymbol{a}_1, \boldsymbol{a}_2, \boldsymbol{a}_3, \boldsymbol{a}_4\}$ （$\boldsymbol{a}_1{}' = (1/2)\boldsymbol{a}_1$ でおきかえる）

$\sim \{\boldsymbol{a}_1{}', \boldsymbol{a}_2, \boldsymbol{a}_3, \boldsymbol{a}_4\}$ （$3\boldsymbol{a}_1{}', 4\boldsymbol{a}_1{}', -5\boldsymbol{a}_1{}'$ を $\boldsymbol{a}_2, \boldsymbol{a}_3, \boldsymbol{a}_4$ に加える）

$\sim \{\boldsymbol{a}_1{}', 5\boldsymbol{e}_1 - 10\boldsymbol{e}_2, 3\boldsymbol{e}_1 - 6\boldsymbol{e}_2, -8\boldsymbol{e}_1 + 16\boldsymbol{e}_2\}$ （(2) を用いる）

$\sim \{\boldsymbol{a}_1{}', \boldsymbol{e}_1 - 2\boldsymbol{e}_2, \boldsymbol{e}_1 - 2\boldsymbol{e}_2, \boldsymbol{e}_1 - 2\boldsymbol{e}_2\}$ （第2項を他から引く）

$\sim \{-\boldsymbol{e}_1 - 2\boldsymbol{e}_2, \boldsymbol{e}_1 - 2\boldsymbol{e}_2, \boldsymbol{o}, \boldsymbol{o}\}$ （(2)，(1) を用いる）

$\sim \{\boldsymbol{e}_2 + 2\boldsymbol{e}_3, \boldsymbol{e}_1 - 2\boldsymbol{e}_2\} \sim \{\boldsymbol{e}_1 - 2\boldsymbol{e}_2, \boldsymbol{e}_2 + 2\boldsymbol{e}_3\}$.

$x_1(\boldsymbol{e}_1 - 2\boldsymbol{e}_2) + x_2(\boldsymbol{e}_2 + 2\boldsymbol{e}_3) = x_1\boldsymbol{e}_1 + (x_2 - 2x_1)\boldsymbol{e}_2 + 2x_2\boldsymbol{e}_3 = \boldsymbol{o}$ ならば，$x_1 = x_2 - 2x_1 = 2x_2 = 0$，従って $x_1 = x_2 = 0$ となり，後半がわかる． （以上）

**例題 4** 上の解で $\{\boldsymbol{a}_1, \boldsymbol{a}_2\} \sim \{\boldsymbol{a}_2, \boldsymbol{a}_1\}$ を用いており，これは定義から明らかであるが，(2)と(3) をくり返して示すこともできる．一般に $\boldsymbol{a}_1, \cdots, \boldsymbol{a}_n$ がその順序をとりかえたものと同値であることも同様である．

［解］ $\{\boldsymbol{a}_1, \boldsymbol{a}_2\} \sim \{\boldsymbol{a}_1, \boldsymbol{a}_2 + \boldsymbol{a}_1\} \sim \{-\boldsymbol{a}_2, \boldsymbol{a}_2 + \boldsymbol{a}_1\} \sim \{-\boldsymbol{a}_2, \boldsymbol{a}_1\} \sim \{\boldsymbol{a}_2, \boldsymbol{a}_1\}$.

（以上）

**例題 5** (i) $\boldsymbol{a}$ が $\boldsymbol{a}_1, \cdots, \boldsymbol{a}_n$ の線形結合に等しいならば，$\{\boldsymbol{a}, \boldsymbol{a}_1, \cdots, \boldsymbol{a}_n\}$ に定理 3.25 の(1),(3) の操作を有限回行なって $\{\boldsymbol{a}_1, \cdots, \boldsymbol{a}_n\}$ がえられる．

(ii) $\{\boldsymbol{a}_1, \cdots, \boldsymbol{a}_n\}$ と $\{\boldsymbol{b}_1, \cdots, \boldsymbol{b}_m\}$ が同値であるためには，定理 3.25 の(1)〜(3) および (1) の逆の操作を有限回行なって一方を他方へ変形することができること，が必要十分である．

［解］ (i) $\boldsymbol{a} = \sum_{i=1}^{n} x_i\boldsymbol{a}_i$ とする．$\{\boldsymbol{a}, \boldsymbol{a}_1, \cdots, \boldsymbol{a}_n\}$ の第1項に $-x_i\boldsymbol{a}_i$ $(1 \leqq i \leqq n)$ を加える (3) の操作を $n$ 回行なって $\{\boldsymbol{o}, \boldsymbol{a}_1, \cdots, \boldsymbol{a}_n\}$ がえられる．

(ii) (十分) 定理 3.25 である．(必要) 補題 3.24 と (i) の逆の操作により $\{\boldsymbol{a}_1, \cdots, \boldsymbol{a}_n\}$ から $\{\boldsymbol{b}_1, \cdots, \boldsymbol{b}_m, \boldsymbol{a}_1, \cdots, \boldsymbol{a}_n\}$ がえられ，上の例題より $\{\boldsymbol{a}_1, \cdots, \boldsymbol{a}_n, \boldsymbol{b}_1, \cdots, \boldsymbol{b}_m\}$ がえられる．さらに補題 3.24 と (i) によって，求める

$\{\boldsymbol{b}_1, \cdots, \boldsymbol{b}_m\}$ がえられる． (以上)

**問 1** 線形部分空間 $\boldsymbol{L}$, $\boldsymbol{L}'$ は $\boldsymbol{L}\subset\boldsymbol{L}'$ とする． このとき $\dim \boldsymbol{L} \leqq \dim \boldsymbol{L}'$ であり，$\dim \boldsymbol{L} = \dim \boldsymbol{L}'$ ならば $\boldsymbol{L} = \boldsymbol{L}'$ である．

**問 2** ベクトル $\boldsymbol{a}_1, \cdots, \boldsymbol{a}_n$ が独立であることは，$\mathrm{rank}(\boldsymbol{a}_1, \cdots, \boldsymbol{a}_n) = n$ と同値である．

**問 3** $\boldsymbol{e}_1, \boldsymbol{e}_2, \boldsymbol{e}_3$ は独立と仮定して，次のおのおのと同値で独立なものを求めよ．

(1) $\{6\boldsymbol{e}_1 - 4\boldsymbol{e}_2 + 3\boldsymbol{e}_3,\ -9\boldsymbol{e}_1 + 6\boldsymbol{e}_2 + 5\boldsymbol{e}_3,\ 12\boldsymbol{e}_1 - 8\boldsymbol{e}_2 - 2\boldsymbol{e}_3\}$.

(2) $\{3\boldsymbol{e}_1 - 9\boldsymbol{e}_2 + 5\boldsymbol{e}_3,\ 2\boldsymbol{e}_1 - 2\boldsymbol{e}_2 + 2\boldsymbol{e}_3,\ -2\boldsymbol{e}_1 + 5\boldsymbol{e}_2 - 3\boldsymbol{e}_3\}$.

**問 4** 複素数の集合 $\boldsymbol{C}$ は，複素数の和・実数倍の演算を考えるとき，例題1の2次元数ベクトル空間 $\boldsymbol{R}^2$ と考えることができる．

## 3.5 空間の平行移動，直線・平面への応用

いままで考察してきたベクトル空間 $\boldsymbol{V}$ の線形性を，空間—3次元アフィン空間—$S$ へ逆に応用しよう．

空間の1点 $O$ を原点として固定し，空間の点にその位置ベクトルを対応させる定理 3.1(ii) の全単射

$$\pi : S \rightleftarrows \boldsymbol{V}, \quad \pi(A) = \overrightarrow{OA} \in \boldsymbol{V} \quad (A \in S)$$

を考え，空間の点と対応する位置ベクトルを

$$A \in S, \quad \boldsymbol{a} = \overrightarrow{OA} \in \boldsymbol{V}$$

のように同じラテンの大文字と太い小文字で書き表わすこととする．

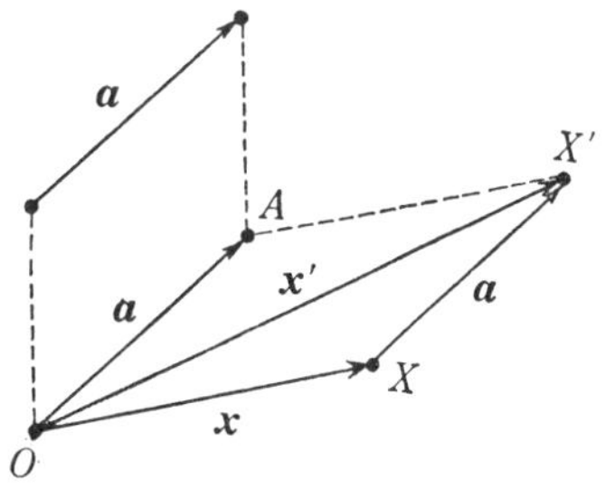


空間の点 $A \in S$，すなわちベクトル $\boldsymbol{a} = \overrightarrow{OA} \in \boldsymbol{V}$，が与えられたとする．このとき，任意の $X \in S$ に対して，定理 3.1(i) より

$$\boldsymbol{a} = \overrightarrow{XX'}$$

をみたす点 $X' \in S$，すなわちベクトルの和の定義より $\boldsymbol{x}' = \overrightarrow{OX'} = \boldsymbol{x} + \boldsymbol{a}$ $(\boldsymbol{x} = \overrightarrow{OX})$ をみたす点 $X'$，が定まり，写像

$$(3.21) \qquad f_{\boldsymbol{a}} : S \to S, \quad f_{\boldsymbol{a}}(X) = X', \quad \boldsymbol{x}' = \boldsymbol{x} + \boldsymbol{a} \quad (X \in S),$$

がえられる．

この写像 $f_{\boldsymbol{a}}$ はベクトル $\boldsymbol{a} = \overrightarrow{OA}$ にそった空間の**平行移動**とよばれる．

**定理 3.26**　空間の平行移動に関して次が成り立つ.

(i)　　$f_{\boldsymbol{o}}=1_S,\quad f_{\boldsymbol{b}}\circ f_{\boldsymbol{a}}=f_{\boldsymbol{a}+\boldsymbol{b}}\quad (\boldsymbol{a},\boldsymbol{b}\in\boldsymbol{V})$.

ここに $1_S$ は $S$ の恒等写像で, $\circ$ は写像の合成.

(ii)　$f_{\boldsymbol{a}}$ は全単射で, $f_{-\boldsymbol{a}}$ を逆写像としてもつ.

(iii)　$f_{\boldsymbol{a}}$ は直線(平面)をそれと平行な直線(平面)にうつす. 逆に2つの平行な直線(平面)の一方を他方へうつす $f_{\boldsymbol{a}}$ が存在する.

**証明**　(i)　定義と定理 3.2 の(3.6), (3.7) より明らか.

(ii)　(i) と $\boldsymbol{a}-\boldsymbol{a}=\boldsymbol{o}=-\boldsymbol{a}+\boldsymbol{a}$ より, $f_{-\boldsymbol{a}}\circ f_{\boldsymbol{a}}=1_S=f_{\boldsymbol{a}}\circ f_{-\boldsymbol{a}}$ であり, (ii) がわかる.

(iii)　直線 $l$ 上に点 $X$ をとり, (2.3) の $l$ の平行線 $l'\ni X'=f_{\boldsymbol{a}}(X)$ を考える. 任意の $Y\in l$ の像 $Y'=f_{\boldsymbol{a}}(Y)$ は定義より $\overrightarrow{YY'}\equiv\overrightarrow{XX'}$ であり, $Y'\in l'$ がわかる. 従って $f_{\boldsymbol{a}}(l)\subset l'$ で, 同様に $f_{-\boldsymbol{a}}(l')\subset l$ だから, (ii) より $f_{\boldsymbol{a}}(l)=l'$. 平行な2直線 $l, l'$ が与えられたときは, 点 $X\in l, X'\in l'$ をとって $\boldsymbol{a}=\overrightarrow{XX'}$ とおけばよい.

平面 $\varepsilon\ni X$ に対しては, 定理 2.5(iii) の $\varepsilon$ と平行な平面 $\varepsilon'\ni X'$ を考えるとき, 定理 2.5 より上と同様に $f_{\boldsymbol{a}}(\varepsilon)=\varepsilon'$ がわかる.　(証終)

**例題 1**　平行移動 $f_{\boldsymbol{a}}$ は (2.8) の '間にある' という関係をたもつ, すなわち (2.8) の開線分 ( , ) に関し次が成り立つ.

$$X\in(B,C)\Rightarrow f_{\boldsymbol{a}}(X)\in(f_{\boldsymbol{a}}(B), f_{\boldsymbol{a}}(C)).$$

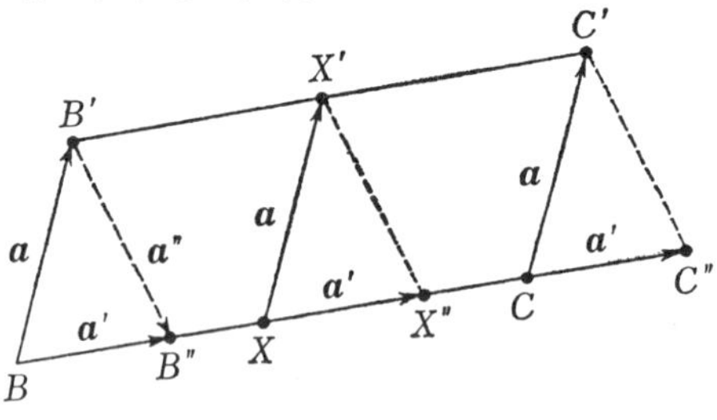


[解]　(i)　$f_{\boldsymbol{a}}(B)\notin l(B,C)$ のときは右図と補題 2.16 より明らか.

(ii)　$f_{\boldsymbol{a}'}(B)=B''\in l(B,C)$ のときは, 右図のように $B'\notin l(B,C)$ をとり, $\boldsymbol{a}=\overrightarrow{BB'}, \boldsymbol{a}''=\overrightarrow{B'B''}$ とおく. $\boldsymbol{a}'=\boldsymbol{a}''+\boldsymbol{a}$ だから上の定理の (i) より $f_{\boldsymbol{a}'}=f_{\boldsymbol{a}''}\circ f_{\boldsymbol{a}}$ であり, (i) より $f_{\boldsymbol{a}'}$ に対しても例題は成り立つことがわかる.　(以上)

以下この節では, $O$ を原点, $E_1, E_2, E_3$ を単位点とする定理 2.29 の空間の座標が定められているものとし, 点 $A\in S$ の座標が $(a_1, a_2, a_3)$ のとき $A=$

$A(a_1, a_2, a_3)$ と書き表わす. このとき定理 3.14(iii) より, ベクトル空間 $\boldsymbol{V}$ の基底

$$\boldsymbol{e}_i = \overrightarrow{OE_i} \qquad (i=1,2,3)$$

が定まり, 点 $A(a_1, a_2, a_3)$ の位置ベクトル $\boldsymbol{a}=\overrightarrow{OA}$ は § 3.3 例題 1 より $a_1$, $a_2$, $a_3$ を成分にもつベクトル $(a_1, a_2, a_3)=a_1\boldsymbol{e}_1+a_2\boldsymbol{e}_2+a_3\boldsymbol{e}_3$ である.

$$A=A(a_1, a_2, a_3), \qquad \boldsymbol{a}=(a_1, a_2, a_3)$$

のように, 簡単のため点の座標およびベクトルの成分を同じラテンの小文字に添数をつけて書き表わすこととする.

定理 3.4 より, 空間の $O$ をとおる直線および平面は $\boldsymbol{V}$ の線形部分空間と対応しているが, このことと定理 3.26 の平行移動を用いて, 空間の任意の直線・平面(上の点の座標)の方程式を求めよう.

**定理 3.27** 異なる 2 点 $A(a_1, a_2, a_3), B(b_1, b_2, b_3)$ をとおる直線 $l(A, B)$ 上の点 $X(x_1, x_2, x_3)$ の方程式は, $t\in\boldsymbol{R}$ を助変数とする

$$x_i=a_i+(b_i-a_i)t \qquad (i=1,2,3),$$

すなわち $t$ を消去して

$$(x_1-a_1)/(b_1-a_1)=(x_2-a_2)/(b_2-a_2)=(x_3-a_3)/(b_3-a_3)^{1)},$$

で与えられる.

**証明** ベクトル $-\boldsymbol{a}=\overrightarrow{AO}$ にそった平行移動 $f_{-\boldsymbol{a}}$ によって, 直線 $l=l(A, B)$ は上の定理より直線

$$l'=l(O, B'), \qquad \overrightarrow{OB'}=\boldsymbol{b}'=\boldsymbol{b}-\boldsymbol{a},$$

にうつされる. 従って, $X\in l$ は $X'=f_{-\boldsymbol{a}}(X)\in l'$ と同値であり, 定理 3.4 (i) より $\boldsymbol{x}'=\boldsymbol{x}-\boldsymbol{a}\in L(\boldsymbol{b}-\boldsymbol{a})$, すなわち

$$\boldsymbol{x}-\boldsymbol{a}=t(\boldsymbol{b}-\boldsymbol{a})$$

となる $t\in\boldsymbol{R}$ が存在すること, と同値である. これを成分で表わせば系 3.18 より求める方程式がえられる. (証終)

**定理 3.28** 1 直線上にない 3 点 $A(a_1, a_2, a_3), B(b_1, b_2, b_3), C(c_1, c_2, c_3)$ をと

1) この式では, ある分母が 0 ならばその分子も 0 で, 2 つの分母が 0 ならば残りの項は任意の実数であることを意味する.

おる平面 $\varepsilon(A, B, C)$（上の点 $X(x_1, x_2, x_3)$）の方程式は，$t, s\in\boldsymbol{R}$ を助変数とする連立方程式

(3.22)　　$x_i=a_i+b_i{}'t+c_i{}'s,\quad b_i{}'=b_i-a_i,\quad c_i{}'=c_i-a_i,$

$(i=1,2,3)$，すなわち $t$, $s$ を消去して自明でない1次方程式(係数のうち少なくとも1つは0でないもの)

(3.23)　　$p_1x_1+p_2x_2+p_3x_3=p,$

$$p_i=b_i{}'c'_{i+1}-b'_{i+1}c_i{}'\quad(i=1,2,3),\qquad p=p_1a_1+p_2a_2+p_3a_3,$$

$(b_4{}'=b_1{}', c_4{}'=c_1{}')$，で与えられる．

**証明**　定理 3.26(iii) より，平行移動 $f_{-\boldsymbol{a}}$ $(\boldsymbol{a}=\overrightarrow{OA})$ によって平面 $\varepsilon=\varepsilon(A, B, C)$ は平面

$$\varepsilon'=\varepsilon(O, B', C'),\qquad \overrightarrow{OB'}=\boldsymbol{b}-\boldsymbol{a},\qquad \overrightarrow{OC'}=\boldsymbol{c}-\boldsymbol{a},$$

にうつされる．従って $X\in\varepsilon$ は $X'=f_{-\boldsymbol{a}}(X)\in\varepsilon'$ と同値であり，定理 3.4 (ii) より $\boldsymbol{x}'=\boldsymbol{x}-\boldsymbol{a}\in L(\boldsymbol{b}-\boldsymbol{a}, \boldsymbol{b}-\boldsymbol{c})$，すなわち

$$\boldsymbol{x}-\boldsymbol{a}=t(\boldsymbol{b}-\boldsymbol{a})+s(\boldsymbol{c}-\boldsymbol{a})$$

となる $t, s\in\boldsymbol{R}$ が存在すること，と同値である．これを成分で表わし，系3.18 より (3.22) がえられる．

(3.22) を代入して簡単な計算によって (3.23) が確かめられる．また $A\neq B$ だから $b_j{}'\neq 0$ とし，$c_j{}'=\lambda b_j{}'$ とおくとき，$p_1=p_2=p_3=0$ ならば容易に $c_i{}'=\lambda b_i{}'(i\neq j)$ もわかるが，この $\boldsymbol{c}-\boldsymbol{a}=\lambda(\boldsymbol{b}-\boldsymbol{a})$ は定理 3.14(ii) より仮定に反する．従って $p_1, p_2, p_3$ のうち少なくとも1つは0でない．

逆に $p_j\neq 0$ とし，添数は $x_{3+k}=x_k$ のように考える．このとき

$$p_jt=(x_j-a_j)c'_{j+1}-(x_{j+1}-a_{j+1})c_j{}',$$
$$p_js=(x_j-a_j)b'_{j+1}-(x_{j+1}-a_{j+1})b_j{}',$$

とおけば，容易に $i=j, j+1$ に対する (3.22) が確かめられる．これらを用いて，(3.23) ならば $i=j+2$ に対する (3.22) を簡単な計算によって確かめることができる．　（証終）

**例題 2**　(3.23) の係数と定数項は，添数を $a_{3+k}=a_k$ のように考えて，次式で与えられる．

$$p_{i-1}=a_ib_{i+1}+b_ic_{i+1}+c_ia_{i+1}-a_{i+1}b_i-b_{i+1}c_i-c_{i+1}a_i,$$

$$p=a_1b_2c_3+a_2b_3c_1+a_3b_1c_2-a_1b_3c_2-a_2b_1c_3-a_3b_2c_1.$$

**例題 3** とくに $a_2=a_3=b_3=c_2=0$ ならば，(3.23) は次式となる.

$$b_2c_3x_1+(a_1-b_1)c_3x_2+(a_1-c_1)b_2x_3=a_1b_2c_3.$$

**定理 3.29** 上の定理と逆に，座標の自明でない1次方程式

(3.24) $$p_1x_1+p_2x_2+p_3x_3=p \qquad (p_1\neq 0, p_2\neq 0 \text{ または } p_3\neq 0)$$

によって与えられる点 $X(x_1, x_2, x_3)$ の全体は1平面をなす.

**証明** $p_1\neq 0$ と仮定して証明する. 3点

$$A(p/p_1, 0, 0),\quad B((p-p_2)/p_1, 1, 0),\quad C(p/p_1-p_3, 0, p_1)$$

を考えるとき，$\overrightarrow{AB}=-(p_2/p_1)\boldsymbol{e}_1+\boldsymbol{e}_2$, $\overrightarrow{AC}=-p_3\boldsymbol{e}_1+p_1\boldsymbol{e}_3$ は $p_1\neq 0$ だから独立であり，定理 3.14(ii) より $A, B, C$ は1直線上にはない. さらに上の例題より，それらをとおる平面の方程式は与えられた1次方程式 (3.24) と一致し，求める結果がわかる. (証終)

(3.24) の係数 $p_1, p_2, p_3$ を数ベクトル $\boldsymbol{p}=(p_1, p_2, p_3)$ とみなして，数ベクトル $\boldsymbol{x}=(x_1, x_2, x_3)$ に対し

(3.25) $$(\boldsymbol{p}, \boldsymbol{x})=p_1x_1+p_2x_2+p_3x_3 (\in \boldsymbol{R})$$

とおくとき，上の2つの定理の1次方程式は

(3.26) $$(\boldsymbol{p}, \boldsymbol{x})=p \qquad (\boldsymbol{p}\neq\boldsymbol{o})$$

と書き表わすことができる. (3.25)の $(\boldsymbol{p}, \boldsymbol{x})$ は数ベクトル $\boldsymbol{p}, \boldsymbol{x}$ の**内積**または**スカラー積**とよばれるが[1]，次式は容易に示される.

(3.27) $$(\lambda\boldsymbol{p}+\mu\boldsymbol{q}, \boldsymbol{x})=\lambda(\boldsymbol{p}, \boldsymbol{x})+\mu(\boldsymbol{q}, \boldsymbol{x}) \qquad (\lambda, \mu\in\boldsymbol{R}).$$

**定理 3.30** $(\boldsymbol{p}, \boldsymbol{x})=p\ (\boldsymbol{p}\neq\boldsymbol{o})$, $(\boldsymbol{q}, \boldsymbol{x})=q\ (\boldsymbol{q}\neq\boldsymbol{o})$,

で与えられる2平面が平行であるためには，$\boldsymbol{p}, \boldsymbol{q}$ が従属であること，すなわち

$$\boldsymbol{q}=\lambda\boldsymbol{p} \qquad (\lambda\in\boldsymbol{R}, \lambda\neq 0)$$

となる $\lambda$ が存在すること，が必要十分である. とくに2平面が平行で異なるためには，

1) ここではその幾何学的な意味はなく，形式的に (3.25) で定義されるものとして考察される. 次章において，幾何学的に定義される内積とある意味で一致することが見られよう.

$$\boldsymbol{q}=\lambda\boldsymbol{p},\qquad q\neq\lambda p\qquad(\lambda\in\boldsymbol{R},\ \lambda\neq 0)$$

となる $\lambda$ が存在すること，が必要十分である．

**証明**　$\boldsymbol{p}\neq\boldsymbol{o},\boldsymbol{q}\neq\boldsymbol{o}$ だから，$\boldsymbol{p}$，$\boldsymbol{q}$ が従属ならば補題 3.13 より $\boldsymbol{q}=\lambda\boldsymbol{p}$ となり，$\lambda\neq 0$ である．このとき，2つの方程式は (3.27) より

$$(\boldsymbol{p},\boldsymbol{x})=p,\qquad \lambda(\boldsymbol{p},\boldsymbol{x})=q\qquad(\lambda\neq 0)$$

となるから，$q=\lambda p$ ならば両者は一致する．$q\neq\lambda p$ ならば両者をみたす $\boldsymbol{x}$ は存在せず，従って平面は交わらず平行である．

$\boldsymbol{p}=(p_1,p_2,p_3),\boldsymbol{q}=(q_1,q_2,q_3)$ は独立とすれば，$\boldsymbol{q}=\lambda\boldsymbol{p}$ とはならないから，

$$p_1q_2-p_2q_1,\quad p_2q_3-p_3q_2,\quad p_3q_1-p_1q_3$$

のうち少なくとも1つは0でない．いま $p_1q_2-p_2q_1\neq 0$ として，

$$x_1=(pq_2-p_2q')/(p_1q_2-p_2q_1),\qquad x_2=(p_1q'-pq_1)/(p_1q_2-p_2q_1)$$

とおけば，簡単な計算によって

$$p_1x_1+p_2x_2=p,\qquad q_1x_1+q_2x_2=q'$$

が示される．従って $\boldsymbol{x}=(x_1,x_2,0)$ は方程式 $(\boldsymbol{p},\boldsymbol{x})=p,(\boldsymbol{q},\boldsymbol{x})=q'$ をみたすから，$q'=q$ ならばこれは与えられた2つの方程式をみたし，$q'\neq q$ ならばその一方をみたし，他方をみたさない．従って2平面は交わりしかも一致しないから，平行ではない．　　(証終)

**系 3.31**　任意の直線は座標の連立1次方程式

$$(\boldsymbol{p},\boldsymbol{x})=p,\qquad(\boldsymbol{q},\boldsymbol{x})=q\qquad(\boldsymbol{p},\boldsymbol{q}\text{ は独立})\tag{3.28}$$

で表わされ，また逆も成り立つ．

**証明**　$\boldsymbol{p},\boldsymbol{q}$ は独立ならば，$\boldsymbol{p}\neq\boldsymbol{o},\boldsymbol{q}\neq\boldsymbol{o}$ であり，各方程式は定理 3.29 より平面を表わす．(2.4), (2.2) より任意の直線は平行でない2平面の交線となるから，上の定理より系がえられる．　　(証終)

以下の例題で，平面と直線または2直線の位置関係について調べよう．

**例題 4**　(3.28) で与えられる直線 $l$ を含む平面の全体は，1次方程式

$$(\lambda\boldsymbol{p}+\mu\boldsymbol{q},\boldsymbol{x})=\lambda p+\mu q\ \ (\lambda,\mu\in\boldsymbol{R};\ \lambda\neq 0\ \text{または}\ \mu\neq 0)$$

で与えられる平面の全体，と一致する．

［解］　上の系より $\boldsymbol{p},\boldsymbol{q}$ は独立だから (3.15) より $\lambda\boldsymbol{p}+\mu\boldsymbol{q}\neq\boldsymbol{o}$ であり，定

理 3.29 より上の方程式は平面を表わす. これが $l$ を含むことは, $l$ 上の各点が (3.28) をみたすから (3.27) より明らか.

逆に, $l$ を含む任意の平面 $\varepsilon$ を考えよう. $l$ 上に異なる2点 $A, B$ をとり, (3.28) のそれぞれの1次方程式の表わす平面が $l$ 上にない点 $C, D$ をとおるとすれば, $\boldsymbol{p}=(p_1, p_2, p_3)$ と $p$ は (3.23) で与えられ, 同様に $\boldsymbol{q}=(q_1, q_2, q_3)$ と $q$ は

$$q_i=b_i'd'_{i+1}-b'_{i+1}d_i', \qquad q=q_1a_1+q_2a_2+q_3a_3$$

$(\overrightarrow{AD}=\boldsymbol{d}-\boldsymbol{a}=(d_1', d_2', d_3'))$ で与えられる, 4点 $A, B, C, D$ は1平面上にないから, $\varepsilon$ が点 $K\notin l$ をとおるとするとき, 定理 3.4(iii) より $\overrightarrow{AK}=\nu(\boldsymbol{b}-\boldsymbol{a})+\lambda(\boldsymbol{c}-\boldsymbol{a})+\mu(\boldsymbol{d}-\boldsymbol{a})\ (\nu, \lambda, \mu\in\boldsymbol{R})$ となり, $\varepsilon$ は

$$(*) \qquad \overrightarrow{AL}(=(l_1', l_2', l_3'))=\lambda(\boldsymbol{c}-\boldsymbol{a})+\mu(\boldsymbol{d}-\boldsymbol{a})$$

をみたす点 $L\notin l$ をとおる. このとき定理 3.28 より $\varepsilon$ は1次方程式

$$(\boldsymbol{r}, \boldsymbol{x})=r, \qquad \boldsymbol{r}=(r_1, r_2, r_3),$$

$$r_i=b_i'l'_{i+1}-b'_{i+1}l_i', \qquad r=r_1a_1+r_2a_2+r_3a_3$$

で与えられ, (*) より $\boldsymbol{r}=\lambda\boldsymbol{p}+\mu\boldsymbol{q}, r=\lambda p+\mu q$ がわかる. (以上)

**例題 5** 連立1次方程式 (3.28) で与えられる直線 $l$ と, 1次方程式

$$(\boldsymbol{r}, \boldsymbol{x})=r \qquad (\boldsymbol{r}\neq\boldsymbol{o})$$

で与えられる平面 $\varepsilon$ との位置関係について次が成り立つ.

(i) $\boldsymbol{r}=\lambda\boldsymbol{p}+\mu\boldsymbol{q}\ (\lambda, \mu\in\boldsymbol{R})$ ならば, $r=\lambda p+\mu q$ のとき $l$ は $\varepsilon$ に含まれ, そうでないとき $l$ と $\varepsilon$ は交わらず平行である.

(ii) $\boldsymbol{p}, \boldsymbol{q}, \boldsymbol{r}$ が独立ならば, $l$ と $\varepsilon$ はただ1点で交わる.

[解] (i) 上の例題より, $r=\lambda p+\mu q$ のとき $l\subset\varepsilon$. そうでないとき, $l$ を含む平面 $(\boldsymbol{r}, \boldsymbol{x})=\lambda p+\mu q$ と $\varepsilon$ は交わらない. (ii) 逆に, $l/\!/\varepsilon$ ならば定理 2.5 より $\varepsilon'\supset l$, $\varepsilon'/\!/\varepsilon$ である平面 $\varepsilon'$ が存在し, これは上の例題より

$$(\lambda\boldsymbol{p}+\mu\boldsymbol{q}, \boldsymbol{x})=\lambda p+\mu q \qquad (\lambda, \mu\in\boldsymbol{R})$$

で表わされ, さらに定理 3.30 より $\boldsymbol{r}=\nu(\lambda\boldsymbol{p}+\mu\boldsymbol{q}))\ (\nu\in\boldsymbol{R})$ となる.

(以上)

**例題 6** (3.28) で与えられる直線 $l$ と

$$(\boldsymbol{p}', \boldsymbol{x}) = p', \quad (\boldsymbol{q}', \boldsymbol{x}) = q' \quad (\boldsymbol{p}', \boldsymbol{q}' \text{ は独立})$$

で与えられる直線 $l'$ の位置関係について次が成り立つ．

（i）　$\boldsymbol{p}' = \lambda \boldsymbol{p} + \mu \boldsymbol{q}, \quad \boldsymbol{q}' = \lambda' \boldsymbol{p} + \mu' \boldsymbol{q} \quad (\lambda, \mu, \lambda', \mu' \in \boldsymbol{R})$

ならば，$p' = \lambda p + \mu q, q' = \lambda' p + \mu' q$ のとき $l$ と $l'$ は一致し，そうでないとき $l$ と $l'$ は交わらず平行である．

（ii）　$\boldsymbol{p}, \boldsymbol{q}, \boldsymbol{p}'$ が独立ならば，定理 3.15 の最後より

$$\boldsymbol{q}' = \lambda \boldsymbol{p} + \mu \boldsymbol{q} + \nu \boldsymbol{p}' \quad (\lambda, \mu, \nu \in \boldsymbol{R})$$

となるが，さらに $q' = \lambda p + \mu q + \nu p'$ のとき $l$ と $l'$ はただ1点で交わり，そうでないとき $l$ と $l'$ は交わらず平行でもない．$\boldsymbol{p}, \boldsymbol{q}, \boldsymbol{q}'$ が独立のときも同様．

［解］ $l'$ を表わす連立方程式のおのおのが表わす平面を $\varepsilon_1, \varepsilon_2$ とする．（i）上の例題の（i）より，$p' = \lambda p + \mu q, q' = \lambda' p + \mu' q$ のとき $l \subset \varepsilon_1, \varepsilon_2$ で $l = l'$．そうでないとき，$l /\!/ \varepsilon_1, l /\!/ \varepsilon_2, l \cap l' = \phi$．点 $A \in \varepsilon_1 - l'$ をとれば，$l$ の平行線 $l_1 \ni A$ は定理 2.3(ii) より $\varepsilon_2$ と平行で $l_1 \cap l' \subset l_1 \cap \varepsilon_2 = \phi$．また定理 2.5(i) より $l_1 \subset \varepsilon_1$ だから $l_1 /\!/ l'$ で，定理 2.6 より $l /\!/ l'$．（ii）上の例題の（ii）より $l$ と $\varepsilon_1$ は1点 $A$ で交わり，定理 2.3(ii) より $l$ と $l'$ は平行でない．$A$ ははじめの3方程式をみたすから，$A \in l'$ すなわち $A$ が第4の方程式をみたすのは (3.27) より $q' = \lambda p + \mu q + \nu p'$ のときだけである．　（以上）

**例題 7**　3つの方程式からなる連立1次方程式

$$(\boldsymbol{p}, \boldsymbol{x}) = p, \quad (\boldsymbol{q}, \boldsymbol{x}) = q, \quad (\boldsymbol{r}, \boldsymbol{x}) = r \quad (\boldsymbol{p}, \boldsymbol{q}, \boldsymbol{r} \neq \boldsymbol{o})$$

が解をもつのは，実数 $\lambda, \mu, \nu \in \boldsymbol{R}$ について

(3.29)　$$\lambda \boldsymbol{p} + \mu \boldsymbol{q} + \nu \boldsymbol{r} = \boldsymbol{o} \Rightarrow \lambda p + \mu q + \nu r = 0$$

が成り立つときだけである．さらに解がただ1つであるのは，$\boldsymbol{p}, \boldsymbol{q}, \boldsymbol{r}$ が独立のときだけである．

［解］（i）$\boldsymbol{p}, \boldsymbol{q}, \boldsymbol{r}$ が独立のとき，例題5(ii) よりただ1つの解をもつが，(3.29) も成り立つ．実際その仮定が成り立てば (3.15) より $\lambda = \mu = \nu = 0$ となるから．（ii）$\boldsymbol{p}, \boldsymbol{q}, \boldsymbol{r}$ の階数が2のとき．たとえば $\boldsymbol{p}, \boldsymbol{q}$ が独立とすれば，補題 3.13 より $\boldsymbol{r} = \lambda_0 \boldsymbol{p} + \mu_0 \boldsymbol{q}$ $(\lambda_0, \mu_0 \in \boldsymbol{R})$ となるが，例題5(i) より $r = \lambda_0 p + \mu_0 q$ のときだけ連立方程式は解をもち，解は無数にある．(3.29) ならば明らかに

$r=\lambda_0 p+\mu_0 q$ であり，逆にこのとき，(3.29) の仮定が成り立てば (3.15) より $\lambda+\nu\lambda_0=0=\mu+\nu\mu_0$ となり，(3.29) の結論が成り立つ．(iii) $\boldsymbol{p},\boldsymbol{q},\boldsymbol{r}$ の階数が 1 のとき．補題 3.13 より $\boldsymbol{q}=\lambda_1\boldsymbol{p}$，$\boldsymbol{r}=\lambda_2\boldsymbol{p}$ となるが，定理 3.30 より $q=\lambda_1 p, r=\lambda_2 p$ のときだけ連立方程式は解をもち，解は無数にある．(3.29) ならば明らかに $q=\lambda_1 p, r=\lambda_2 p$ であり，逆にこのとき，(3.29) の仮定より $\lambda+\mu\lambda_1+\nu\lambda_2=0$ となり，(3.29) の結論がえられる． (以上)

**問 1** 平行移動は平行四辺形を平行四辺形にうつす．

**問 2** 3 点 $(a_1,0,0)$，$(0,a_2,0)$，$(0,0,a_3)$ をとおる平面の方程式を求めよ．ただし $a_1a_2a_3\neq 0$ とする．

**問 3** 原点 $O$ をとおらない直線

$$(\boldsymbol{p},\boldsymbol{x})=p,\qquad (\boldsymbol{q},\boldsymbol{x})=q,\qquad (\boldsymbol{p},\boldsymbol{q}\ \text{は独立},\ pq\neq 0)$$

と $O$ を含む平面の方程式を求めよ．

**問 4** 異なる平行な 2 平面

$$(\boldsymbol{p},\boldsymbol{x})=p\quad (\boldsymbol{p}\neq\boldsymbol{o}),\qquad (\boldsymbol{q},\boldsymbol{x})=q\quad (\boldsymbol{q}\neq\boldsymbol{o})$$

が与えられたとき，これらの平面と平行な平面の全体は，

$$(\lambda\boldsymbol{p}+\mu\boldsymbol{q},\boldsymbol{x})=\lambda p+\mu q\qquad (\lambda,\mu\in\boldsymbol{R},\lambda\boldsymbol{p}+\mu\boldsymbol{q}\neq\boldsymbol{o})$$

が表わす平面の全体と一致する．

**問 5** 2 直線

$$\frac{x_1-1}{2}=\frac{x_2+2}{3}=2x_3-1,\qquad \frac{x_1-3}{4}=\frac{x_2-1}{6}=x_3+1$$

は平行であるが，この 2 直線を含む平面の方程式を求めよ．

**問 6** 直線

$$2x_1-4x_2+2x_3=6,\qquad 2x_1+3x_2-2x_3=1$$

を含み，直線

$$3x_1+x_2+2x_3=4,\qquad 6x_1-9x_2-3x_3=-15$$

と平行な平面の方程式を求めよ．

# 4. ベクトルの計量性

前章では，いわゆる長さの概念をぬきにして，幾何ベクトルとその線形性についての考察がなされた．この章では，幾何ベクトルの内積の演算を定義し，長さなどの計量性について考察しよう．このためには，前章のように空間を3次元アフィン空間として考察するだけでは不十分であり，さらに合同性に基づく距離などの計量性をもっている普通の3次元ユークリッド空間として考察する必要があり，このためはじめの節に空間の計量性についてまとめておこう．

## 4.1 空間の計量的構造，ユークリッド空間

空間 $S$ の計量的構造である距離の概念は，第2章で述べられた空間のアフィン的性質のうち，とくに中点および有向線分の実数倍の概念と直接に関連している．

(4.1) **(距離性)** 空間の 2 点 $A, B\in S$ に対して，**距離**とよばれる実数 $d(A, B)\in \boldsymbol{R}$ が与えられ，次の (i)～(iii) が成り立つ．

(i) $d(A, B)=d(B, A)\geqq 0$; $d(A, B)=0\Longleftrightarrow A=B.$

(ii) $C\in (A, B) \Rightarrow d(A, B)=d(A, C)+d(C, B).$

ここに $(A, B)$ は (2.8) の開線分．

(iii) $C$ が定理 2.18 による $AB$ の中点ならば，$d(A, C)=d(C, B).$

**補題 4.1** 異なる2点 $A, B$ に対し，(2.20) の有向線分の実数倍 $\overrightarrow{AC}=x\overrightarrow{AB}$ $(x\in \boldsymbol{R})$ が成り立つためには，次が必要十分である，($|x|$ は $x$ の絶対値)：

$$d(A, C)=|x|d(A, B); \qquad x<0\Longleftrightarrow A\in (B, C).$$

**証明** (必要) 補題 2.27 より，直線 $l(A, B)$ 上の $\varphi(0)=A, \varphi(1)=B$ である座標 $\varphi: \boldsymbol{R}\sim l(A, B)$ によって $\varphi(x)=C$ で，第2式は (2.19) である．有理数倍の定義 (2.9) と上の (iii), (i) より，容易に有理数 $x\in \boldsymbol{Q}$ に対する第1式がわかる． 従って，無理数 $x$ が正のとき，$0<q<x<r$ である任意の $q, r\in \boldsymbol{Q}$ に対して，

$$d(A,\varphi(q))=qx_0,\qquad d(A,\varphi(r))=rx_0\qquad (x_0=d(A,B)\neq 0)$$

であり，(2.19) と上の (ii)，( i ) より

$$qx_0<qx_0+d(\varphi(q),C)=d(A,C)<d(A,C)+d(C,\varphi(r))=rx_0,$$

従って $q<d(A,C)/x_0<r$ が成り立ち，定理 1.9 の一意性より第1式の $d(A,C)/x_0=x$ がわかる．$x<0$ のときも同様．

(十分) 点 $C'$ も条件の2式をみたすとする：

$$d(A,C')=|x|d(A,B)\;;\qquad x<0\Longleftrightarrow A\in(B,C').$$

$x=0$ のとき，上の ( i ) の第2式より $C=A=C'$．$x\neq 0$ のとき，$C\neq C'$ と仮定する．$C\in(A,C')$ または $C'\in(A,C)$ ならば上の (ii)，( i ) より容易に $d(A,C)\neq d(A,C')$ となるから，仮定の第1式と補題 2.12 より $A\in(C,C')$．一方仮定の第2式と補題 2.14( i )，(ii) より $A\notin(C,C')$ となり，矛盾だから $C=C'$ である．このことと補題 2.27 の実数倍の一意性および上の必要性より十分性もわかる． (証終)

この補題より空間の各直線上の距離の様子がわかり[1]，さらに異なる直線上の距離の関係が次の性質 (4.2)，(4.3) によって定まる．

(4.2) **(直線の垂直性)** 空間の各2直線は**垂直**である (**直交する**) か，ないかが定まり，2直線 $l,m$ が垂直であることを $l\perp m$ と書き表わすとき，次の ( i )～(iii) が成り立つ．

( i ) $l\perp m$ ならば $m\perp l$ で，$l$ と $m$ はただ1点で交わる．

(ii) 平面 $\varepsilon$ と直線 $l\subset\varepsilon$ に対し，$l$ と垂直な直線 $m\subset\varepsilon$ が少なくとも1つ存在する．

(iii) $l\perp m$ のとき，$l,m$ を含む平面 $\varepsilon$ 上の直線 $m'$ に対して，

$$m/\!/m'\Longleftrightarrow l\perp m'.$$

**補題 4.2** 直線 $l$ と点 $A$ に対して，($A\in l$ のときは平面 $\varepsilon\supset l$ を与えるとき)，$A$ をとおり $l$ と垂直な直線 $m(\subset\varepsilon)$ がただ1つ存在する．

---

1) (4.1) の ( i ) と補題 4.1 をみたす $d$ は (4.1) の (ii)，(iii) をみたすことが，有向線分の実数倍すなわち座標の性質の定理 2.26 より容易に示されるから，距離とよんでも (4.1) は空間のアフィン的性質である．

この $m$ を $A$ から $l$ への($\varepsilon$ 上の)**垂線**，上の（i）による $l, m$ の交点 $A'$ を $A$ の $l$ 上への**正射影**または**垂線の足**とよぶ．$A \in l$ のときは $A' = A$ である．

**証明**　$A \notin l$ のときは，定理 2.1(ii) より平面 $\varepsilon \supset A, l$ が定まる．上の(ii) より $l \perp m'$ となる直線 $m' \subset \varepsilon$ をとれば，(2.3) の $m'$ の平行線 $m \ni A$ は定理 2.1(ii) より $m \subset \varepsilon$ で，上の (iii) より $l \perp m$.

さらにもう1つの直線 $m_1 (\subset \varepsilon)$ が $m_1 \ni A$, $l \perp m_1$ とする．このとき上の（i）より $l, m_1$ は交わるから，$A \notin l$ のときも $m_1 \subset \varepsilon$. 従って上の（ii）より $m_1 /\!/ m$ で，(2.3) より $m_1 = m$ がわかる．　　　　　　　　　　(証終)

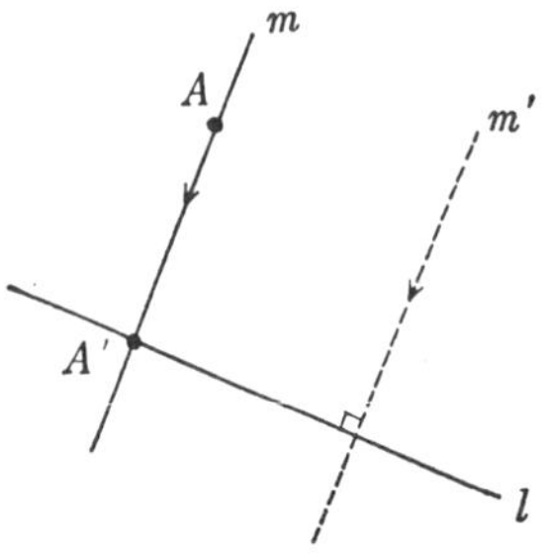


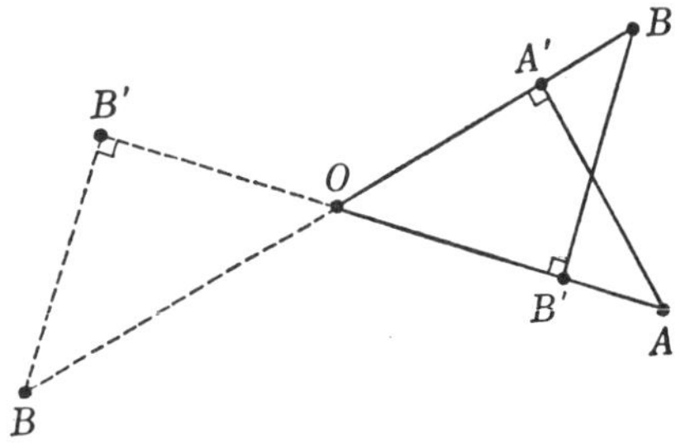


(4.3)　**(直角三角形の合同性)**　異なる3点 $O, A, B$ が与えられたとき，それぞれ直線 $l(O, B), l(O, A)$ 上への $A, B$ の正射影を $A', B'$ とし，$A' \neq O$ とする．このとき，(4.1)の距離 $d$ に関して，$d(O, A) = d(O, B)$ ならば

$$d(O, A') = d(O, B')\ ; \qquad O \in (A, B') \Longleftrightarrow O \in (B, A').$$

ここに（ , ）は (2.8) の開線分．

この章では，空間 $S$ は第2章のアフィン的性質に加えて上の性質 (4.1)～(4.3) をもつもの，すなわち**3次元ユークリッド空間**[1]，として考察することとする．

与えられた異なる2点 $O, A$ に対し，直線 $l(O, A)$ の $O$ からでる定理2.15の半直線で $A$ を含むものを $l_+(O, A)$ と書き表わすこととする．

---

1)　ヒルベルトの公理系では合同公理が加えられており，合同による同値類として距離と角が定義されて (4.1)～(4.3) が導びかれるが，ここでは平行性とならんで直観的な垂直性 (4.2) と特別な場合の合同性である (4.3) に基づいて考察しよう．ヒルベルトによるユークリッド幾何の公理系は，瀧沢精二著‘幾何学入門’(基礎数学シリーズ 4)の第1章に詳しく述べられている．

**定理 4.3** 半直線 $l_+(O, A), l_+(O, B)$ が与えられたとする.

（i） 点 $P \in l_+(O, B)$ の直線 $l(O, A)$ 上への正射影を $P'$ とすれば，実数

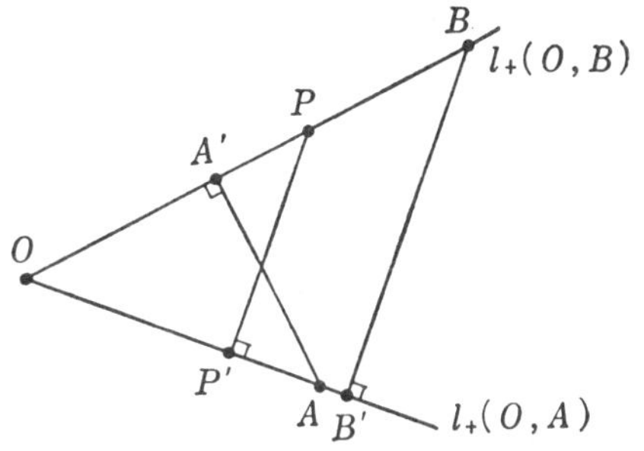


$$(4.4) \quad c(O, A, B) = \begin{cases} d(O, P')/d(O, P) & (P' \in l_+(O, A) \text{ のとき}), \\ -d(O, P')/d(O, P) & (P' \notin l_+(O, A) \text{ のとき}), \end{cases}$$

は点 $P$ の選び方に関係せずに定まる.

（ii） さらに，(4.4) の $c$ に関し次式が成り立つ.

$$c(O, A, B) = c(O, B, A).$$

**証明** （i） $\overrightarrow{OP} = x\overrightarrow{OB}$ とおけば，半直線の定義より $O \notin (B, P)$ だから，補題 4.1 より $d(O, P) = xd(O, B)$ $(x>0)$. $B$ の $l(O, A)$ 上への正射影を $B'$ とすれば，(4.2) (iii) より $l(B, B') /\!/ l(P, P')$ だから，定理 2.28 より $\overrightarrow{OP'} = x\overrightarrow{OB'}$ であり，補題 4.1 より

$$d(O, P') = xd(O, B'), \qquad O \notin (B', P').$$

従って $B' \in l_+(O, A) \Longleftrightarrow P' \in l_+(O, A)$ で，(4.4) の右辺は $P=B$ としたときの値に等しく，$P \in l_+(O, B)$ の選び方に関係しないことがわかる.

（ii） $\overrightarrow{OP} = (d(O, A)/d(O, B))\overrightarrow{OB}$ となる点 $P \in l_+(O, B)$ をとれば，補題 4.1 より $d(O, P) = d(O, A)$ となり，（i）と (4.3) より求める等式がわかる. （証終）

点 $O$ および2つの半直線 $l_+(O, A), l_+(O, B)$ からなる図形は**角**とよばれ，

$$\angle AOB \quad \text{または} \quad \angle(l_+(O, A), l_+(O, B))$$

と書き表わされる. このとき (4.4) の実数 $c(O, A, B)$ は $\angle AOB$ の**余弦**とよばれ，

$$\cos(\angle AOB) = c(O, A, B)$$

と書き表わされるのが普通であるが，上の定理の（ii）の等式は次式を意味す

る.

$$\cos(\angle AOB)=\cos(\angle BOA).$$

**定理 4.4 (ピタゴラス(Pythagoras)の定理)**　異なる3点 $A, B, C$ に対し

$$l(A, C)\perp l(B, C)\Longleftrightarrow d(A, B)^2=d(A, C)^2+d(B, C)^2.$$

**証明**　($\Rightarrow$)　$C$ の $l(A, B)$ 上への正射影を $C'$ とすれば，上の定理より

$$A\notin(B, C'),\qquad B\notin(A, C'),$$

$$\frac{d(A, C)}{d(A, B)}=\frac{d(A, C')}{d(A, C)},\qquad \frac{d(B, C)}{d(B, A)}=\frac{d(B, C')}{d(B, C)}.$$

従って補題 2.12(ii) より $C'\in(A, B)$ で，(4.1)(ii) の $d(A, B)=d(A, C')+d(B, C')$ と合わせて，求める等式がえられる.

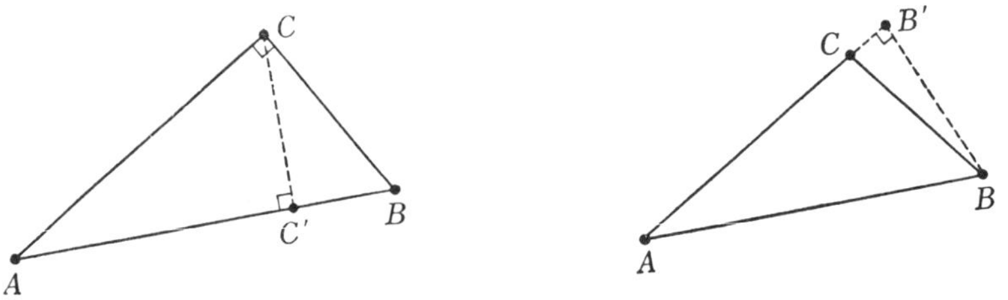


($\Leftarrow$)　$B$ の $l(A, C)$ 上への正射影を $B'$ とし，$a=d(A, C)$, $b=d(A, B')$, $c=d(C, B')$ とおく.($\Rightarrow$) と仮定より $b^2=a^2+c^2$ となるが，(4.1)(ii) より $b=|a\pm c|$ だから $\pm 2ac=0$ で，$a\neq 0$ だから $c=0$.　従って (4.1)(i) より $C=B'$ で，$l(A, C)\perp l(B, C)$ がわかる.　　(証終)

**系 4.5**　平行な2直線 $l, l'$ と $l$ 上の2点 $A, B$ に対し，それらの $l'$ 上への正射影を $A', B'$ とすれば，$\overrightarrow{AB}\equiv\overrightarrow{A'B'}$ ((2.7)の同等)であり，さらに

$$d(A, B)=d(A', B'),\quad d(A, B')=d(B, A').$$

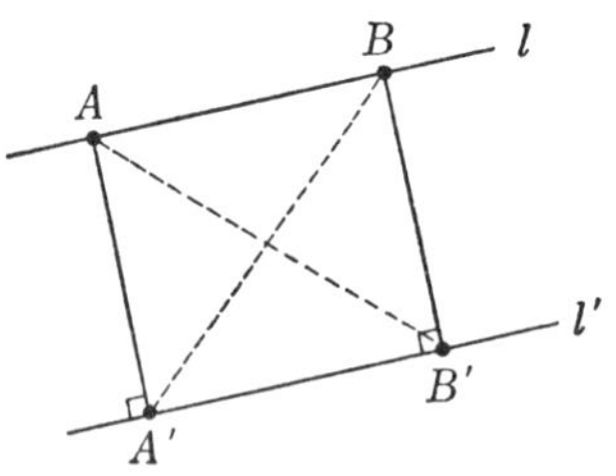


**証明**　$l=l'$ のときは明らか.$l\neq l'$ のとき，(4.2)(iii) より $l(A, A')//l(B, B')$ だから $\overrightarrow{AB}\equiv\overrightarrow{A'B'}$.　また仮定と (4.2)(iii) より $l(A, A')\perp l$, $l(B, B')\perp l$ だから，上の定理より

$$d(A, B)^2+d(B, B')^2=d(A, B')^2=d(A, A')^2+d(A', B')^2,$$

$$d(A, B)^2+d(A, A')^2=d(B, A')^2=d(B, B')^2+d(A', B')^2.$$

距離は負とはならないから，これらの左辺と右辺を加えて求める第1式がわか

り，それを代入して第2式もわかる． (証終)

**定理 4.6** (2.7) の有向線分の同等 $\equiv$ について，

(i) $A, B, A', B'$ が1直線上にあるときは，

$$d(A, A')=d(B, B') \Longleftrightarrow (\overrightarrow{AA'}\equiv\overrightarrow{BB'} \text{ または } \overrightarrow{AA'}\equiv\overrightarrow{B'B}).$$

(ii) 一般に $\overrightarrow{AA'}\equiv\overrightarrow{BB'}$ ならば

$$d(A, A')=d(B, B'), \qquad d(A, B)=d(A', B')^{1)}.$$

**証明** (i) 補題 4.1, (2.18)～(2.20) と (4.1)(ii) よりより殆んど明らかであるが，定理2.19の前半と (4.1) より直接示すこともできる．

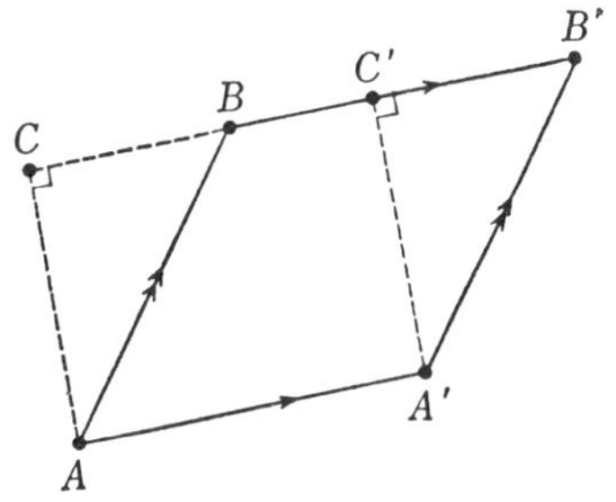


(ii) それぞれ $A, A'$ の直線 $l(B, B')$ 上への正射影を $C, C'$ とすれば，上の系より

$$\overrightarrow{AA'}\equiv\overrightarrow{CC'}, \qquad d(A, A')=d(C, C').$$

よって仮定と定理2.11(i)より $\overrightarrow{BB'}\equiv\overrightarrow{CC'}$ で，(i)より $d(B, B')=d(C, C')$ となり，第1式が成り立つ．この結果と定理 2.19 の後半の $\overrightarrow{AB}\equiv\overrightarrow{A'B'}$ より第2式も成り立つ． (証終)

**定理 4.7** (i) 垂直な直線 $l, m$ と1点 $A'$ に対し，それぞれ $l, m$ の $A'$ をとおる平行線 $l', m'$ は垂直である．

(ii) $\overrightarrow{OA}\equiv\overrightarrow{O'A'}$, $\overrightarrow{OB}\equiv\overrightarrow{O'B'}$ ならば，(4.4)の実数について

$$c(O, A, B)=c(O', A', B').$$

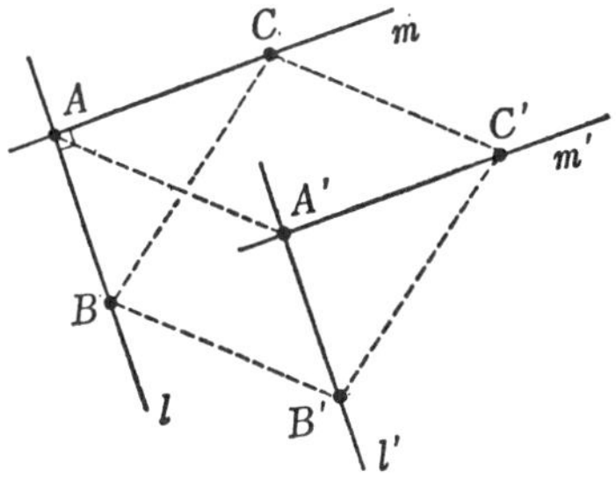


**証明** (i) $l, m$ の交点 $A$ と異なる点 $B\in l, C\in m$ および $\overrightarrow{BB'}\equiv\overrightarrow{AA'}\equiv\overrightarrow{CC'}$ となる点 $B'\in l', C'\in m'$ をとるとき，仮定と定理 4.4 および上の定理の (ii) より $d(B', C')^2=d(A', B')^2+d(A', C')^2$ がわかり，再び定理 4.4 より $l'\perp m'$ である．

1) このことから，ユークリッド空間の幾何ベクトルは，普通のように方向，向きおよび長さ(距離)を表わす量であるといえる．

（ii）　定義の (4.4) と（i），上の定理の（ii）および補題 2.16 よりただちにわかる．（証終）

**定理 4.8**　**（中線定理）**　3点 $A, B, C$ と $BC$ の中点 $D$ に対して，

$$d(A, B)^2+d(A, C)^2=2d(A, D)^2+2d(B, D)^2.$$

**証明**　$B=C$ のときは明らか．$B \neq C$ とし，点 $A$ の直線 $l(B, C)$ 上への正射影 $A'$ に対し $\overrightarrow{DA'}=a\overrightarrow{DB}$ とおく．また仮定より $\overrightarrow{DC} \equiv -\overrightarrow{DB}$ だから，等式 $(a-1)^2+(a+1)^2=2a^2+2$ は補題 4.1 より $A=A'$ のときの上式を示している．その両辺に $2d(A, A')^2$ を加えて定理 4.4 より求める上式がえられる．

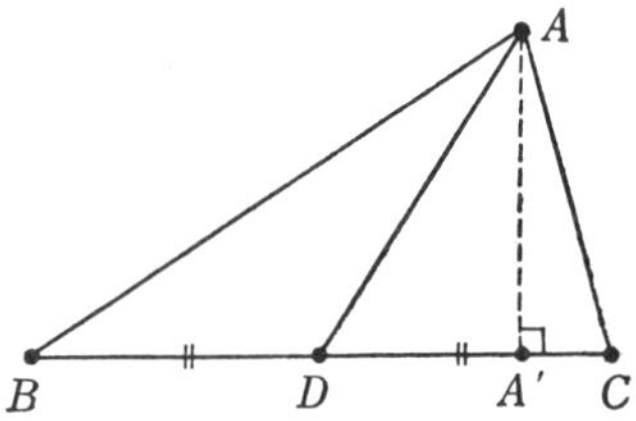


（証終）

**定理 4.9**　（i）　1点 $A$ で交わる直線 $l$ と平面 $\varepsilon$ に対し，$A$ で交わる2直線 $m_1, m_2 \subset \varepsilon$ が $l$ と垂直ならば，$A$ をとおる任意の直線 $m \subset \varepsilon$ は $l$ と垂直である．このとき，$l$ と $\varepsilon$ は**垂直**であるといい，$l \perp \varepsilon$ と書き表わす．

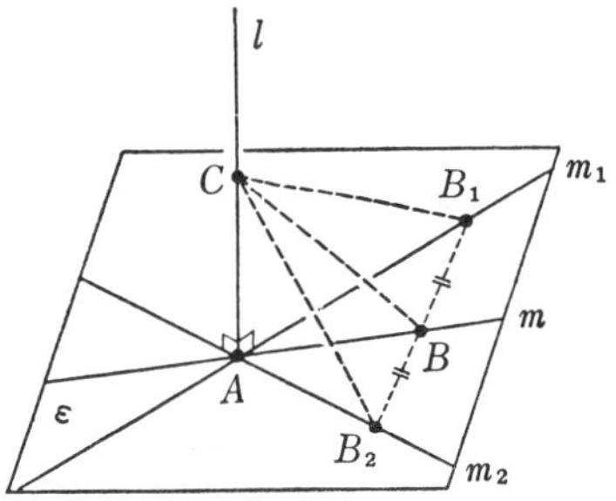


（ii）　**（三垂線の定理）**　平面 $\varepsilon$ と点 $A \notin \varepsilon$ に対し，直線 $m_1(\subset \varepsilon)$ 上への $A$ の正射影を $A_1$, $A_1$ から $m_1$ への $\varepsilon$ 上の垂線を $m$ とすれば，$A$ から $m$ への垂線 $l$ は $\varepsilon$ と垂直である．

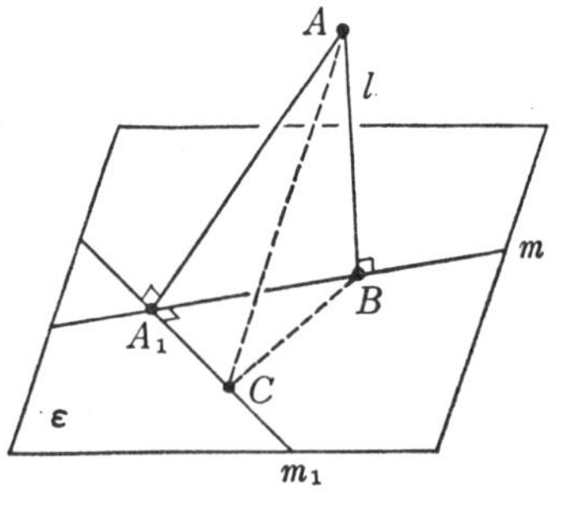


（iii）　平面 $\varepsilon$ と点 $A$ に対し，$A$ をとおり $\varepsilon$ と垂直な直線 $l$ がただ1つ存在する．

**証明**　（i）　$A$ と異なる点 $B \in m$, $C \in l$ をとり，さらに $m_i \neq m$ として $B$ が $B_1B_2$ の中点となるような点 $B_i \in m_i$ をとる．($B$ をとおる $m_2$ の平行線と $m_1$ の交点 $B'$ が $AB_1$ の中点となるように点 $B_1$ をとればよい.）このとき $\triangle AB_1B_2$ と $\triangle CB_1B_2$ に対する上の中線定理と直角三角形 $AB_2C, AB_1C$ のピタゴラスの定理より，容易に　$d(B, C)^2$

$=d(A,B)^2+d(A,C)^2$ が示されるから, $l\perp m$ がわかる.

(ii) $l, m$ の交点を $B$ とする. $B=A_1$ ならば (i) より $l\perp\varepsilon$ である. $B\neq A_1$ のとき, 点 $C\in m_1-\{A_1\}$ をとれば, 直角三角形 $A_1AC, A_1BC, BAA_1$ のピタゴラスの定理より容易に $d(A,C)^2=d(A,B)^2+d(B,C)^2$ が示され, $l\perp l(B,C)$ がわかるから (i) より $l\perp\varepsilon$.

(iii) $A\in\varepsilon$ のときは, 1点 $A'\notin\varepsilon$ に対して (ii) のように $l'\perp\varepsilon$ である直線 $l'\ni A'$ をとれば, $l'\cap\varepsilon$ は1点 $B$ からなる. $l'$ の平行線 $l\ni A$ と $\varepsilon$ 上の任意の直線 $m\ni A$ に対し, $m$ の平行線 $m'\ni B$ は定理 2.1 (ii) より $m'\subset\varepsilon$ だから $m'\perp l'$ であり, 定理 4.7 より $m\perp l$ がわかる. 従って $l\perp\varepsilon$.

さらに $l_1\perp\varepsilon, l_1\ni A$ ならば, $l, l_1$ を含む平面 $\varepsilon_1$ は (2.4) より $\varepsilon$ と1直線 $m$ で交わり, (4.2) (iii) より $l/\!/l_1$ となり, $l=l_1$ がわかる. (証終)

上の定理の (iii) の直線 $l$ を点 $A$ から平面 $\varepsilon$ への**垂線**, $l$ と $\varepsilon$ の交点 $A'$ を点 $A$ の平面 $\varepsilon$ 上への**正射影**または**垂線の足**とよぶ.

**系 4.10** 任意の点 $O$ に対し, $O$ で交わる3直線 $l_i$ $(i=1,2,3)$ で $l_i\perp l_j$ $(i\neq j)$ であるものが存在する.

**証明** $O$ をとおる直線 $l_1$ と, 補題 4.2 より $l_2\perp l_1$ である直線 $l_2\ni O$ をとり, 上の定理より $l_1, l_2$ を含む平面への垂線 $l_3\ni O$ をとればよい. (証終)

**定理 4.11** 与えられた直線 $l$ 上への点 $A$ の正射影を $A'$ のように $'$ をつけて表わすとき, (2.7) の有向線分の同等 $\equiv$ に関して,

$$\overrightarrow{AB}\equiv\overrightarrow{CD}\Rightarrow\overrightarrow{A'B'}\equiv\overrightarrow{C'D'}.$$

**証明** $\overrightarrow{AB}\equiv\overrightarrow{A'B_1}, \overrightarrow{CD}\equiv\overrightarrow{C'D_1}$ ととれば, 定理 2.11 (i) と定理 2.19 の後半より $\overrightarrow{A'C'}\equiv\overrightarrow{B_1D_1}$. $B_1\in l$ ならば, 系 4.5 の前半より $B_1=B'$, $D_1=D'$.

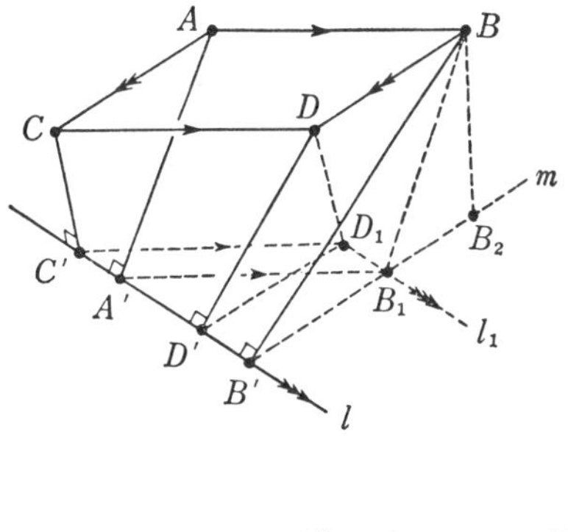


$B_1\notin l$ とする. $l$ の平行線 $l_1\ni B_1$ を考えれば, $\overrightarrow{AA'}\equiv\overrightarrow{BB_1}$ だから定理 4.7 (i) より, $B$ の $l_1$ 上への正射影は $B_1$ となる.

従って, $l, l_1$ を含む平面 $\varepsilon$ 上の $l_1$ への垂線 $m\ni B_1$ は, 三垂線の定理より $B$

の平面 $\varepsilon$ 上への正射影 $B_2$ をとおる．また (4.2)(iii) より $l \perp m$ だから，再び三垂線の定理より $m \ni B'$ で，$l \perp l(B_1, B')$ がわかった．同様に $l \perp l(D_1, D')$ であり，(4.2)(iii) より $l(B_1, B') // l(D_1, D')$．従って定義より，このときも $\overrightarrow{A'C'} \equiv \overrightarrow{B'D'}$ であり，定理 2.19 の後半より求める $\overrightarrow{A'B'} \equiv \overrightarrow{C'D'}$ がえられる．（証終）

**問 1**　点 $A$ と直線 $l$ (平面 $\varepsilon$) が与えられたとき，点 $B \in l$ $(B \in \varepsilon)$ に対する距離 $d(A,B)$ を最小にする点が $A$ の $l$ $(\varepsilon)$ 上への正射影 $A'$ である．$d(A, A')$ は点 $A$ と直線 $l$ (平面 $\varepsilon$) の**距離**とよばれる．

**問 2**　直線 $l, l'$ と平面 $\varepsilon, \varepsilon'$ で $l \perp \varepsilon$ であるものに対し，

$$l // l' \Longleftrightarrow l' \perp \varepsilon ; \qquad \varepsilon // \varepsilon' \Longleftrightarrow l \perp \varepsilon'.$$

**問 3**　直線 $l$ と点 $A$ に対して，$l$ と垂直な平面 $\varepsilon \ni A$ がただ1つ存在する．

## 4.2　内積，ユークリッドベクトル空間

以後この章では，空間 $S$ は前節で考察された3次元ユークリッド空間として，第3章で考察された $S$ の幾何ベクトルおよびその全体のつくるベクトル空間 $\boldsymbol{V}$ をさらに調べよう．

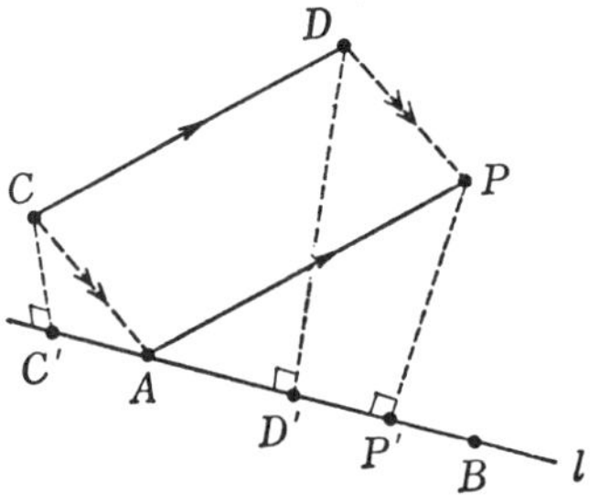


空間 $S$ の有向線分 $\overrightarrow{AB}, \overrightarrow{CD}$ が与えられたとき，$A, B$ をとおる直線 $l$ 上への点 $C, D$ の正射影(補題 4.2 参照)を $C', D'$ として，(4.1) の距離 $d$ を用いて次の (4.5) で定義される実数は $\overrightarrow{AB}, \overrightarrow{CD}$ の**内積**とよばれる．

$$(4.5) \qquad (\overrightarrow{AB}, \overrightarrow{CD}) = \begin{cases} d(A,B)\,d(C',D') & (C' \leqq D' \text{ のとき}), \\ -d(A,B)\,d(C',D') & (D' \leqq C' \text{ のとき}), \end{cases}$$

ここに $<$ は $l$ 上の定理 2.23 の全順序で $A \leqq B$ をみたすもの．

このとき，(2.7) の同等 $\equiv$ について，

$$\overrightarrow{CD} \equiv \overrightarrow{C_1D_1} \Rightarrow (\overrightarrow{AB}, \overrightarrow{CD}) = (\overrightarrow{AB}, \overrightarrow{C_1D_1}),$$

が成り立つことは，定理 4.11 より $\overrightarrow{C'D'} \equiv \overrightarrow{C_1'D_1'}$ となるから，定理 4.6 (i) と定理 2.25 の (2.14), (2.15) よりただちにわかる．とくに $\overrightarrow{CD} \equiv \overrightarrow{AP}$ ととれば，(4.5) と (4.4) の定義より $(\overrightarrow{AB}, \overrightarrow{CD})$ は

$$(\overrightarrow{AB}, \overrightarrow{AP}) = c(A, B, P)\,d(A, B)\,d(A, P)$$

に等しい．さらに $\overrightarrow{AB} \equiv \overrightarrow{A_1B_1}, \overrightarrow{AP} \equiv \overrightarrow{A_1P_1}$ ならば，定理 4.7(ii)，4.6(ii) より上式は $(\overrightarrow{A_1B_1}, \overrightarrow{A_1P_1})$ に等しい．従って上に述べたことと $\equiv$ が同値関係であることから，

$$\overrightarrow{AB} \equiv \overrightarrow{A_1B_1},\ \overrightarrow{CD} \equiv \overrightarrow{C_1D_1} \Rightarrow (\overrightarrow{AB}, \overrightarrow{CD}) = (\overrightarrow{A_1B_1}, \overrightarrow{C_1D_1})$$

であることがわかる．

以上のことから，有向線分の $\equiv$ による同値類である空間の幾何ベクトルの内積が次のように定義できる．

空間の幾何ベクトル $\boldsymbol{a}, \boldsymbol{b} \in \boldsymbol{V}$ が与えられたとき，$\boldsymbol{a} = \overrightarrow{OA}, \boldsymbol{b} = \overrightarrow{OB}$ として，(4.1) の距離 $d$ および (4.4) の実数 $c(O, A, B)$ により，

(4.6) $$(\boldsymbol{a}, \boldsymbol{b}) = c(O, A, B)\,d(O, A)\,d(O, B) \in \boldsymbol{R}$$

で与えられる $(\boldsymbol{a}, \boldsymbol{b})$[1] を幾何ベクトル $\boldsymbol{a}$, $\boldsymbol{b}$ の**内積**または**スカラー積**とよぶ．内積をあわせ考えるとき，ベクトル空間 $\boldsymbol{V}$ を**ユークリッドベクトル空間**とよぶ．

次の定理は内積の基本的な性質である．

**定理 4.12** (i) $\boldsymbol{a} = \overrightarrow{OA}$ ならば $(\boldsymbol{a}, \boldsymbol{a}) = d(O, A)^2$.

(ii) $$(\boldsymbol{a}, \boldsymbol{b}) = 0 \qquad (\boldsymbol{a} = \overrightarrow{OA}, \boldsymbol{b} = \overrightarrow{OB})$$

となるのは，$\boldsymbol{a}, \boldsymbol{b}$ の少なくとも一方が $\boldsymbol{o}$ であるか，ともに $\boldsymbol{o}$ ではなく $l(O, A) \perp l(O, B)$ のとき，そしてそのときに限る．

(iii) 任意の $\boldsymbol{a}, \boldsymbol{b}, \boldsymbol{c} \in \boldsymbol{V}$, $x, y \in \boldsymbol{R}$ に対し，

(4.7) $$\begin{cases} (x\boldsymbol{a} + y\boldsymbol{b}, \boldsymbol{c}) = x(\boldsymbol{a}, \boldsymbol{c}) + y(\boldsymbol{b}, \boldsymbol{c}), \\ (\boldsymbol{c}, x\boldsymbol{a} + y\boldsymbol{b}) = x(\boldsymbol{c}, \boldsymbol{a}) + y(\boldsymbol{c}, \boldsymbol{b}), \end{cases}$$ **(双線形性)**

ここに左辺はベクトルの和・スカラー倍．

(4.8) $$(\boldsymbol{a}, \boldsymbol{b}) = (\boldsymbol{b}, \boldsymbol{a}).$$ **(対称性)**

(4.9) $$(\boldsymbol{a}, \boldsymbol{a}) \geqq 0\ ; \qquad (\boldsymbol{a}, \boldsymbol{a}) = 0 \Longleftrightarrow \boldsymbol{a} = \boldsymbol{o}.$$ **(正値性)**[2]

**証明** (i)，(ii) 定義より明らか．

---

1) 記号 $\boldsymbol{ab}$ で書き表わされることも多い．

2) '正値' は '正の定符号' とよばれることも多い．

(iii) (4.9) は（i）と (4.1) の後半より明らか. (4.8) は定理 4.3(ii) である. また幾何ベクトルのスカラー倍の定義 (3.5)′ と補題 4.1 よりただちに

$$(x\boldsymbol{a}, \boldsymbol{c}) = x(\boldsymbol{a}, \boldsymbol{c})$$

がわかるから, (4.7) を示すには次式を示せばよい.

$$(\boldsymbol{c}, \boldsymbol{a}+\boldsymbol{b}) = (\boldsymbol{c}, \boldsymbol{a}) + (\boldsymbol{c}, \boldsymbol{b}).$$

(4.5) における図は $\boldsymbol{c}=\overrightarrow{AB}, \boldsymbol{a}=\overrightarrow{AC}, \boldsymbol{b}=\overrightarrow{AP}$ であるとすれば, 幾何ベクトルの和の定義 (3.2) より $\boldsymbol{a}+\boldsymbol{b}=\overrightarrow{AD}$ で, 定理 4.11 より $\overrightarrow{AC'} \equiv \overrightarrow{P'D'}$ だから補題 4.1, 定理 2.25 の (2.14), (2.15) と (4.4) よりただちに求める上式がわかる. (証終)

上の定理の（i）の $(\boldsymbol{a}, \boldsymbol{a})$ は簡単のため $\boldsymbol{a}^2$ と書き表わされる. その平方根

$$(4.10) \qquad |\boldsymbol{a}| = (\boldsymbol{a}, \boldsymbol{a})^{1/2} = d(O, A) \geqq 0 \qquad (\boldsymbol{a}=\overrightarrow{OA} \in \boldsymbol{V})$$

は幾何ベクトル $\boldsymbol{a}$ の長さまたは**ノルム**(norm)とよばれる.

**定理 4.13** （i） $|\boldsymbol{a}|=0 \Longleftrightarrow \boldsymbol{a}=\boldsymbol{o}.$

（ii） $|x\boldsymbol{a}| = |x||\boldsymbol{a}| \qquad (\boldsymbol{a} \in \boldsymbol{V}, x \in \boldsymbol{R}).$

（iii） $|(\boldsymbol{a}, \boldsymbol{b})| \leqq |\boldsymbol{a}||\boldsymbol{b}| \qquad (\boldsymbol{a}, \boldsymbol{b} \in \boldsymbol{V})$

であり, $\boldsymbol{a}, \boldsymbol{b}$ が線形従属のとき, そしてそのときに限り, 等号が成り立つ.

（iv） $|\boldsymbol{a}+\boldsymbol{b}| \leqq |\boldsymbol{a}| + |\boldsymbol{b}| \qquad (\boldsymbol{a}, \boldsymbol{b} \in \boldsymbol{V}).$ **（三角不等式）**

**証明** （i),（ii） (4.10) と (4.9), (4.7) より明らか.

(iii) 任意の実数 $x, y$ に対し, (4.7)〜(4.10) より

$$x^2\boldsymbol{a}^2 + 2xy(\boldsymbol{a}, \boldsymbol{b}) + y^2\boldsymbol{b}^2 = (x\boldsymbol{a}+y\boldsymbol{b})^2 \geqq 0.$$

従って, この左辺の 2 次式の判別式 $(\boldsymbol{a}, \boldsymbol{b})^2 - \boldsymbol{a}^2\boldsymbol{b}^2$ は正ではなく, 求める不等式がえられる. またこの判別式が 0 となるのは同時には 0 でない $x, y \in \boldsymbol{R}$ に対し $x\boldsymbol{a}+y\boldsymbol{b}=\boldsymbol{o}$ となるとき, すなわち定理 3.11(ii) より $\boldsymbol{a}, \boldsymbol{b}$ が従属のとき, である.

(iv) $x=y=1$ とおいた上式と (iii) より $(\boldsymbol{a}+\boldsymbol{b})^2 \leqq (|\boldsymbol{a}|+|\boldsymbol{b}|)^2$, 従って (iv) がわかる. (証終)

**例題 1** (**余弦定理**) $d(O,A)=a,\ d(O,B)=b$ ならば,

$$d(A,B)^2=a^2+b^2-2ab\cos(\angle AOB).$$

[解] $\boldsymbol{a}=\overrightarrow{OA},\ \boldsymbol{b}=\overrightarrow{OB}$ とおけば, $\overrightarrow{BA}=\boldsymbol{a}-\boldsymbol{b}$ であり, (4.10), (4.6)〜(4.8) より $d(A,B)^2=(\boldsymbol{a}-\boldsymbol{b})^2=\boldsymbol{a}^2+\boldsymbol{b}^2-2(\boldsymbol{a},\boldsymbol{b})=a^2+b^2-2c(O,A,B)ab.$

(以上)

$\boldsymbol{o}$ でないベクトル $\boldsymbol{a}\in\boldsymbol{V}$ に対し, 上の定理の (ii) より, そのスカラー倍

$$\boldsymbol{a}/|\boldsymbol{a}|=(1/|\boldsymbol{a}|)\boldsymbol{a}\in\boldsymbol{V}$$

の長さは1である. このように長さが1のベクトルを**単位ベクトル**とよぶ.

また定理 4.12 (ii) のとき, ベクトル $\boldsymbol{a},\boldsymbol{b}$ は**垂直**であるといい, 記号

$$\boldsymbol{a}\perp\boldsymbol{b}\Longleftrightarrow(\boldsymbol{a},\boldsymbol{b})=0\qquad(\boldsymbol{a},\boldsymbol{b}\in\boldsymbol{V}) \tag{4.11}$$

で書き表わす.

いま, 系 4.10 より空間の1点 $O$ と3直線 $l_i$, 3点 $E_i\in l_i$ $(i=1,2,3)$ で,

$$l_i\perp l_j,\ \ l_i\cap l_j=\{O\}\ \ (i\neq j),\qquad d(O,E_i)=1,$$

をみたすものをとる. ($O$ と異なる点 $A_i\in l_i$ に対し $d(O,A_i)\overrightarrow{OE_i}=\overrightarrow{OA_i}$ となる点 $E_i$ が補題 4.1 より求める点である.) このとき, 定理 3.14 (iii) より

$$\boldsymbol{e}_i=\overrightarrow{OE_i}\in\boldsymbol{V}\qquad(i=1,2,3)$$

は独立で, ベクトル空間 $\boldsymbol{V}$ の基底である. さらに定理 4.12 (ii) と定義より

$$\boldsymbol{e}_i\perp\boldsymbol{e}_j\quad(i\neq j),\qquad|\boldsymbol{e}_i|=1. \tag{4.12}$$

このように, 互いに垂直な単位ベクトルからなる基底 $\boldsymbol{e}_1,\boldsymbol{e}_2,\boldsymbol{e}_3$ をユークリッドベクトル空間 $\boldsymbol{V}$ の**正規直交基底**とよぶ. また $O$ を原点, $E_1, E_2, E_3$ を単位点とする定理 2.29 の座標をユークリッド空間 $S$ の**直交座標**とよび, $(O;E_1,E_2,E_3)$ をその**直交座標系**とよぶ.

**定理 4.14** (i) ユークリッドベクトル空間 $\boldsymbol{V}$ において, $\boldsymbol{e}_1,\boldsymbol{e}_2,\boldsymbol{e}_3\in\boldsymbol{V}$ が正規直交基底であるためには, 内積に関する次式が必要十分である.

$$(\boldsymbol{e}_i,\boldsymbol{e}_j)=\delta_{ij}=\begin{cases}1 & (i=j),\\ 0 & (i\neq j),\end{cases}\qquad(i,j=1,2,3). \tag{4.13}$$

この $\delta_{ij}$ は**クロネッカー**(Kronecker)**の記号**とよばれている.

(ii) $\boldsymbol{V}$ の正規直交基底 $\boldsymbol{e}_1,\boldsymbol{e}_2,\boldsymbol{e}_3$ が存在する. このとき, 定理 3.17 より,

任意の $\boldsymbol{a}\in\boldsymbol{V}$ は一意的に

$$\boldsymbol{a}=a_1\boldsymbol{e}_1+a_2\boldsymbol{e}_2+a_3\boldsymbol{e}_3 \qquad (a_1, a_2, a_3\in\boldsymbol{R})$$

と書き表わされるが，その成分 $a_i$ および長さ $|\boldsymbol{a}|$ は

$$(4.14) \qquad a_i=(\boldsymbol{a}, \boldsymbol{e}_i) \quad (i=1,2,3), \qquad |\boldsymbol{a}|=(a_1{}^2+a_2{}^2+a_3{}^2)^{1/2},$$

となる．さらに $\boldsymbol{b}=b_1\boldsymbol{e}_1+b_2\boldsymbol{e}_2+b_3\boldsymbol{e}_3\in\boldsymbol{V}$ ならば

$$(4.15) \qquad (\boldsymbol{a}, \boldsymbol{b})=a_1b_1+a_2b_2+a_3b_3$$[1].

**証明** （i） (4.10), (4.11) の定義より (4.12) は (4.13) と同値である．(4.13) のとき $\boldsymbol{e}_1, \boldsymbol{e}_2, \boldsymbol{e}_3$ が独立であることは上で示されているが，次のように示してもよい．線形結合 $\boldsymbol{a}=a_1\boldsymbol{e}_1+a_2\boldsymbol{e}_2+a_3\boldsymbol{e}_3 (a_i\in\boldsymbol{R})$ と $\boldsymbol{e}_i$ の内積 $(\boldsymbol{a}, \boldsymbol{e}_i)$ は (4.7) と (4.13) より $a_i$ に等しいことがわかるから，$\boldsymbol{a}=\boldsymbol{o}$ ならば定理 4.12 (ii) より $a_i=0$ $(i=1,2,3)$．従って定理 3.11 (i) より $\boldsymbol{e}_1, \boldsymbol{e}_2, \boldsymbol{e}_3$ は独立である．

（ii） 存在は定理の前で見られた．(4.14) の第 1 式は上の証明で示されており，第 2 式は (4.15) の特別な場合であり，(4.15) は (4.7) を用いて展開して (4.13) より容易にわかる． （証終）

**系 4.15** $\boldsymbol{e}_1, \boldsymbol{e}_2, \boldsymbol{e}_3$ を $\boldsymbol{V}$ の正規直交基底とする．

$$\text{(i)} \qquad \boldsymbol{e}_j'=\sum_{i=1}^{3} l_{ji}\boldsymbol{e}_i \qquad (j=1,2,3)$$

がまた $\boldsymbol{V}$ の正規直交基底であるためには，次式が必要十分である．

$$\sum_{i=1}^{3} l_{ji}l_{ki}=\delta_{jk} \qquad (j, k=1,2,3).$$

（ii） $\boldsymbol{e}_1, \boldsymbol{e}_2, \boldsymbol{e}_3'$ がまた $\boldsymbol{V}$ の正規直交基底であるためには，$\boldsymbol{e}_3'=\pm\boldsymbol{e}_3$ が必要十分である．

**証明** （i） 上の定理の（i）と (4.15) よりただちにえられる．

（ii） その特別な $\boldsymbol{e}_1'=\boldsymbol{e}_1$，$\boldsymbol{e}_2'=\boldsymbol{e}_2$ のとき，上式は $l_{31}=l_{32}=0$, $l_{33}{}^2=1$ となり，（ii）がわかる． （証終）

内積の簡単な応用として，ユークリッド空間 $S$ の直交座標が定められているとし，§ 3.5 におけるように方程式で表わされた直線，平面の垂直性等につい

---

1） 前章の § 3.5 において (3.25) で形式的に定義される実数を内積とよんだのは，この式と形式的に一致しているからである．

て，以下の例題で調べよう．そこにおけるように，空間の点とその位置ベクトルおよび座標または成分を書き表わすこととする．

**例題 2** 任意の直線は $t\in\boldsymbol{R}$ を助変数として，方程式

(4.16) $$\boldsymbol{x}=\boldsymbol{a}+t\boldsymbol{u},\quad |\boldsymbol{u}|=1,\quad (\boldsymbol{a},\boldsymbol{u}\in\boldsymbol{V}),$$

で表わされる．このとき，$\boldsymbol{u}$ の成分 $(u_1, u_2, u_3)$ はこの直線の**方向余弦**とよばれる．

［解］ 定理 3.27 より，方程式 $\boldsymbol{x}=\boldsymbol{a}+t(\boldsymbol{b}-\boldsymbol{a})\,(\boldsymbol{a}\neq\boldsymbol{b})$ で表わされるから，$\boldsymbol{u}=(\boldsymbol{b}-\boldsymbol{a})/|\boldsymbol{b}-\boldsymbol{a}|$ とおけばよい． （証終）

**例題 3** (4.16) で表わされる直線 $l$ と

$$\boldsymbol{x}=\boldsymbol{b}+t\boldsymbol{v},\quad |\boldsymbol{v}|=1,$$

で表わされる直線 $l'$ に対し，

$$l/\!/l' \Longleftrightarrow \boldsymbol{u}=\pm\boldsymbol{v}\,;\qquad l\perp l' \Longleftrightarrow (\boldsymbol{u},\boldsymbol{v})=0.$$

ここに $l\perp l'$ はひろげられた意味での**垂直**，すなわち(4.2)の意味で $l\perp l''$ となる $l'$ の平行線 $l''$ が存在すること，である．

［解］ 定理 3.27 の証明より，$l/\!/l'$ は $(\boldsymbol{b}+\boldsymbol{v})+(\boldsymbol{a}-\boldsymbol{b})=\boldsymbol{a}+t\boldsymbol{u}$，すなわち $\boldsymbol{v}=t\boldsymbol{u}$，となる $t\in\boldsymbol{R}$ が存在することと同値であり，$|\boldsymbol{u}|=|\boldsymbol{v}|=1$ だから求める $\boldsymbol{u}=\pm\boldsymbol{v}$ と同値である．後半は同様に定理 4.12(ii) よりわかる．

（以上）

**例題 4** 任意の平面は

(4.17) $$(\boldsymbol{p},\boldsymbol{x})=p,\ |\boldsymbol{p}|=1,\ p\geqq 0,\quad (\boldsymbol{p}\in\boldsymbol{V}, p\in\boldsymbol{R})$$

で表わされる．この平面 $\varepsilon$ と (4.16) で表わされる直線 $l$ に対して，

$$l\perp\varepsilon \Longleftrightarrow \boldsymbol{u}=\pm\boldsymbol{p}\,;\qquad l/\!/\varepsilon \Longleftrightarrow (\boldsymbol{p},\boldsymbol{u})=0.$$

(4.17) は平面の**ヘッセ**(Hesse)**の標準形**とよばれ，$p=d(O, C)$ ($C$ は原点 $O$ のこの平面上への正射影)．

［解］ (4.17) は (3.26) よりただちにえられる．$l/\!/\varepsilon$ は，$l\cap\varepsilon=\phi$ または $l\subset\varepsilon$，すなわちすべての $t\in\boldsymbol{R}$ に対し

$$(\boldsymbol{p},\boldsymbol{a})+t(\boldsymbol{p},\boldsymbol{u})=(\boldsymbol{p},\boldsymbol{a}+t\boldsymbol{u})\neq p\quad \text{または}\quad =p,$$

すなわち $(\boldsymbol{p},\boldsymbol{u})=0$， と同値であり， 後半が示された．これと定理 4.9( i )

および上の例題の後半より，$l \perp \varepsilon$ は，

$$(\boldsymbol{p}, \boldsymbol{u}_1) = (\boldsymbol{p}, \boldsymbol{u}_2) = (\boldsymbol{u}_1, \boldsymbol{u}_2) = 0, \qquad |\boldsymbol{u}_1| = |\boldsymbol{u}_2| = 1,$$

をみたすある $\boldsymbol{u}_1, \boldsymbol{u}_2$ に対して $(\boldsymbol{u}, \boldsymbol{u}_1) = (\boldsymbol{u}, \boldsymbol{u}_2) = 0$ であることと同値である．これは系 4.15(ii) より求める $\boldsymbol{u} = \pm\boldsymbol{p}$ と同値であり，前の同値がわかった．このことから，$O$ から $\varepsilon$ への垂線は $\boldsymbol{x} = t\boldsymbol{p}$ で表わされることがわかり，点 $C$ はこれと (4.17) を連立させて $\boldsymbol{c} = p\boldsymbol{p}$ となり，$p = |\boldsymbol{c}| = d(O, C)$ がえられる．(以上)

**例題 5** (4.17) で表わされる平面 $\varepsilon$ と

$$(\boldsymbol{q}, \boldsymbol{x}) = q, \qquad |q| = 1, \qquad q \geqq 0,$$

で表わされる平面 $\varepsilon'$ に対し，

$$\varepsilon /\!/ \varepsilon' \Longleftrightarrow \boldsymbol{p} = \pm\boldsymbol{q}\ ; \qquad \varepsilon \perp \varepsilon' \Longleftrightarrow (\boldsymbol{p}, \boldsymbol{q}) = 0.$$

ここに $\varepsilon \perp \varepsilon'$ は，$\varepsilon, \varepsilon'$ が1直線で交わり，その交線と垂直な直線 $l \subset \varepsilon$, $l' \subset \varepsilon'$ が垂直であるときで，このとき2平面 $\varepsilon, \varepsilon'$ は垂直であるという．

［解］ 前の同値は定理 3.30 よりただちにえられる．$\varepsilon \perp \varepsilon'$ は定理 4.9(i) と (4.2)(iii) より $l \perp \varepsilon'$ である直線 $l \subset \varepsilon$ が存在することと同値であり，上の例題より後の同値がわかる．(以上)

**例題 6** (i) 異なる2点 $A, B$ から等距離にある点 $X$ の全体は1次方程式

$$2(\boldsymbol{b} - \boldsymbol{a}, \boldsymbol{x}) = \boldsymbol{b}^2 - \boldsymbol{a}^2$$

で表わされる平面と一致する．

(ii) 1平面上にない4点 $A, B, C, D$ から等距離にある点がただ1つ存在する．

［解］ (i) $d(A, X) = d(B, X)$ は (4.10), (4.7), (4.8) より求める式となる．(ii) (i) より連立方程式 $2(\boldsymbol{b} - \boldsymbol{a}, \boldsymbol{x}) = \boldsymbol{b}^2 - \boldsymbol{a}^2$, $2(\boldsymbol{c} - \boldsymbol{a}, \boldsymbol{x}) = \boldsymbol{c}^2 - \boldsymbol{a}^2$, $2(\boldsymbol{d} - \boldsymbol{a}, \boldsymbol{x}) = \boldsymbol{d}^2 - \boldsymbol{a}^2$ がただ1つの解をもつことを示せばよいが，それは仮定と § 3.5 例題7よりただちにわかる．(以上)

**問 1** 定理 4.13(iii) の三角不等式において，等号 $|\boldsymbol{a} + \boldsymbol{b}| = |\boldsymbol{a}| + |\boldsymbol{b}|$ が成り立つのはどんな場合か．

**問 2** $\boldsymbol{V}$ のベクトル $\boldsymbol{a}_1 (\neq \boldsymbol{o})$ に対し，$\{\boldsymbol{a} \in \boldsymbol{V} | \boldsymbol{a} \perp \boldsymbol{a}_1\}$ は $\boldsymbol{V}$ の2次元線形部分空間である．また独立なベクトル $\boldsymbol{a}_1, \boldsymbol{a}_2$ に対し，$\{\boldsymbol{a} \in \boldsymbol{V} | \boldsymbol{a} \perp \boldsymbol{a}_1, \boldsymbol{a} \perp \boldsymbol{a}_2\}$ は $\boldsymbol{V}$ の1次元線形部

分空間である．

**問 3**　空間の点 $B$ と (4.16) で表わされる直線 $l$ の最短距離($B$ とその $l$ 上への正射影 $B'$ の距離)は $((\boldsymbol{b}-\boldsymbol{a})^2-(\boldsymbol{b}-\boldsymbol{a},\boldsymbol{u})^2)^{1/2}$ で与えられる．

**問 4**　点 $B$ と (4.17) で表わされる平面 $\varepsilon$ の最短距離($B$ とその $\varepsilon$ 上への正射影 $B'$ の距離)は $|(\boldsymbol{p},\boldsymbol{b})-p|$ で与えられる．

## 4.3 外　　積

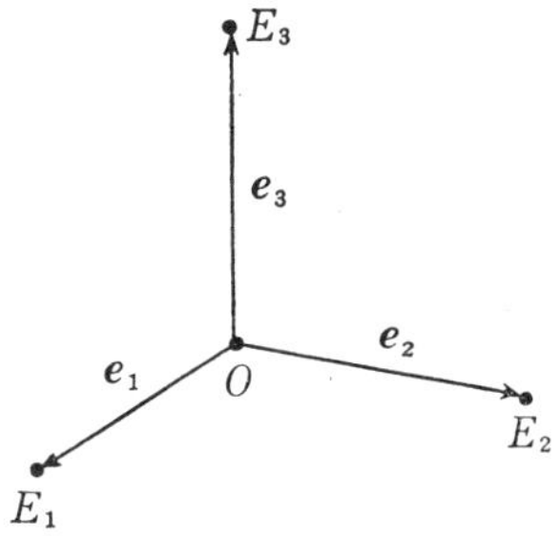


ユークリッドベクトル空間 $\boldsymbol{V}$ の正規直交基底

$$\boldsymbol{e}_i=\overrightarrow{OE_i} \qquad (i=1,2,3)$$

は，右図のようにベクトル $\overrightarrow{OE_1}, \overrightarrow{OE_2}, \overrightarrow{OE_3}$ が開いた右手のそれぞれ親指，人指し指，中指でつくることのできる向きのとき，**右手系**をなすといい，そうでないとき**左手系**をなすという．

**補題 4.16**　(i)　$\boldsymbol{e}_1,\boldsymbol{e}_2,\boldsymbol{e}_3$ が右手系ならば，$\boldsymbol{e}_2,\boldsymbol{e}_3,\boldsymbol{e}_1$ および $\boldsymbol{e}_2,\boldsymbol{e}_1,-\boldsymbol{e}_3$ もそうであり，また $\boldsymbol{e}_1,\boldsymbol{e}_2,-\boldsymbol{e}_3$ および $\boldsymbol{e}_2,\boldsymbol{e}_1,\boldsymbol{e}_3$ は左手系である．

(ii)　垂直な単位ベクトル $\boldsymbol{e}_1,\boldsymbol{e}_2$ に対して，正規直交基底 $\boldsymbol{e}_1,\boldsymbol{e}_2,\boldsymbol{e}_3$ が右手系をなすような第3のベクトル $\boldsymbol{e}_3$ は一意に定まる．

**証明**　(i)　明らか．(ii) $\boldsymbol{e}_1,\boldsymbol{e}_2$ と正規直交基底をつくる第 3 のベクトルは，系 4.15(ii) より $\boldsymbol{e}_3$ または $-\boldsymbol{e}_3$ であり，$\boldsymbol{e}_1,\boldsymbol{e}_2,\boldsymbol{e}_3$ または $\boldsymbol{e}_1,\boldsymbol{e}_2,-\boldsymbol{e}_3$ の一方が右手系で他方が左手系である．　(証終)

幾何ベクトルの**外積**または**ベクトル積**

$$[\boldsymbol{a},\boldsymbol{b}]^{1)}\in\boldsymbol{V} \qquad (\boldsymbol{a},\boldsymbol{b}\in\boldsymbol{V})$$

は，次の性質 (4.18), (4.19) によって定義される．

(4.18) 正規直交基底 $\boldsymbol{e}_1,\boldsymbol{e}_2,\boldsymbol{e}_3$ が右手系ならば

$$[\boldsymbol{e}_1,\boldsymbol{e}_2]=\boldsymbol{e}_3, \qquad [\boldsymbol{e}_1,\boldsymbol{e}_1]=\boldsymbol{o}.$$

(4.19) 任意の $\boldsymbol{a},\boldsymbol{b},\boldsymbol{c}\in\boldsymbol{V}$，$x,y\in\boldsymbol{R}$ に対し

$$[x\boldsymbol{a}+y\boldsymbol{b},\boldsymbol{c}]=x[\boldsymbol{a},\boldsymbol{c}]+y[\boldsymbol{b},\boldsymbol{c}],$$
$$[\boldsymbol{c},x\boldsymbol{a}+y\boldsymbol{b}]=x[\boldsymbol{c},\boldsymbol{a}]+y[\boldsymbol{c},\boldsymbol{b}]. \qquad \text{(双線形性)}$$

1)　記号 $[\boldsymbol{a},\boldsymbol{b}]$ のかわりに，$\boldsymbol{a}\times\boldsymbol{b}$ または $\boldsymbol{a}\wedge\boldsymbol{b}$ と書き表わされることも多い．

(4.18) の第1式と上の補題の (ii) より $[\boldsymbol{e}_1, \boldsymbol{e}_2]$ が定まり，さらに次の定理の (i) のように $[\boldsymbol{a}, \boldsymbol{b}]$ が定まる.

**定理 4.17** (i) (4.18) において，$\boldsymbol{a}=\sum_{i=1}^{3} a_i\boldsymbol{e}_i$, $\boldsymbol{b}=\sum_{i=1}^{3} b_i\boldsymbol{e}_i$ に対し

$$[\boldsymbol{a}, \boldsymbol{b}]=(a_2b_3-a_3b_2)\boldsymbol{e}_1+(a_3b_1-a_1b_3)\boldsymbol{e}_2+(a_1b_2-a_2b_1)\boldsymbol{e}_3.$$

(ii) 任意の $\boldsymbol{a}, \boldsymbol{b}\in \boldsymbol{V}$ に対し

(4.20) $$[\boldsymbol{a}, \boldsymbol{b}]\perp \boldsymbol{a}, \qquad [\boldsymbol{a}, \boldsymbol{b}]\perp \boldsymbol{b}.$$

(4.21) $$[\boldsymbol{b}, \boldsymbol{a}]=-[\boldsymbol{a}, \boldsymbol{b}], \qquad [\boldsymbol{a}, \boldsymbol{a}]=\boldsymbol{o}.$$ (交代性)

**証明** (i) (4.18) と上の補題の (i) より，(4.18) においてさらに

$$[\boldsymbol{e}_1, \boldsymbol{e}_2]=-[\boldsymbol{e}_2, \boldsymbol{e}_1]=\boldsymbol{e}_3, \qquad [\boldsymbol{e}_2, \boldsymbol{e}_3]=-[\boldsymbol{e}_3, \boldsymbol{e}_2]=\boldsymbol{e}_1,$$

$$[\boldsymbol{e}_3, \boldsymbol{e}_1]=-[\boldsymbol{e}_1, \boldsymbol{e}_3]=\boldsymbol{e}_2, \qquad [\boldsymbol{e}_i, \boldsymbol{e}_i]=\boldsymbol{o} \quad (i=1, 2, 3),$$

が成り立つ．また (4.19) の双線形性より

$$[\boldsymbol{a}, \boldsymbol{b}]=\sum_{i=1}^{3}\sum_{j=1}^{3} a_ib_j[\boldsymbol{e}_i, \boldsymbol{e}_j]$$

となるから，上の $[\boldsymbol{e}_i, \boldsymbol{e}_j]$ の等式を代入して整理すれば，容易に求める等式がえられる.

(ii) (i) と (4.15) より

$$(\boldsymbol{a}, [\boldsymbol{a}, \boldsymbol{b}])=a_1(a_2b_3-a_3b_2)+a_2(a_3b_1-a_1b_3)$$
$$+a_3(a_1b_2-a_2b_1)=0$$

であり，同様に $(\boldsymbol{b}, [\boldsymbol{a}, \boldsymbol{b}])=0$ で，(4.20) がわかる．(4.21) は (i) より明らか.
(証終)

**系 4.18** (i) $\boldsymbol{a}$, $\boldsymbol{b}$ が線形従属ならば $[\boldsymbol{a}, \boldsymbol{b}]=\boldsymbol{o}$.

(ii) $\boldsymbol{a}=\overrightarrow{OA}$, $\boldsymbol{b}=\overrightarrow{OB}$ が独立ならば，$B$ の直線 $l(O, A)$ 上への正射影を $B'$ として $\boldsymbol{b}'=\overrightarrow{B'B}$ とおくとき，

$$\boldsymbol{a}/|\boldsymbol{a}|, \ \boldsymbol{b}'/|\boldsymbol{b}'|, \ [\boldsymbol{a}, \boldsymbol{b}]/|[\boldsymbol{a}, \boldsymbol{b}]|$$

は右手系をなす正規直交基底で，さらに $[\boldsymbol{a}, \boldsymbol{b}]$ の長さは $\triangle OAB$ の面積の2倍に等しい.

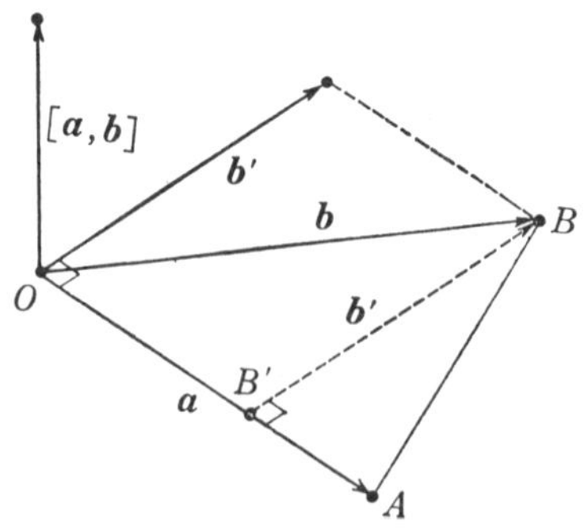

$$|[\boldsymbol{a},\boldsymbol{b}]|=|\boldsymbol{a}||\boldsymbol{b}'|=(\boldsymbol{a}^2\boldsymbol{b}^2-(\boldsymbol{a},\boldsymbol{b})^2)^{1/2}.$$

**証明**　(i)　(4.21) の第2式と双線形性より明らか.

(ii)　$\boldsymbol{b}'-\boldsymbol{b}=\overrightarrow{OB'}\in\boldsymbol{L}(\boldsymbol{a})$ だから, (i)と双線形性より $[\boldsymbol{a},\boldsymbol{b}]=[\boldsymbol{a},\boldsymbol{b}']$ であり, 定理 4.12(ii) より $\boldsymbol{a}\perp\boldsymbol{b}'$. 従って (4.18), (4.19) の定義より最後の等号を除いて求める結果がわかる. 最後の等号は, 定理 4.4, (4.4) と (4.6) より

$$\boldsymbol{a}^2\boldsymbol{b}'^2=\boldsymbol{a}^2\boldsymbol{b}^2-\boldsymbol{a}^2d(O,B')^2=\boldsymbol{a}^2\boldsymbol{b}^2-(\boldsymbol{a},\boldsymbol{b})^2.$$
(証終)

**例題 1**　外積について, 結合性 $[\boldsymbol{a},[\boldsymbol{b},\boldsymbol{c}]]=[[\boldsymbol{a},\boldsymbol{b}],\boldsymbol{c}]$ は必ずしも成り立たず, 次が成り立つ.

(i)　$[\boldsymbol{a},[\boldsymbol{b},\boldsymbol{c}]]=(\boldsymbol{a},\boldsymbol{c})\boldsymbol{b}-(\boldsymbol{a},\boldsymbol{b})\boldsymbol{c}.$

(ii)　$[\boldsymbol{a},[\boldsymbol{b},\boldsymbol{c}]]+[\boldsymbol{b},[\boldsymbol{c},\boldsymbol{a}]]+[\boldsymbol{c},[\boldsymbol{a},\boldsymbol{b}]]=\boldsymbol{o}.$

**(ヤコビ(Jacobi)の等式)**

[解]　定理 4.17(i) の証明の等式より, $[\boldsymbol{e}_1,[\boldsymbol{e}_2,\boldsymbol{e}_2]]=\boldsymbol{o}$, $[[\boldsymbol{e}_1,\boldsymbol{e}_2],\boldsymbol{e}_2]=[\boldsymbol{e}_3,\boldsymbol{e}_2]=-\boldsymbol{e}_1$ だから, 前半がわかる. (ii) は (i) より容易に示される. 定理 4.17(i) の等式により $\boldsymbol{e}_1,\boldsymbol{e}_2,\boldsymbol{e}_3$ の線形結合で書き表わして (4.15) を用いるとき, $[\boldsymbol{a},[\boldsymbol{b},\boldsymbol{c}]]$ の $\boldsymbol{e}_1$ の係数は

$$a_2(b_1c_2-b_2c_1)-a_3(b_3c_1-b_1c_3)=(\boldsymbol{a},\boldsymbol{c})b_1-(\boldsymbol{a},\boldsymbol{b})c_1$$

となり, 同様に $\boldsymbol{e}_i$ $(i=2,3)$ の係数は $(\boldsymbol{a},\boldsymbol{c})b_i-(\boldsymbol{a},\boldsymbol{b})c_i$ となるから, (i)がわかる.　(以上)

**例題 2**　$(\boldsymbol{a},[\boldsymbol{b},\boldsymbol{c}])=(\boldsymbol{b},[\boldsymbol{c},\boldsymbol{a}])=(\boldsymbol{c},[\boldsymbol{a},\boldsymbol{b}]).$

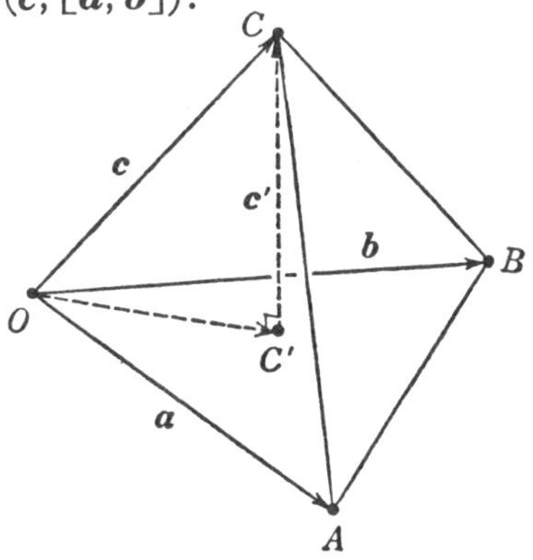


これは $\boldsymbol{a},\boldsymbol{b},\boldsymbol{c}$ が従属ならば0である. $\boldsymbol{a}=\overrightarrow{OA}$, $\boldsymbol{b}=\overrightarrow{OB}$, $\boldsymbol{c}=\overrightarrow{OC}$ が独立ならば, この絶対値は四面体 $OABC$ の体積の6倍

$$2d(C,C')\times(\triangle OAB\ \text{の面積})$$

に等しい. ここに $C'$ は平面 $\varepsilon(O,A,B)$ 上への $C$ の正射影.

[解]　等式は定理 4.17 (i) の等式と

(4.15) より簡単な計算で確かめることができる．たとえば $\boldsymbol{c}$ が $\boldsymbol{a}, \boldsymbol{b}$ の線形結合ならば，(4.20) と (4.7) より $(\boldsymbol{c}, [\boldsymbol{a}, \boldsymbol{b}])=0$．$\boldsymbol{a}, \boldsymbol{b}, \boldsymbol{c}$ が独立のとき，$\overrightarrow{C'C}=\boldsymbol{c}'$ とおけば，$\boldsymbol{c}-\boldsymbol{c}'=\overrightarrow{OC'}\in L(\boldsymbol{a}, \boldsymbol{b})$ で，上のことから $(\boldsymbol{c}-\boldsymbol{c}', [\boldsymbol{a}, \boldsymbol{b}])=0$，すなわち

$$(\boldsymbol{c}, [\boldsymbol{a}, \boldsymbol{b}])=(\boldsymbol{c}', [\boldsymbol{a}, \boldsymbol{b}]).$$

$[\boldsymbol{a}, \boldsymbol{b}]=\overrightarrow{OP}$ とおけば，直線 $l(O, P)$ は(4.20)より平面 $\varepsilon(O, A, B)$ と垂直だから，$l(O, P)//l(C, C')$ で，内積の定義より上式の右辺の絶対値は $|\boldsymbol{c}'||[\boldsymbol{a}, \boldsymbol{b}]|$ に等しく，系 4.18(ii) より求める結果がわかる．　　　　(以上)

**問 1**　$[\boldsymbol{a}, \boldsymbol{b}]=\boldsymbol{o}$ となるのは，$\boldsymbol{a}, \boldsymbol{b}$ が従属のとき，そしてそのときに限る．

**問 2**　$|[\boldsymbol{a}, \boldsymbol{b}]|\leqq|\boldsymbol{a}||\boldsymbol{b}|$ であり，等号は $(\boldsymbol{a}, \boldsymbol{b})=0$ のとき，そしてそのときに限り成り立つ．

**問 3**　$$([\boldsymbol{a}, \boldsymbol{b}], [\boldsymbol{c}, \boldsymbol{d}])=(\boldsymbol{a}, \boldsymbol{c})(\boldsymbol{b}, \boldsymbol{d})-(\boldsymbol{a}, \boldsymbol{d})(\boldsymbol{b}, \boldsymbol{c}).$$

## 4.4　双線形形式，計量ベクトル空間

§4.2 においてユークリッドベクトル空間 $\boldsymbol{V}$ の内積が考察されたが，定理 3.19 および定理 4.14 の (4.15) より自然に，数ベクトル空間 $\boldsymbol{R}^3$ の次のような内積が考えられる．

**定理 4.19**　(i)　数ベクトル空間 $\boldsymbol{R}^3$ において，数ベクトル $\boldsymbol{a}=(a_1, a_2, a_3)$，$\boldsymbol{b}=(b_1, b_2, b_3)\in\boldsymbol{R}^3$ の内積を

$$(\boldsymbol{a}, \boldsymbol{b})=a_1b_1+a_2b_2+a_3b_3\in\boldsymbol{R},$$

と定義すれば，定理 3.19(i) の数ベクトルの和・スカラー倍とこの内積について，定理 4.12(iii) が $\boldsymbol{a}, \boldsymbol{b}, \boldsymbol{c}\in\boldsymbol{R}^3$ に対し成り立つ．

(ii)　ユークリッドベクトル空間 $\boldsymbol{V}$ の正規直交基底 $\boldsymbol{e}_1, \boldsymbol{e}_2, \boldsymbol{e}_3$ が与えられたとき，(3.17) の全単射

$$\varphi: \boldsymbol{R}^3 \rightleftarrows \boldsymbol{V}, \qquad \varphi(a_1, a_2, a_3)=a_1\boldsymbol{e}_1+a_2\boldsymbol{e}_2+a_3\boldsymbol{e}_3,$$

は，定理 3.19(ii) よりベクトルの和・スカラー倍をたもつが，さらにベクトルの内積をかえない．すなわち

$$(\varphi(\boldsymbol{a}), \varphi(\boldsymbol{b}))-(\boldsymbol{a}, \boldsymbol{b}), \qquad (\boldsymbol{a}, \boldsymbol{b}\subset\boldsymbol{R}^3),$$

ここに左辺は幾何ベクトルの (4.6) の内積で，右辺は (i) の数ベクトルの

内積.

**証明** （ii）の後半は（ｉ）の定義と（4.15）よりただちにえられる．（ｉ）は（ii）と $\boldsymbol{V}$ に対する定理 4.12(iii) より明らかであるが，直接に定義と実数の和・積の性質よりただちに示される． （証終）

従って，上の定理の（ｉ）の内積をあわせ考えた数ベクトル空間 $\boldsymbol{R}^3$ と正規直交基底の与えられたユークリッドベクトル空間 $\boldsymbol{V}$ を $\varphi$ によって代数的に同一視できるが，さらに一般な内積を考察しよう．

数ベクトル空間 $\boldsymbol{R}^3$ に対し，スカラー(実数)に値をもつ写像

$$g:\boldsymbol{R}^3\times\boldsymbol{R}^3\to\boldsymbol{R}$$

が，任意の $\boldsymbol{a},\boldsymbol{b},\boldsymbol{c}\in\boldsymbol{R}^3$，$x,y\in\boldsymbol{R}$ に対して

$$\begin{cases} g(x\boldsymbol{a}+y\boldsymbol{b},\boldsymbol{c})=xg(\boldsymbol{a},\boldsymbol{c})+yg(\boldsymbol{b},\boldsymbol{c}), \\ g(\boldsymbol{c},x\boldsymbol{a}+y\boldsymbol{b})=xg(\boldsymbol{c},\boldsymbol{a})+yg(\boldsymbol{c},\boldsymbol{b}), \end{cases} \tag{4.22}$$

をみたすとき，$g$ を $\boldsymbol{R}^3$ 上の**双線形形式**または**双 1 次形式**とよぶ．さらに

$$g(\boldsymbol{a},\boldsymbol{b})=g(\boldsymbol{b},\boldsymbol{a}) \qquad (\boldsymbol{a},\boldsymbol{b}\in\boldsymbol{R}^3) \tag{4.23}$$

が成り立つとき，$g$ は**対称**であるという．また

$$g(\boldsymbol{a},\boldsymbol{a})\geqq 0\,; \qquad g(\boldsymbol{a},\boldsymbol{a})=0\Longleftrightarrow\boldsymbol{a}=\boldsymbol{o}, \qquad (\boldsymbol{a}\in\boldsymbol{R}^3), \tag{4.24}$$

が成り立つとき，$g$ は**正値**であるという．

全く同様に，ベクトル空間 $\boldsymbol{V}$ 上の双線形形式 $g':\boldsymbol{V}\times\boldsymbol{V}\to\boldsymbol{R}$ が考えられ，$\boldsymbol{V}$ のある基底に対する定理 3.19(ii)の和・スカラー倍をたもつ全単射 $\varphi:\boldsymbol{R}^3\sim\boldsymbol{V}$ による関係

$$g'(\varphi(\boldsymbol{a}),\varphi(\boldsymbol{b}))=g(\boldsymbol{a},\boldsymbol{b}) \qquad (\boldsymbol{a},\boldsymbol{b}\in\boldsymbol{R}^3)$$

によって，$\boldsymbol{R}^3$ 上の双線形形式 $g$ と $\boldsymbol{V}$ 上の $g'$ が 1-1 に対応する．従って，以下の考察は $\boldsymbol{R}^3$ のかわりに基底の与えられた $\boldsymbol{V}$ に対して行なうこともできる．

一般に，数ベクトル空間 $\boldsymbol{R}^3$ 上の正値対称双線形形式 $g$ が与えられたとき，

$$(\boldsymbol{a},\boldsymbol{b})=g(\boldsymbol{a},\boldsymbol{b})\in\boldsymbol{R} \qquad (\boldsymbol{a},\boldsymbol{b}\in\boldsymbol{R}^3)$$

と書き表わして，$\boldsymbol{R}^3$ はこれを**内積**とする**計量ベクトル空間**であるという．上の定理の（ｉ）の $(\boldsymbol{a},\boldsymbol{b})$ は内積の実例である．

次の定理は定義より容易にわかる.

**定理 4.20** $\boldsymbol{R}^3$ 上の内積は，(3.19) の $\boldsymbol{R}^3$ の基底 $\mathbf{1}_1, \mathbf{1}_2, \mathbf{1}_3$ に対する

(4.25) $$(\mathbf{1}_i, \mathbf{1}_j)=g_{ij}\in\boldsymbol{R}, \qquad g_{ij}=g_{ji} \qquad (i, j=1, 2, 3)$$

によって，$\boldsymbol{a}=(a_1, a_2, a_3)=\sum_{i=1}^{3} a_i\mathbf{1}_i$，$\boldsymbol{b}=(b_1, b_2, b_3)=\sum_{i=1}^{3} b_i\mathbf{1}_i\in\boldsymbol{R}^3$ に対して次式のように一意に定まる.

(4.26) $$(\boldsymbol{a}, \boldsymbol{b})=\sum_{i=1}^{3}\sum_{j=1}^{3} g_{ij}a_ib_j.$$

また $(\boldsymbol{a}, \boldsymbol{a})$ を与える $\boldsymbol{a}$ の成分 $a_1, a_2, a_3$ の斉2次式

(4.27) $$Q(\boldsymbol{a})=(\boldsymbol{a}, \boldsymbol{a})=\sum_{i=1}^{3} g_{ii}a_i{}^2+\sum_{1\leqq i<j\leqq 3} 2g_{ij}a_ia_j$$

に関して次の (4.28), (4.29) が成り立つ.

(4.28) $$Q(\boldsymbol{a})\geqq 0\,; \qquad Q(\boldsymbol{a})=0 \Longleftrightarrow \boldsymbol{a}=\boldsymbol{o}.$$

(4.29) $$2(\boldsymbol{a}, \boldsymbol{b})=Q(\boldsymbol{a}+\boldsymbol{b})-Q(\boldsymbol{a})-Q(\boldsymbol{b}).$$

**例題 1** 一般に，(4.27) のように成分の斉2次式で与えられる $Q:\boldsymbol{R}^3\to\boldsymbol{R}$ を，$\boldsymbol{R}^3$ 上の **2 次形式**とよび，それが (4.28) をみたすとき**正値**であるという．$\boldsymbol{R}^3$ 上の2次形式 $Q$ が与えられたとき，(4.29) により，または $Q$ が (4.27) の形のとき $g_{ji}=g_{ij}$ として (4.26) により，定義される $(\boldsymbol{a}, \boldsymbol{b})$ が $\boldsymbol{R}^3$ 上の対称双線形形式であり，さらに $Q$ が正値ならば $(\boldsymbol{a}, \boldsymbol{b})$ が正値であることは，容易にわかる．このように，$\boldsymbol{R}^3$ 上の内積を与えるには $\boldsymbol{R}^3$ 上の正値2次形式 $Q$ を与えてもよく，上のように $Q$ から定まる内積を2次形式 $Q$ に**同伴な内積**とよぶ.

計量ベクトル空間 $\boldsymbol{R}^3$ において，(4.24) による実数

(4.30) $$|\boldsymbol{a}|=(\boldsymbol{a}, \boldsymbol{a})^{1/2}=Q(\boldsymbol{a})^{1/2}\geqq 0 \qquad (\boldsymbol{a}\in\boldsymbol{V})$$

をベクトル $\boldsymbol{a}$ の**長さ**または**ノルム**とよぶ.

次の定理は定理 4.13 と全く同じ証明で示される.

**定理 4.21** 計量ベクトル空間 $\boldsymbol{R}^3$ における上の長さに対しても定理 4.13 が成り立つ.

**例題 2** 一般にベクトル空間 $\boldsymbol{R}^3$ において，各ベクトル $\boldsymbol{a}\in\boldsymbol{R}^3$ に対し実数 $|\boldsymbol{a}|\geqq 0$ が与えられて，定理 4.13 の (i), (ii), (iv) が成り立つとき，$\boldsymbol{R}^3$ は

$|\boldsymbol{a}|$ をノルムとする**ノルム空間**とよばれる.

計量ベクトル空間 $\boldsymbol{R}^3$ において,

(4.31) $\boldsymbol{a}\perp\boldsymbol{b} \Longleftrightarrow (\boldsymbol{a},\boldsymbol{b})=0 \qquad (\boldsymbol{a},\boldsymbol{b}\in\boldsymbol{R}^3)$

と定義し, このときベクトル $\boldsymbol{a},\boldsymbol{b}$ は**垂直**であるという. また $\boldsymbol{R}^3$ の $\boldsymbol{o}$ でないベクトル $\boldsymbol{a}_1,\cdots,\boldsymbol{a}_n$ は, その任意の2つが垂直のとき, すなわち

$$\boldsymbol{a}_i\perp\boldsymbol{a}_j \qquad (i\neq j,\ \ i,j=1,\cdots,n)$$

のとき, **直交系**をなすという. さらにそれらがすべて**単位ベクトル**(長さが1のベクトル)からなるとき, **正規直交系**をなすという.

**補題 4.22** (i) $\boldsymbol{a}\perp\boldsymbol{b} \Longleftrightarrow |\boldsymbol{a}+\boldsymbol{b}|^2=|\boldsymbol{a}|^2+|\boldsymbol{b}|^2.$

(ii) $\boldsymbol{a}\perp\boldsymbol{b}$, $\boldsymbol{a}\perp\boldsymbol{c}$ ならば, 任意の $x,y\in\boldsymbol{R}$ に対し

$$\boldsymbol{b}\perp\boldsymbol{a}, \quad x\boldsymbol{a}\perp y\boldsymbol{b}, \quad \boldsymbol{a}\perp(x\boldsymbol{b}+y\boldsymbol{c}).$$

(iii) $\boldsymbol{a}_1,\cdots,\boldsymbol{a}_n$ が $\boldsymbol{R}^3$ の直交系ならば,

$$\boldsymbol{a}_1/|\boldsymbol{a}_1|,\cdots,\boldsymbol{a}_n/|\boldsymbol{a}_n|$$

は正規直交系をなす. 直交系からこのように正規直交系をつくることを**正規化**とよぶ.

(iv) $\boldsymbol{a}_1,\cdots,\boldsymbol{a}_n$ が直交系ならば, それらは線形独立である. 従ってこのとき $n\leqq 3$ である.

**証明** (i), (ii) 定義と (4.29), (4.23), (4.22) より明らか.

(iii) (ii) と定理 4.21(定理 4.13)の(ii) より明らか.

(iv) $x_1\boldsymbol{a}_1+\cdots+x_n\boldsymbol{a}_n=\boldsymbol{o}$ $(x_i\in\boldsymbol{R})$ と仮定する. 各 $i=1,\cdots,n$ に対し $\boldsymbol{a}_i$ との内積をとれば, (4.22)と仮定の $(\boldsymbol{a}_i,\boldsymbol{a}_j)=0$ $(i\neq j)$ より $x_i(\boldsymbol{a}_i,\boldsymbol{a}_i)=0$ となり, (4.24) より $(\boldsymbol{a}_i,\boldsymbol{a}_i)\neq 0$ だから求める $x_i=0$ が成り立つ. 前半と定理 3.14(iv)[1] より後半がえられる. (証終)

定理 4.14(ii) よりユークリッドベクトル空間 $V$ においては直交系が存在するが, 一般の計量ベクトル空間 $\boldsymbol{R}^3$ についてはどうかを調べよう.

$\boldsymbol{o}$ でないベクトル $\boldsymbol{e}\in\boldsymbol{R}^3$ は, 明らかに1つで直交系をなす. このとき, 任

1) これはベクトル空間 $V$ に対する定理であるが, 定理 3.19 およびその後に述べたことから, 数ベクトル空間 $\boldsymbol{R}^3$ においても成り立つ. 以後ことわらずにこのような定理を引用することとする.

意のベクトル $\boldsymbol{a}\in\boldsymbol{R}^3$ に対し

$$\text{(4.32)}\qquad \mathrm{pr}_{\boldsymbol{e}}(\boldsymbol{a})=\frac{(\boldsymbol{a},\boldsymbol{e})}{(\boldsymbol{e},\boldsymbol{e})}\boldsymbol{e}\qquad(\in L(\boldsymbol{e}))$$

と定義し，これを $\boldsymbol{e}$，または $\boldsymbol{e}$ によってはられる線形部分空間 $L(\boldsymbol{e})$，上へのベクトル $\boldsymbol{a}$ の正射影とよぶ．このとき，(4.22) より

$$\text{(4.33)}\qquad \mathrm{pr}_{\boldsymbol{e}}(x\boldsymbol{a}+y\boldsymbol{b})=x\,\mathrm{pr}_{\boldsymbol{e}}(\boldsymbol{a})+y\,\mathrm{pr}_{\boldsymbol{e}}(\boldsymbol{b})$$

$(\boldsymbol{a},\boldsymbol{b}\in\boldsymbol{V},\ x,y\in\boldsymbol{R})$ であり，また

$$\text{(4.34)}\qquad |\boldsymbol{e}|=1\Rightarrow \mathrm{pr}_{\boldsymbol{e}}(\boldsymbol{a})=(\boldsymbol{a},\boldsymbol{e})\boldsymbol{e}.$$

**定理 4.23** $\boldsymbol{o}$ でないベクトル $\boldsymbol{e}\in\boldsymbol{R}^3$ が与えられたとき，任意のベクトル $\boldsymbol{a}\in\boldsymbol{R}^3$ は

$$\text{(4.35)}\qquad \boldsymbol{a}=a\boldsymbol{e}+\boldsymbol{a}',\ a\in\boldsymbol{R},\qquad \boldsymbol{a}'\perp\boldsymbol{e},$$

と一意的に書き表わすことができ，このとき $a\boldsymbol{e}$ は (4.32) の $\mathrm{pr}_{\boldsymbol{e}}(\boldsymbol{a})$ に等しい．

**証明** (4.35) が成り立てば，$\boldsymbol{e}$ との内積をとって (4.22), (4.31) より

$$(\boldsymbol{a},\boldsymbol{e})=a(\boldsymbol{e},\boldsymbol{e})+(\boldsymbol{a}',\boldsymbol{e})=a(\boldsymbol{e},\boldsymbol{e})$$

となり，(4.32) より

$$a\boldsymbol{e}=\mathrm{pr}_{\boldsymbol{e}}(\boldsymbol{a}),\qquad \boldsymbol{a}'=\boldsymbol{a}-\mathrm{pr}_{\boldsymbol{e}}(\boldsymbol{a})$$

と一意的に定まる．逆に，このとき (4.22) より

$$(\boldsymbol{a}',\boldsymbol{e})=(\boldsymbol{a},\boldsymbol{e})-(\boldsymbol{a},\boldsymbol{e})(\boldsymbol{e},\boldsymbol{e})/(\boldsymbol{e},\boldsymbol{e})=0,$$

すなわち $\boldsymbol{a}'\perp\boldsymbol{e}$ であり，(4.35) が成り立つ． (証終)

**系 4.24** 任意の独立な $\boldsymbol{e}_1,\boldsymbol{e}_2\in\boldsymbol{R}^3$ に対して，

$$\boldsymbol{e}_1,\quad \boldsymbol{e}_2'=\boldsymbol{e}_2-\mathrm{pr}_{\boldsymbol{e}_1}(\boldsymbol{e}_2)$$

は直交系をなし，それらのはる線形部分空間 $L(\boldsymbol{e}_1,\boldsymbol{e}_2')$ は $L(\boldsymbol{e}_1,\boldsymbol{e}_2)$ と一致する．

**証明** 独立性より $\boldsymbol{e}_1\neq\boldsymbol{o}$ であり，また $\mathrm{pr}_{\boldsymbol{e}_1}(\boldsymbol{e}_2)\in L(\boldsymbol{e}_1)$ だから $\boldsymbol{e}_1,\boldsymbol{e}_2$ の独立性より $\boldsymbol{e}_2'\neq\boldsymbol{o}$. $\boldsymbol{e}_1\perp\boldsymbol{e}_2'$ は上の定理より明らか． (証終)

**定理 4.25** 計量ベクトル空間 $\boldsymbol{R}^3$ の直交系 $\boldsymbol{e}_1,\boldsymbol{e}_2$ が与えられたとき，任意のベクトル $\boldsymbol{a}\in\boldsymbol{R}^3$ は

(4.36) $$\boldsymbol{a}=a_1\boldsymbol{e}_1+a_2\boldsymbol{e}_2+\boldsymbol{a}', \quad \boldsymbol{a}'\perp\boldsymbol{e}_1,\ \boldsymbol{a}'\perp\boldsymbol{e}_2,$$

$(a_1, a_2\in\boldsymbol{R})$ と一意的に書き表わすことができ，このとき

$$a_1\boldsymbol{e}_1=\mathrm{pr}_{\boldsymbol{e}_1}(\boldsymbol{a}), \quad a_2\boldsymbol{e}_2=\mathrm{pr}_{\boldsymbol{e}_2}(\boldsymbol{a}).$$

**証明** (4.36) が成り立てば，$\boldsymbol{e}_i$ $(i=1,2)$ との内積をとって，

$$(\boldsymbol{a}, \boldsymbol{e}_i)=a_1(\boldsymbol{e}_1, \boldsymbol{e}_i)+a_2(\boldsymbol{e}_2, \boldsymbol{e}_i)+(\boldsymbol{a}', \boldsymbol{e}_i)=a_i(\boldsymbol{e}_i, \boldsymbol{e}_i)$$

となり，(4.32) より

$$a_i\boldsymbol{e}_i=\mathrm{pr}_{\boldsymbol{e}_i}(\boldsymbol{a}) \quad (i=1,2), \quad \boldsymbol{a}'=\boldsymbol{a}-a_1\boldsymbol{e}_1-a_2\boldsymbol{e}_2$$

と一意的に定まる．逆にこのとき同様に $(\boldsymbol{a}', \boldsymbol{e}_i)=0$ $(i=1,2)$ となり，(4.36) が成り立つ． (証終)

直交系に対する上の定理はつぎのように一般化できる．

ベクトル $\boldsymbol{e}_1, \boldsymbol{e}_2\in\boldsymbol{R}^3$ とそれらによってはられる線形部分空間 $L(\boldsymbol{e}_1, \boldsymbol{e}_2)$ を考えるとき，ベクトル $\boldsymbol{a}$ が $\boldsymbol{e}_1, \boldsymbol{e}_2$ と垂直ならば，補題 4.22(ii) より，$\boldsymbol{a}$ は任意の $\boldsymbol{b}\in L(\boldsymbol{e}_1, \boldsymbol{e}_2)$ と垂直である．このとき

(4.37) $$\boldsymbol{a}\perp L(\boldsymbol{e}_1, \boldsymbol{e}_2)\Longleftrightarrow(\boldsymbol{a}\perp\boldsymbol{e}_1, \boldsymbol{a}\perp\boldsymbol{e}_2)$$
$$\Longleftrightarrow(\text{任意の } \boldsymbol{b}\in L(\boldsymbol{e}_1, \boldsymbol{e}_2) \text{ に対して } \boldsymbol{a}\perp\boldsymbol{b}),$$

と書き表わし，$\boldsymbol{a}$ は $L(\boldsymbol{e}_1, \boldsymbol{e}_2)$ と**垂直**であるという．

**定理 4.26** 計量ベクトル空間 $\boldsymbol{R}^3$ の独立なベクトル $\boldsymbol{e}_1, \boldsymbol{e}_2$ が与えられたとき，任意のベクトル $\boldsymbol{a}\in\boldsymbol{R}^3$ は

(4.38) $$\boldsymbol{a}=\boldsymbol{a}_{12}+\boldsymbol{a}', \quad \boldsymbol{a}_{12}\in L(\boldsymbol{e}_1, \boldsymbol{e}_2), \quad \boldsymbol{a}'\perp L(\boldsymbol{e}_1, \boldsymbol{e}_2),$$

と一意的に書き表わすことができる．

**証明** 系 4.24 の直交系 $\boldsymbol{e}_1, \boldsymbol{e}_2'$ に対する上の定理よりただちにわかる．

(証終)

(4.38) のとき，$\boldsymbol{a}_{12}$ をベクトル $\boldsymbol{a}$ の線形部分空間 $L(\boldsymbol{e}_1, \boldsymbol{e}_2)$ 上への**正射影**とよび，次のように書き表わす．

(4.39) $$\boldsymbol{a}_{12}=\mathrm{pr}_{\boldsymbol{e}_1,\boldsymbol{e}_2}(\boldsymbol{a}) \quad (\in L(\boldsymbol{e}_1, \boldsymbol{e}_2)).$$

**系 4.27** (i) 任意の $\boldsymbol{a}, \boldsymbol{b}\in\boldsymbol{R}^3$, $x, y\in\boldsymbol{R}$ に対し

$$\mathrm{pr}_{\boldsymbol{e}_1,\boldsymbol{e}_2}(x\boldsymbol{a}+y\boldsymbol{b})=x\,\mathrm{pr}_{\boldsymbol{e}_1,\boldsymbol{e}_2}(\boldsymbol{a})+y\,\mathrm{pr}_{\boldsymbol{e}_1,\boldsymbol{e}_2}(\boldsymbol{b}).$$

(ii) $\boldsymbol{e}_1, \boldsymbol{e}_2$ が直交系ならば，任意の $\boldsymbol{a}\in\boldsymbol{V}$ に対し

$$\mathrm{pr}_{\boldsymbol{e}_1,\boldsymbol{e}_2}(\boldsymbol{a})=\mathrm{pr}_{\boldsymbol{e}_1}(\boldsymbol{a})+\mathrm{pr}_{\boldsymbol{e}_2}(\boldsymbol{a}),$$

$$\mathrm{pr}_{\boldsymbol{e}_i}(\mathrm{pr}_{\boldsymbol{e}_1,\boldsymbol{e}_2}(\boldsymbol{a}))=\mathrm{pr}_{\boldsymbol{e}_i}(\boldsymbol{a}) \qquad (i=1,2).$$ **（三垂線の定理）**

**証明** （i） (4.38) および同様に

$$\boldsymbol{b}=\boldsymbol{b}_{12}+\boldsymbol{b}', \qquad \boldsymbol{b}_{12}\in\boldsymbol{L}, \qquad \boldsymbol{b}'\perp\boldsymbol{L} \qquad (\boldsymbol{L}=L(\boldsymbol{e}_1,\boldsymbol{e}_2)),$$

が成り立てば，

$$x\boldsymbol{a}+y\boldsymbol{b}=(x\boldsymbol{a}_{12}+y\boldsymbol{b}_{12})+(x\boldsymbol{a}'+y\boldsymbol{b}'), \qquad x\boldsymbol{a}_{12}+y\boldsymbol{b}_{12}\in\boldsymbol{L},$$

で，(4.37) と補題 4.22(ii) より $x\boldsymbol{a}'+y\boldsymbol{b}'\perp\boldsymbol{L}$ である．従って上の定理の一意性より求める等式がえられる．

（ii） 定理 4.25，4.26，4.23 より明らか． （証終）

**系 4.28** $\boldsymbol{e}_1,\boldsymbol{e}_2,\boldsymbol{e}_3\in\boldsymbol{R}^3$ が独立，すなわちベクトル空間 $\boldsymbol{R}^3$ の基底，ならば

$$\boldsymbol{e}_1, \qquad \boldsymbol{e}_2'=\boldsymbol{e}_2-\mathrm{pr}_{\boldsymbol{e}_1}(\boldsymbol{e}_2), \qquad \boldsymbol{e}_3'=\boldsymbol{e}_3-\mathrm{pr}_{\boldsymbol{e}_1,\boldsymbol{e}_2}(\boldsymbol{e}_3)$$

は直交系をなし，その補題 4.22(iii) の正規化により，計量ベクトル空間 $\boldsymbol{R}^3$ の正規直交系がえられる．

**証明** 系 4.24 より $\boldsymbol{e}_1,\boldsymbol{e}_2'$ は直交系である．(4.39) より $\mathrm{pr}_{\boldsymbol{e}_1,\boldsymbol{e}_2}(\boldsymbol{e}_3)\in L(\boldsymbol{e}_1,\boldsymbol{e}_2)$ だから，独立性より $\boldsymbol{e}_3'\neq\boldsymbol{o}$. また $\boldsymbol{e}_1,\boldsymbol{e}_2'\in L(\boldsymbol{e}_1,\boldsymbol{e}_2)$ だから，定理 4.26 と (4.37) より $\boldsymbol{e}_3'\perp\boldsymbol{e}_1$，$\boldsymbol{e}_3'\perp\boldsymbol{e}_2'$. （証終）

3つのベクトルからなる直交系 $\boldsymbol{e}_1,\boldsymbol{e}_2,\boldsymbol{e}_3$ は，補題 4.22(iv) より独立であり，ベクトル空間 $\boldsymbol{R}^3$ の基底となる．このような基底を計量ベクトル空間 $\boldsymbol{R}^3$ の**直交基底**とよび，さらに正規直交系のとき**正規直交基底**とよぶ．

一般の内積が与えられた計量ベクトル空間 $\boldsymbol{R}^3$ において，その任意の基底から上の系の方法(**シュミット**(Schmidt)**の直交化法**とよばれている)によって正規直交基底を見出すことができる．

**定理 4.29** （i） 一般の計量ベクトル空間 $\boldsymbol{R}^3$ に対しても定理 4.14 が成り立つ．

（ii） 計量ベクトル空間 $\boldsymbol{R}^3$ およびユークリッドベクトル空間 $\boldsymbol{V}$ の正規直交基底 $\boldsymbol{e}_1',\boldsymbol{e}_2',\boldsymbol{e}_3'$ および $\boldsymbol{e}_1,\boldsymbol{e}_2,\boldsymbol{e}_3$ が与えられたとき，定理 4.19(ii) と同様に，全単射

$$\varphi:\boldsymbol{R}^3\rightleftarrows\boldsymbol{V}, \qquad \varphi\Big(\sum_{i=1}^{3}a_i\boldsymbol{e}_i'\Big)=\sum_{i=1}^{3}a_i\boldsymbol{e}_i \qquad (a_i\in\boldsymbol{R}),$$

が定義され，$\varphi$ はベクトルの和・スカラーをたもち，さらに内積をかえない．

**証明** （i） 存在性以外は定理 4.14 と同じ証明が一般の場合も成り立つ．

（ii） $\varphi$ が全単射で和・スカラー倍をたもつことは定理 3.17，系 3.18 より容易にわかる．これと内積の双線形性および (4.13) の $(\boldsymbol{e}_i', \boldsymbol{e}_j')=\delta_{ij}=(\boldsymbol{e}_i, \boldsymbol{e}_j)$ より $\varphi$ は内積をかえないことがわかる． （証終）

この定理より，一般の計量ベクトル空間 $\boldsymbol{R}^3$（または $\boldsymbol{V}$）とユークリッドベクトル空間 $\boldsymbol{V}$ は同一視することができる．

**例題 3** $\boldsymbol{R}^3$ の基底 $\boldsymbol{e}_1, \boldsymbol{e}_2, \boldsymbol{e}_3$ に対して，$g_{ij}=(\boldsymbol{e}_i, \boldsymbol{e}_j)\ (i, j=1, 2, 3)$ ならば，系 4.28 のシュミットの直交化 $\boldsymbol{e}_1, \boldsymbol{e}_2', \boldsymbol{e}_3'$ は次式で与えられる．

$$\boldsymbol{e}_2'=\boldsymbol{e}_2-(g_{12}/g_{11})\boldsymbol{e}_1,$$

$$\boldsymbol{e}_3'=\boldsymbol{e}_3-\frac{g_{13}g_{22}-g_{12}g_{23}}{g_{11}g_{22}-g_{12}^2}\boldsymbol{e}_1-\frac{g_{11}g_{23}-g_{12}g_{13}}{g_{11}g_{22}-g_{12}^2}\boldsymbol{e}_2.$$

［解］ $g_{11}=(\boldsymbol{e}_1, \boldsymbol{e}_1)>0$ であり，$g_{11}g_{22}-g_{12}^2=|\boldsymbol{e}_1|^2|\boldsymbol{e}_2|^2-(\boldsymbol{e}_1, \boldsymbol{e}_2)^2$ も定理 4.21（定理 4.13）の (iii) より正であり，上式の分母は 0 でない．$\boldsymbol{e}_2'$ の式は (4.32) より明らか．上式で定義される $\boldsymbol{e}_3'$ が $(\boldsymbol{e}_1, \boldsymbol{e}_3')=(\boldsymbol{e}_2, \boldsymbol{e}_3')=0$ をみたすことは，(4.22)を用いて簡単な計算で確かめることができる．従って $\boldsymbol{e}_3-\boldsymbol{e}_3'\in L(\boldsymbol{e}_1, \boldsymbol{e}_2)$ は (4.39) の定義より $\mathrm{pr}_{\boldsymbol{e}_1,\boldsymbol{e}_2}(\boldsymbol{e}_3)$ に等しく，$\boldsymbol{e}_3'$ は系 4.28 の $\boldsymbol{e}_3'$ である． （以上）

**例題 4** ベクトル空間 $\boldsymbol{R}^3$ 上の例題 1 の 2 次形式 $Q$ が正値であるためには，$\boldsymbol{R}^3$ の適当な基底 $\boldsymbol{e}_1, \boldsymbol{e}_2, \boldsymbol{e}_3$ を選んで

$$Q(\boldsymbol{a})=x_1^2+x_2^2+x_3^2 \qquad \left(\boldsymbol{a}=\sum_{i=1}^{3}x_i\boldsymbol{e}_i\right) \tag{4.40}$$

が成り立つようにできる，ことが必要十分である．さらにこのとき，$Q$ に同伴な例題 1 の内積は定理 4.19（i）のように

$$\left(\sum_{i=1}^{3}x_i\boldsymbol{e}_i,\ \sum_{i=1}^{3}y_i\boldsymbol{e}_i\right)=x_1y_1+x_2y_2+x_3y_3$$

で与えられ，この内積に関して上の $\boldsymbol{e}_1, \boldsymbol{e}_2, \boldsymbol{e}_3$ は正規直交基底となる．

［解］ $Q$ が正値ならば，例題 1 のように $Q$ に同伴な内積により $\boldsymbol{R}^3$ は計量ベクトル空間となり，系 4.28 によるその正規直交基底を $\boldsymbol{e}_1, \boldsymbol{e}_2, \boldsymbol{e}_3$ とすれば，

上の定理の（ i ）より（4.14）の第2式である（4.40）が成り立ち，さらに後半も成り立つ．逆に（4.40）が成り立てば，明らかに $Q$ は正値である．

（以上）

**例題 5**　上の例題より一般に，$\boldsymbol{R}^3$ 上の任意の2次形式 $Q$ は，$\boldsymbol{R}^3$ の適当な基底 $\boldsymbol{e}_1, \boldsymbol{e}_2, \boldsymbol{e}_3$ をとれば，

(4.41)　$$Q(\boldsymbol{a})=\lambda_1 x_1^2+\lambda_2 x_2^2+\lambda_3 x_3^2 \qquad (\boldsymbol{a}=\sum_{i=1}^{3} x_i \boldsymbol{e}_i),$$

ただし $\lambda_i$ は $1, -1$ または $0$，の形となる．この形は2次形式 $Q$ の**標準形**とよばれており，$Q$ が正値であるのは $\lambda_1=\lambda_2=\lambda_3=1$ のときである．

［解］　$\lambda_i=\pm 1$ または0の条件を除いて（4.41）の形となることを示せば，$\lambda_i \neq 0$ のとき $\boldsymbol{e}_i$ を $\boldsymbol{e}_i/|\lambda_i|^{1/2}$ でおきかえた基底に関して求める（4.41）がわかる．$Q$ は（4.27）の

$$Q(\boldsymbol{a})=\sum_{i,j} g_{ij} a_i a_j, \qquad g_{ij}=g_{ji}, \qquad (\boldsymbol{a}=(a_1, a_2, a_3)),$$

で与えられたとする．（ i ）ある $i$ について $Q(\boldsymbol{a})=g_{ii} a_i^2$ のときはよい．（ii）基底 $\mathbf{1}_1, \mathbf{1}_2, \mathbf{1}_3$ の順序を適当にいれかえて，

$$Q(\boldsymbol{a})=g_{11} a_1^2+2 g_{12} a_1 a_2+g_{22} a_2^2, \qquad g_{11} \neq 0,$$

となるとき．$x_1=a_1+g_{12} a_2/g_{11}$ とおけば，$Q(\boldsymbol{a})=g_{11} x_1^2+\lambda_2 a_2^2$ となり，基底 $\boldsymbol{e}_1=\mathbf{1}_1$，$\boldsymbol{e}_2=\mathbf{1}_2-g_{12} \mathbf{1}_1/g_{11}$，$\boldsymbol{e}_3=\mathbf{1}_3$ について $x_2=a_2, x_3=a_3$ として $\boldsymbol{a}=\sum_{i=1}^{3} x_i \boldsymbol{e}_i$ が成り立ち，$Q(\boldsymbol{a})=g_{11} x_1^2+\lambda_2 x_2^2$．（iii）$Q(\boldsymbol{a})=2 g_{12} a_1 a_2$，$g_{12} \neq 0$，となるとき．これは $2 g_{12} a_1^2+2 g_{12} a_1(a_2-a_1)$ に等しく，　$\boldsymbol{a}=a_1(\mathbf{1}_1+\mathbf{1}_2)+(a_2-a_1) \mathbf{1}_2+a_3 \mathbf{1}_3$ だから基底 $\mathbf{1}_1+\mathbf{1}_2, \mathbf{1}_2, \mathbf{1}_3$ について（ii）のときとなる．（iv）$g_{11} \neq 0$ となるとき．$x_1=\sum_{i=1}^{3} g_{1i} a_i/g_{11}$ とおけば，$Q(\boldsymbol{a})=g_{11} x_1^2+Q'(\boldsymbol{a})$ で，$Q'(\boldsymbol{a})$ は $a_2$, $a_3$ の斉2次式となる．このとき基底 $\boldsymbol{e}_1=\mathbf{1}_1$，$\boldsymbol{e}_i=\mathbf{1}_i-g_{1i} \mathbf{1}_1/g_{11}$ $(i=2,3)$ について $x_2=a_2, x_3=a_3$ として $\boldsymbol{a}=\sum_{i=1}^{3} x_i \boldsymbol{e}_i$ が成り立つから，さらに $x_2$, $x_3$ の斉2次式 $Q'(\boldsymbol{a})$ を（ii），(iii) により基底 $\boldsymbol{e}_2, \boldsymbol{e}_3$ をとりかえて変形すればよい．（ v ）$Q(\boldsymbol{a})=\sum_{i \neq j} g_{ij} a_i a_j$，$g_{12} \neq 0$，となるとき．（iii）のときと全く同様に（iv）のときに帰着できる．

（以上）

**問 1**　$\boldsymbol{R}^3$ の線形部分空間 $\boldsymbol{L}$ に対し，

$$\boldsymbol{L}^{\perp}=\{\boldsymbol{a} \in \boldsymbol{V} \mid \text{任意の } \boldsymbol{b} \in \boldsymbol{L} \text{ に対して } \boldsymbol{a} \perp \boldsymbol{b}\}$$

は $\boldsymbol{V}$ の線形部分空間である．これは $\boldsymbol{L}$ の**直交補空間**とよばれる．

**問 2**　上の問において，任意の $\boldsymbol{a}\in\boldsymbol{R}^3$ に対して

$$\boldsymbol{a}=\boldsymbol{b}+\boldsymbol{c}, \qquad \boldsymbol{b}\in\boldsymbol{L}, \qquad \boldsymbol{c}\in\boldsymbol{L}^{\perp},$$

をみたすベクトル $\boldsymbol{b},\boldsymbol{c}$ が一意に存在する．

**問 3**　$\boldsymbol{e}_1,\boldsymbol{e}_2,\boldsymbol{e}_3$ を $\boldsymbol{R}^3$ の正規直交基底とするとき，次の基底からシュミットの直交化法によって正規直交基底を求めよ．

（1）　$\boldsymbol{a}_1=\boldsymbol{e}_1+\boldsymbol{e}_2,\ \ \boldsymbol{a}_2=2\boldsymbol{e}_1-3\boldsymbol{e}_2+\boldsymbol{e}_3,\ \ \boldsymbol{a}_3=2\boldsymbol{e}_2-\boldsymbol{e}_3.$

（2）　$\boldsymbol{a}_1=2\boldsymbol{e}_1-\boldsymbol{e}_2+\boldsymbol{e}_3,\ \ \boldsymbol{a}_2=\boldsymbol{e}_1-2\boldsymbol{e}_2-\boldsymbol{e}_3,\ \ \boldsymbol{a}_3=3\boldsymbol{e}_1-\boldsymbol{e}_2-\boldsymbol{e}_3.$

# 5. 空間の点変換

この章では，空間のアフィン構造をたもつ点変換であるアフィン変換を考え，それに対応して，幾何ベクトルのつくるベクトル空間の線形性をたもつ線形変換(より一般に線形写像)について考察しよう．さらに空間の計量的構造をたもつ合同変換，およびそれ対応してベクトル空間の計量性をたもつ直交変換について考察する．関連して空間の座標系またはベクトル空間の基底の取り替えの座標変換も考察される．

## 5.1 空間のアフィン変換，アフィン写像

再びこの節では，空間 $S$ は第2章で考察されたアフィン空間とし，空間の点変換でアフィン構造をたもつものを考えよう．

空間 $S$ からそれ自身への全単射 $f: S \rightrightarrows S$ は，次の性質 (5.1) をみたすとき，空間の**アフィン変換**とよばれる．

(5.1) 任意の直線 $l$ の像 $f(l)$ は直線であり，$f$ は (2.8) の‘間にある’という関係をたもつ，すなわち (2.8) の開線分に関して

$$C \in (A, B) \Rightarrow f(C) \in (f(A), f(B)).$$

**定理 5.1** 空間のアフィン変換 $f$ は，平面を平面にうつし，直線の平行関係，定理 2.18 の中点，および (2.20) の有向線分の実数倍をたもつ．すなわち次が成り立つ．

(i) 平面 $\varepsilon$ の像 $f(\varepsilon)$ は平面である．

(ii) 2直線 $l, m$ に対し，$l /\!/ m \Rightarrow f(l) /\!/ f(m)$．

(iii) $C$ が $AB$ の中点ならば，$f(C)$ は $f(A)f(B)$ の中点である．

(iv) $\overrightarrow{AC} = x\overrightarrow{AB} \Rightarrow \overrightarrow{f(A)f(C)} = x\overrightarrow{f(A)f(B)} \qquad (x \in \boldsymbol{R})$．

**証明** 簡単のため $A' = f(A)$ のように $f$ による像は $'$ をつけて表わそう．

(i) 定理 2.2(i) より，平面 $\varepsilon$ 上にただ1点 $O$ で交わる2直線 $l_1, l_2$ をとる．(5.1) の前半より $l_1', l_2'$ は直線で，$f$ は単射だからこれらはただ1点

$O'$ で交わり，それらを含む定理 2.1(ii)の平面を $\varepsilon_1$ とする．任意の $B\in\varepsilon$ に対し定理 2.2(ii) のように点 $B_i\in l_i(i=1,2)$ をとれば，定理 2.19 より $OB$ の中点 $C$ は $B_1B_2$ の中点であり，$B_i'\in l_i'\subset\varepsilon_1$ だから，(5.1) の前半より $C'\in\varepsilon_1$，従って $B'\in\varepsilon_1$ となり，逆も成り立つから $\varepsilon'=\varepsilon_1$.

(ii) $l\cap m=\phi$ ならば $f$ が単射であることから $l'\cap m'=\phi$. 従って (i) より $l'/\!/m'$ がわかる．

(iii) $A=B$ ならば明らか．$A\neq B$ とし，点 $A_1\notin l(A,B)$ と $C$ が $A_1B_1$ の中点となる点 $B_1$ をとれば，定理 2.19, 2.11(ii) より $(A,A_1,B_1,B)$ は平行四辺形である．従って (ii) より $(A',A_1',B_1',B')$ もそうであり，その対角線の交点は (5.1) より $C'$ で，定理 2.19 より $C'$ は $A'B'$ の中点である．

(iv) $x$ が有理数のときは，補題 2.27, (2.9) および (iii) より容易に，(iv) が示される．このことと (5.1) の後半より，定理 2.28 の証明の (ii) と全く同様に，任意の実数 $x$ に対し (iv) が示される． (証終)

この定理より，アフィン変換は空間のアフィン的な性質をたもっていることがわかる．

**定理 5.2** (i) (3.21) のベクトル $\boldsymbol{a}=\overrightarrow{OA}$ にそった空間の平行移動 $f_{\boldsymbol{a}}$ はアフィン変換である．

(ii) 全単射 $f:S\to S$ が上の定理の (iv) をみたせばアフィン変換である．

(iii) 恒等写像 $1_S:S\to S$, アフィン変換 $f,g$ の合成 $g\circ f:S\to S$ および逆写像 $f^{-1}:S\to S$ はまたアフィン変換である．

**証明** (i) 定理 3.26(ii),(iii) と §3.5 例題1より明らか．

(ii) (2.20) と定理 2.26 より容易にわかる．

(iii) 恒等写像と合成については定義より明らか．逆写像については (ii) よりただちにわかる． (証終)

**例題 1** 平行移動のように，直線をそれと平行な直線にうつすアフィン変換を**相似変換**とよぶ．平行移動でない相似変換 $f$ はただ1つの不動点 $O\in S$, $f(O)=O$, をもち，$O$ をとおる直線 $l$ の像 $f(l)$ は $l$ と一致する．この $O$

を相似変換 $f$ の**中心**とよぶ.

［解］ 相似変換 $f$ による像は $'$ をつけて表わす. 任意の点 $A$ と直線 $l=l(A,A')$ に対し, $l'\ni A', l'/\!/l$ だから $l'=l$. 従ってある $B\notin l$ に対し $l$ と $l(B,B')$ が交われば, 交点 $O$ は $O'=O$ で $f$ の不動点である. 任意の $B\in l$ に対し $l\cap l(B,B')=\phi$ ならば, $l(A,B)/\!/l(A',B')$ より $\overrightarrow{AA'}\equiv\overrightarrow{BB'}$ がわかり, さらに $C\in l$ に対しても $\overrightarrow{BB'}\equiv\overrightarrow{CC'}$ 従って $\overrightarrow{AA'}\equiv\overrightarrow{CC'}$ となるから, $f$ は平行移動である. 異なる2点 $O_1, O_2$ が $f$ の不動点ならば, 任意の $B\notin l(O_1,O_2)$ に対し上と同様に $l(O_i,B)'=l(O_i,B)$. 従って $B'=B$ がわかり, このことから同様に $C\in l(O_1,O_2)$ に対しても $C'=C$ となり, $f$ は恒等写像 $1_S$ である. （以上）

一般に, 空間からそれ自身への(全単射とは限らない)写像

$$f: S\to S$$

が, 定理 5.1(iv) のように, 有向線分の実数倍をたもつとき, すなわち

$$\overrightarrow{AC}=x\overrightarrow{AB}\Rightarrow\overrightarrow{f(A)f(C)}=x\overrightarrow{f(A)f(B)}\qquad(x\in\boldsymbol{R})\tag{5.2}$$

が成り立つとき, $f$ を空間の**アフィン写像**とよぶ.

**定理 5.3** (i) アフィン変換はアフィン写像であり, 逆にアフィン写像が全単射ならばアフィン変換である.

(ii) 空間のアフィン写像 $f, g: S\to S$ の合成 $g\circ f: S\to S$ はアフィン写像である.

(iii) 空間の1点 $O\in S$ を固定するとき, 任意のアフィン写像 $f: S\to S$ に対して, $O$ を動かさないアフィン写像

$$g: S\to S,\qquad g(O)=O,$$

と平行移動 $h$ で $f=h\circ g$ となるものが一意に存在し, このとき $h$ は有向線分 $\overrightarrow{OO'}$, $O'=f(O)$, にそった平行移動である.

**証明** (i), (ii) 定理 5.1(iv), 上の定理の(ii)および定義より明らか.

(iii) $\overrightarrow{OO'}$ にそった平行移動 $h$ は, 定理 3.26(ii) より $\overrightarrow{O'O}$ にそった平行移動を逆写像 $h^{-1}$ にもつから, 合成 $g=h^{-1}\circ f$ は定理 5.2(i) と (i), (ii) よりアフィン写像で,

$$g(O)=h^{-1}(O')=O, \qquad h\circ g=h\circ h^{-1}\circ f=f.$$

逆に，$f=h\circ g$, $g(O)=O$ をみたす平行移動 $h$ は $h(O)=f(O)=O'$ により一意に定まり，$g=h^{-1}\circ h\circ g=h^{-1}\circ f$ も定まる． （証終）

**定理 5.4** 1点 $O\in S$ を動かさない写像

(5.3) $$f: S\to S, \qquad f(O)=O,$$

がアフィン写像であるためには，(5.2) で $A=O$ とした (5.4) および (2.7) の同等 $\equiv$ に関する (5.5) をみたすことが必要十分である．

(5.4) $$\overrightarrow{OC}=x\overrightarrow{OB}\Rightarrow\overrightarrow{Of(C)}=x\overrightarrow{Of(B)} \qquad (x\in\boldsymbol{R}).$$

(5.5) $$\overrightarrow{OA}\equiv\overrightarrow{BC}\Rightarrow\overrightarrow{Of(A)}\equiv\overrightarrow{f(B)f(C)}.$$

**証明** 簡単のため $A'=f(A)$ のように $f$ による像は $'$ をつけて表わす．

(必要) $\overrightarrow{OA}\equiv\overrightarrow{BC}$ ならば，定理 2.19 より，$AB$ の中点 $D$ は $OC$ の中点であり，$\overrightarrow{AB}=2\overrightarrow{AD}$, $\overrightarrow{OC}=2\overrightarrow{OD}$. 従って (5.2) より $\overrightarrow{A'B'}=2\overrightarrow{A'D'}$, $\overrightarrow{OC'}=2\overrightarrow{OD'}$ で，再び定理 2.19 より $\overrightarrow{OA'}\equiv\overrightarrow{B'C'}$ がわかり，(5.5) が成り立つ．

(十分) $\overrightarrow{AC}=x\overrightarrow{AB}$ と仮定する．それぞれ $\overrightarrow{AO},\overrightarrow{OA'}$ にそった空間の平行移動を $h,h'$ とすれば，(5.5) より $h'\circ f\circ h=f$ がわかる．このとき，$h$ に対する (5.2) より $\overrightarrow{Oh(C)}=x\overrightarrow{Oh(B)}$ で，(5.4) より $\overrightarrow{Ofh(C)}=x\overrightarrow{Ofh(B)}$ となり，$h'$ に対する (5.2) より求める $\overrightarrow{A'C'}=x\overrightarrow{A'B'}$ がえられる． （証終）

空間の1点 $O$ を固定して考えよう．$O$ を動かさない (5.3) の写像 $f$ に対して，空間の幾何ベクトル全体のつくるベクトル空間 $\boldsymbol{V}$ からそれ自身への写像 $\boldsymbol{f}$ を，$O$ を原点とする位置ベクトルにより，

(5.6) $$\boldsymbol{f}: \boldsymbol{V}\to\boldsymbol{V}, \qquad \boldsymbol{f}(\overrightarrow{OA})=\overrightarrow{OA'}, \qquad A'=f(A),$$

と定義することができる．さらに定理 3.1 より，$O$ を動かさない空間の写像全体は，$f$ に $\boldsymbol{f}$ を対応させることによって，$\boldsymbol{V}$ から $\boldsymbol{V}$ への写像全体と 1-1 対応にあることがわかる．

**定理 5.5** (5.3) の $f$ がアフィン写像であるためには，対応する (5.6) の $\boldsymbol{f}$ が次の同値な (5.7), (5.8) をみたすことが必要十分である．

(5.7) $$\boldsymbol{f}(\boldsymbol{a}+\boldsymbol{b})=\boldsymbol{f}(\boldsymbol{a})+\boldsymbol{f}(\boldsymbol{b}), \qquad \boldsymbol{f}(x\boldsymbol{a})=x\boldsymbol{f}(\boldsymbol{a}).$$

(5.8) $$\boldsymbol{f}(x\boldsymbol{a}+y\boldsymbol{b})=x\boldsymbol{f}(\boldsymbol{a})+y\boldsymbol{f}(\boldsymbol{b}).$$

ここに $\boldsymbol{a}, \boldsymbol{b} \in \boldsymbol{V}$, $x, y \in \boldsymbol{R}$.

**証明**　上の定理の (5.4), (5.5) は幾何ベクトルの和・スカラー倍の定義より (5.7) と同値であり，それと (5.8) の同値は明らか．　(証終)

(5.7), (5.8) をみたす写像 $\boldsymbol{f}: \boldsymbol{V} \to \boldsymbol{V}$ はベクトル空間 $\boldsymbol{V}$ からそれ自身への**線形写像**とよばれる．

**定理 5.6**　ベクトル空間 $\boldsymbol{V}$ の基底 $\boldsymbol{e}_1, \boldsymbol{e}_2, \boldsymbol{e}_3$ が与えられたとする．このとき任意の線形写像 $\boldsymbol{f}: \boldsymbol{V} \to \boldsymbol{V}$ は，3つのベクトル

(5.9)　$$\boldsymbol{f}(\boldsymbol{e}_i) = \sum_{j=1}^{3} f_{ji} \boldsymbol{e}_j \qquad (i=1, 2, 3)$$

によって，従って9個のスカラー $\{f_{ji} | i, j=1, 2, 3\}$ によって，$\boldsymbol{a} = \sum_{i=1}^{3} a_i \boldsymbol{e}_i \in \boldsymbol{V}$ に対し次式により定まる．

(5.10)　$$\boldsymbol{f}(\boldsymbol{a}) = \sum_{i=1}^{3} a_i \boldsymbol{f}(\boldsymbol{e}_i) = \sum_{j=1}^{3} \left(\sum_{i=1}^{3} f_{ji} a_i\right) \boldsymbol{e}_j.$$ [1)]

**証明**　$\boldsymbol{e}_1, \boldsymbol{e}_2, \boldsymbol{e}_3$ は基底だから $\{f_{ji}\}$ が定まる．また (5.10) が成り立つことは (5.8) をくり返し用いてわかる．逆に (5.10) で $\boldsymbol{f}$ を定義すれば，容易に (5.7) が示され，$\boldsymbol{f}$ は線形写像である．　(証終)

この定理と定理 5.3(iii)，5.5 および §3.3 例題1よりただちに次の系がえられる．

**系 5.7**　アフィン空間 $S$ の定理 2.29 の座標が定められたとき，任意のアフィン写像 $f: S \to S$ は定数 $h_j, f_{ji} \in \boldsymbol{R}$ に対する座標の1次式

(5.11)　$$\begin{cases} f(x_1, x_2, x_3) = (y_1, y_2, y_3), \\ y_j = h_j + \sum_{i=1}^{3} f_{ji} x_i \qquad (j=1, 2, 3), \end{cases}$$

---

1)　$\boldsymbol{f}(\boldsymbol{a}) = \sum_{j=1}^{3} b_j \boldsymbol{e}_j$ とおけば，最後の等号は

$$b_j = \sum_{i=1}^{3} f_{ji} a_i \qquad (j=1, 2, 3)$$

と同じであり，これは次式のように行列とその積を用いて表わすことができる．

$$\begin{bmatrix} b_1 \\ b_2 \\ b_3 \end{bmatrix} = \begin{bmatrix} f_{11} & f_{12} & f_{13} \\ f_{21} & f_{22} & f_{23} \\ f_{31} & f_{32} & f_{33} \end{bmatrix} \begin{bmatrix} a_1 \\ a_2 \\ a_3 \end{bmatrix}.$$

行列については一般の形で簡単に §6.4 において述べられるが，中央の正方形の形の (3,3) 行列 $(f_{ji})$ が線形写像 $f$ に対応する行列である．

で与えられ，逆に (5.11) で与えられる任意の $f$ はアフィン写像である．

**例題 2** (5.3) の $f$ が $O$ を中心とする相似変換であるためには，ある定数 $\lambda$ が存在して，対応する (5.6) の $\boldsymbol{f}$ が $\boldsymbol{f}(\boldsymbol{a})=\lambda\boldsymbol{a}$ $(\boldsymbol{a}\in\boldsymbol{V})$ をみたすこと，すなわち空間の $O$ を原点とする座標に関し $f$ は $f(x_1, x_2, x_3)=(\lambda x_1, \lambda x_2, \lambda x_3)$ で与えられること，が必要十分である．この $\lambda$ は相似変換 $f$ の**相似比**とよばれる．

[解] (必要) $\boldsymbol{a}=\overrightarrow{OA}\neq\boldsymbol{o}$ に対し，例題1の後半より $f(A)\in l(O, A)$ だから，$\boldsymbol{f}(\boldsymbol{a})=\lambda(\boldsymbol{a})\boldsymbol{a}$ となる実数 $\lambda(\boldsymbol{a})\neq 0$ が存在する，$\boldsymbol{b}=\overrightarrow{OB}$, $B\notin l(O, A)$ ならば，$\boldsymbol{f}(\boldsymbol{b})=\lambda(\boldsymbol{b})\boldsymbol{b}$, $l(A, B)//l(f(A), f(B))$ だから，定理 2.28 より $\lambda(\boldsymbol{a})=\lambda(\boldsymbol{b})$ であり，$\lambda=\lambda(\boldsymbol{a})$ は $\boldsymbol{a}$ に関係しない定数であることがわかる．(十分) 直線 $l$ が $O$ をとおれば仮定より $f(l)=l$ である．$l\not\ni O$ のとき点 $A\in l$ をとれば，仮定と定理 2.28 より $f(l)$ は点 $f(A)$ をとおる $l$ の平行線であることがわかる． (以上)

**例題 3** 系 5.7 の座標は任意でよいが，上の例題のように $f$ の不動点があればそれを原点とする座標では (5.11) の定数項 $h_j$ は 0 となる．たとえば

$$y_1=x_1+x_2+2x_3-1, \qquad y_2=x_2+x_3+1, \qquad y_3=2x_3+1$$

で与えられる $f$ は，$y_i=x_i$ $(i=1, 2, 3)$ とおいて解いて，点 $(a, 3, -1)$ ($a$ は任意) を不動点にもつことがわかり，それを原点として対応する線形写像を考えることができる．

## 5.2 線形写像，線形変換，座標変換

前節にひき続いて，ベクトル空間 $\boldsymbol{V}$ からそれ自身への線形写像

$$\boldsymbol{f}: \boldsymbol{V}\to\boldsymbol{V},$$

すなわち (5.7), (5.8) をみたすもの，について考察しよう．

**定理 5.8** $\boldsymbol{f}, \boldsymbol{g}: \boldsymbol{V}\to\boldsymbol{V}$ は線形写像とする．

(i) 零ベクトル $\boldsymbol{o}\in\boldsymbol{V}$ に対し $\boldsymbol{f}(\boldsymbol{o})=\boldsymbol{o}$.

(ii) 合成 $\boldsymbol{g}\circ\boldsymbol{f}: \boldsymbol{V}\to\boldsymbol{V}$ はまた線形写像である．

(iii) $\boldsymbol{f}$ が全単射ならば，その逆写像 $\boldsymbol{f}^{-1}: \boldsymbol{V}\to\boldsymbol{V}$ も線形写像である．

**証明** （i） (5.8) より $\boldsymbol{f}(\boldsymbol{o})=\boldsymbol{f}(\boldsymbol{o}-\boldsymbol{o})=\boldsymbol{f}(\boldsymbol{o})-\boldsymbol{f}(\boldsymbol{o})=\boldsymbol{o}$.

（ii） $\boldsymbol{f}, \boldsymbol{g}$ に対する (5.8) より，

$$(\boldsymbol{g}\circ\boldsymbol{f})(x\boldsymbol{a}+y\boldsymbol{b})=\boldsymbol{g}(x\boldsymbol{f}(\boldsymbol{a})+y\boldsymbol{f}(\boldsymbol{b}))=x\boldsymbol{g}(\boldsymbol{f}(\boldsymbol{a}))+y\boldsymbol{g}(\boldsymbol{f}(\boldsymbol{b})).$$

（iii） $\boldsymbol{a}'=\boldsymbol{f}^{-1}(\boldsymbol{a}), \boldsymbol{b}'=\boldsymbol{f}^{-1}(\boldsymbol{b})$ とおけば，

$$\boldsymbol{f}^{-1}(x\boldsymbol{a}+y\boldsymbol{b})=\boldsymbol{f}^{-1}(x\boldsymbol{f}(\boldsymbol{a}')+y\boldsymbol{f}(\boldsymbol{b}'))=\boldsymbol{f}^{-1}(\boldsymbol{f}(x\boldsymbol{a}'+y\boldsymbol{b}'))=x\boldsymbol{a}'+y\boldsymbol{b}'$$

となり，$\boldsymbol{f}^{-1}$ に対しても (5.8) が成り立つ．　　（証終）

**例題 1** 上の定理の（ii）において，定理 5.6 より $\boldsymbol{f}(\boldsymbol{e}_i)=\sum_{j=1}^{3} f_{ji}\boldsymbol{e}_j$, $\boldsymbol{g}(\boldsymbol{e}_i)=\sum_{j=1}^{3} g_{ji}\boldsymbol{e}_j$, $(\boldsymbol{g}\circ\boldsymbol{f})(\boldsymbol{e}_i)=\sum_{j=1}^{3} h_{ji}\boldsymbol{e}_j$, $(i=1,2,3)$ ならば，

$$h_{ji}=\sum_{k=1}^{3} g_{jk}f_{ki} \qquad (i,j=1,2,3).$$ [1)]

［解］ $\boldsymbol{g}$ に対する (5.10) より，$(\boldsymbol{g}\circ\boldsymbol{f})(\boldsymbol{e}_i)=\sum_{k=1}^{3} f_{ki}\boldsymbol{g}(\boldsymbol{e}_k)=\sum_{j=1}^{3}(\sum_{k=1}^{3} f_{ki}g_{jk})\boldsymbol{e}_j$ で，求める等式が成り立つ．　　（以上）

線形写像 $\boldsymbol{f}: \boldsymbol{V}\to\boldsymbol{V}$ が全単射のとき，$\boldsymbol{f}$ をベクトル空間 $\boldsymbol{V}$ からそれ自身への**同形写像**[2)]，または $\boldsymbol{V}$ の（正則）**線形変換**または**自己同形写像**とよぶ．

**系 5.9** 恒等写像 $1_V: \boldsymbol{V}\to\boldsymbol{V}$, $1_V(\boldsymbol{a})=\boldsymbol{a}$ $(\boldsymbol{a}\in\boldsymbol{V})$，は線形変換である．線形変換の合成および逆写像は線形変換である．

**補題 5.10** 線形写像 $\boldsymbol{f}: \boldsymbol{V}\to\boldsymbol{V}$ に対して，

$$\mathrm{Im}\,\boldsymbol{f}=\boldsymbol{f}(\boldsymbol{V}), \qquad \mathrm{Ker}\,\boldsymbol{f}=\boldsymbol{f}^{-1}(\boldsymbol{o})$$

は $\boldsymbol{V}$ の線形部分空間である．さらに，$\mathrm{Im}\,\boldsymbol{f}$ は $\boldsymbol{V}$ の基底 $\boldsymbol{e}_1, \boldsymbol{e}_2, \boldsymbol{e}_3$ の像ではられる $\boldsymbol{V}$ の線形部分空間 $L(\boldsymbol{f}(\boldsymbol{e}_1), \boldsymbol{f}(\boldsymbol{e}_2), \boldsymbol{f}(\boldsymbol{e}_3))$ である．

**証明** $\mathrm{Im}\,\boldsymbol{f}$ については (5.10) のはじめの等式より明らか．$\boldsymbol{a}, \boldsymbol{b}\in\mathrm{Ker}\,\boldsymbol{f}$, $x, y\in\boldsymbol{R}$ ならば，(5.8) より $\boldsymbol{f}(x\boldsymbol{a}+y\boldsymbol{b})=x\boldsymbol{f}(\boldsymbol{a})+y\boldsymbol{f}(\boldsymbol{b})=\boldsymbol{o}$ すなわち $x\boldsymbol{a}+y\boldsymbol{b}\in\mathrm{Ker}\,\boldsymbol{f}$ であり，補題 3.6 より $\mathrm{Ker}\,\boldsymbol{f}$ は線形部分空間である．（証終）

上の補題の $\mathrm{Im}\,\boldsymbol{f}$ を $\boldsymbol{f}$ の**像**，$\mathrm{Ker}\,\boldsymbol{f}$ を $\boldsymbol{f}$ の**核**とよぶ．また，$\mathrm{Im}\,\boldsymbol{f}$ の次元

---

1） 定理 5.6 の脚注のように，線形写像 $f$, $g$, $g\circ f$ に対応する行列 $(f_{ji}), (g_{ji}), (h_{ji})$ を考えるとき，これは次式のように行列の積を用いて表わすことができる．

$$\begin{bmatrix} h_{11} & h_{12} & h_{13} \\ h_{21} & h_{22} & h_{23} \\ h_{31} & h_{32} & h_{33} \end{bmatrix}=\begin{bmatrix} g_{11} & g_{12} & g_{13} \\ g_{21} & g_{22} & g_{23} \\ g_{31} & g_{32} & g_{33} \end{bmatrix}\begin{bmatrix} f_{11} & f_{12} & f_{13} \\ f_{21} & f_{22} & f_{23} \\ f_{31} & f_{32} & f_{33} \end{bmatrix}.$$

2） ‘同形’ は ‘同型’ と書かれることも多い．

は上の補題の後半より $\boldsymbol{f}(\boldsymbol{e}_1), \boldsymbol{f}(\boldsymbol{e}_2), \boldsymbol{f}(\boldsymbol{e}_3)$ の階数に等しいが, これを線形写像 $\boldsymbol{f}$ の**階数**とよび,

$$\text{(5.12)} \qquad \operatorname{rank}\boldsymbol{f} = \dim(\operatorname{Im}\boldsymbol{f}) = \operatorname{rank}(\boldsymbol{f}(\boldsymbol{e}_1), \boldsymbol{f}(\boldsymbol{e}_2), \boldsymbol{f}(\boldsymbol{e}_3))$$

と書き表わす.

**定理 5.11** 線形写像 $\boldsymbol{f}: \boldsymbol{V}\to\boldsymbol{V}$ に対して, 次の（1）～（5）は同値である.

（1） $\operatorname{rank}\boldsymbol{f}=3$. （2） $\boldsymbol{f}$ は全射.

（3） $\operatorname{Ker}\boldsymbol{f}=\boldsymbol{o}$, すなわち $\dim \operatorname{Ker}\boldsymbol{f}=0$.

（4） $\boldsymbol{f}$ は単射. （5） $\boldsymbol{f}$ は同形写像.

**証明** （1）$\Longleftrightarrow$（2） （1）は定義より次の（1）′ と同値である.

（1）′ $\boldsymbol{V}$ の基底 $\boldsymbol{e}_1, \boldsymbol{e}_2, \boldsymbol{e}_3$ に対し $\boldsymbol{f}(\boldsymbol{e}_1), \boldsymbol{f}(\boldsymbol{e}_2), \boldsymbol{f}(\boldsymbol{e}_3)$ は独立.

従って系 3.15 の最後と上の補題の後半より, $\operatorname{Im}\boldsymbol{f}=\boldsymbol{V}$ すなわち（2）と同値である.

（1）$\Longleftrightarrow$（3） (5.10) のはじめの等式

$$\boldsymbol{a}=\sum_{i=1}^{3} a_i\boldsymbol{e}_i, \qquad \boldsymbol{f}(\boldsymbol{a})=\sum_{i=1}^{3} a_i\boldsymbol{f}(\boldsymbol{e}_i)$$

を考える.（1）′ のとき, $\boldsymbol{f}(\boldsymbol{a})=\boldsymbol{o}$ ならばこの第2式より $a_i=0(i=1,2,3)$で, 第1式より $\boldsymbol{a}=\boldsymbol{o}$ となり,（3）が成り立つ. 逆に（3）のとき, 第2式が $\boldsymbol{o}$ ならば $\boldsymbol{a}=\boldsymbol{o}$ 従って第1式より $a_i=0$ $(i=1,2,3)$ となり,（1）′ が成り立つ.

（3）$\Longleftrightarrow$（4） $\boldsymbol{f}(\boldsymbol{a})=\boldsymbol{f}(\boldsymbol{b})$ ならば, (5.8) より $\boldsymbol{f}(\boldsymbol{a}-\boldsymbol{b})=\boldsymbol{o}$ で,（3）のとき $\boldsymbol{a}-\boldsymbol{b}=\boldsymbol{o}$, すなわち $\boldsymbol{a}=\boldsymbol{b}$ となり,（4）が成り立つ. 逆に（4）のとき, $\operatorname{Ker}\boldsymbol{f}=\boldsymbol{f}^{-1}(\boldsymbol{o})$ は $\phi$ またはただ1つのベクトルからなるが, 定理 5.8（i）より $\boldsymbol{o}\in\operatorname{Ker}\boldsymbol{f}$ だから,（3）が成り立つ.

（4）$\Longleftrightarrow$（5） 上で示された（4）$\Rightarrow$（2）より明らか. （証終）

線形写像 $\boldsymbol{f}: \boldsymbol{V}\to\boldsymbol{V}$ に対して, $\operatorname{rank}\boldsymbol{f}=0$ すなわち $\operatorname{Im}\boldsymbol{f}=\boldsymbol{o}$ であることは, 明らかに $\operatorname{Ker}\boldsymbol{f}=\boldsymbol{V}$ すなわち $\dim \operatorname{Ker}\boldsymbol{f}=3$ であることと同値である.

残りの階数が2または1となる線形写像について調べよう. たとえば次の線形写像はその簡単な例である.

$\boldsymbol{V}$ の基底 $\boldsymbol{e}_1, \boldsymbol{e}_2, \boldsymbol{e}_3$ が与えられたとき,

(5.13)　$$\boldsymbol{p}_{12}(a_1\boldsymbol{e}_1+a_2\boldsymbol{e}_2+a_3\boldsymbol{e}_3)=a_1\boldsymbol{e}_1+a_2\boldsymbol{e}_2 \qquad (a_i\in\boldsymbol{R})$$

で定義される $\boldsymbol{p}_{12}:\boldsymbol{V}\to\boldsymbol{V}$ は線形写像で,

$$\mathrm{Im}\,\boldsymbol{p}_{12}=L(\boldsymbol{e}_1,\boldsymbol{e}_2),\quad \mathrm{Ker}\,\boldsymbol{p}_{12}=L(\boldsymbol{e}_3),\quad \mathrm{rank}\,\boldsymbol{p}_{12}=2.$$

この $\boldsymbol{p}_{12}$ を $L(\boldsymbol{e}_1,\boldsymbol{e}_2)$ 上への $\boldsymbol{e}_3$ にそった**平行射影**とよぶ. また

(5.14)　$$\boldsymbol{p}_1(a_1\boldsymbol{e}_1+a_2\boldsymbol{e}_2+a_3\boldsymbol{e}_3)=a_1\boldsymbol{e}_1 \qquad (a_i\in\boldsymbol{R})$$

で定義される $\boldsymbol{p}_1:\boldsymbol{V}\to\boldsymbol{V}$ も線形写像で,

$$\mathrm{Im}\,\boldsymbol{p}_1=L(\boldsymbol{e}_1),\quad \mathrm{Ker}\,\boldsymbol{p}_1=L(\boldsymbol{e}_2,\boldsymbol{e}_3),\quad \mathrm{rank}\,\boldsymbol{p}_1=1.$$

この $\boldsymbol{p}_1$ を $L(\boldsymbol{e}_1)$ 上への $\boldsymbol{e}_1,\boldsymbol{e}_2$ にそった**平行射影**とよぶ.

**定理 5.12**　線形写像 $\boldsymbol{f}:\boldsymbol{V}\to\boldsymbol{V}$ に対し, 次の (1)～(5) は同値である.

(1)　$\mathrm{rank}\,\boldsymbol{f}=2.$　　(2)　$\dim\,\mathrm{Ker}\,\boldsymbol{f}=1.$

(3)　$\boldsymbol{f}(\boldsymbol{e}_1),\boldsymbol{f}(\boldsymbol{e}_2)$ は独立で $\boldsymbol{f}(\boldsymbol{e}_3)=\boldsymbol{o}$ となる $\boldsymbol{V}$ の基底 $\boldsymbol{e}_1,\boldsymbol{e}_2,\boldsymbol{e}_3$ が存在する.

(4)　$$\mathrm{Im}\,\boldsymbol{f}=L(\boldsymbol{f}(\boldsymbol{e}_1),\boldsymbol{f}(\boldsymbol{e}_2)),\quad \mathrm{Ker}\,\boldsymbol{f}=L(\boldsymbol{e}_3)$$

となる $\boldsymbol{V}$ の基底 $\boldsymbol{e}_1,\boldsymbol{e}_2,\boldsymbol{e}_3$ が存在する.

(5)　$\boldsymbol{V}$ の適当な基底 $\boldsymbol{e}_1,\boldsymbol{e}_2,\boldsymbol{e}_3$ と線形変換 $\boldsymbol{f}':\boldsymbol{V}\rightleftarrows\boldsymbol{V}$ が存在して, $\boldsymbol{f}$ は (5.13) の平行射影 $\boldsymbol{p}_{12}$ と $\boldsymbol{f}'$ の合成 $\boldsymbol{f}'\circ\boldsymbol{p}_{12}$ に等しい.

**証明**　(1)⇒(3)　$V$ の基底 $\boldsymbol{e}_1',\boldsymbol{e}_2',\boldsymbol{e}_3'$ に対し, (1) と (5.12) および定理 3.23, 補題 3.13 より, $\boldsymbol{f}(\boldsymbol{e}_1'),\boldsymbol{f}(\boldsymbol{e}_2'),\boldsymbol{f}(\boldsymbol{e}_3')$ のうち 2 つが独立で, もう 1 つはそれらの線形結合である. 必要ならば順序をいれかえて, $\boldsymbol{f}(\boldsymbol{e}_1')$ と $\boldsymbol{f}(\boldsymbol{e}_2')$ が独立で,

$$\boldsymbol{f}(\boldsymbol{e}_3')=x_1\boldsymbol{f}(\boldsymbol{e}_1')+x_2\boldsymbol{f}(\boldsymbol{e}_2') \qquad (x_1,x_2\in\boldsymbol{R})$$

であるとしてよい. このとき

$$\boldsymbol{e}_1=\boldsymbol{e}_1',\quad \boldsymbol{e}_2=\boldsymbol{e}_2',\quad \boldsymbol{e}_3=\boldsymbol{e}_3'-x_1\boldsymbol{e}_1-x_2\boldsymbol{e}_2$$

が独立であること, 従って $\boldsymbol{V}$ の基底であることは容易にわかる. さらに上式より $\boldsymbol{f}(\boldsymbol{e}_3)=\boldsymbol{o}$.

(3)⇒(4)　$\boldsymbol{f}(\boldsymbol{e}_3)=\boldsymbol{o}$ より,

$$\boldsymbol{f}(\boldsymbol{a})=\sum_{i=1}^{3}a_i\boldsymbol{f}(\boldsymbol{e}_i)=\sum_{i=1}^{2}a_i\boldsymbol{f}(\boldsymbol{e}_i) \qquad \left(\boldsymbol{a}=\sum_{i=1}^{3}a_i\boldsymbol{e}_i\right)$$

だから，（4）の第1式は明らか．また $\boldsymbol{f}(L(\boldsymbol{e}_3))=\boldsymbol{o}$．　さらに，$\boldsymbol{f}(\boldsymbol{a})=\boldsymbol{o}$ ならば，上式と（3）の仮定より $a_1=a_2=0$ となるから，$\boldsymbol{a}\in L(\boldsymbol{e}_3)$ がわかり，（4）の第2式がえられる．

（4）⇒（3），（1）　（4）のとき $\boldsymbol{f}(\boldsymbol{e}_3)=\boldsymbol{o}$．また

$$a_1\boldsymbol{f}(\boldsymbol{e}_1)+a_2\boldsymbol{f}(\boldsymbol{e}_2)=\boldsymbol{f}(a_1\boldsymbol{e}_1+a_2\boldsymbol{e}_2)=\boldsymbol{o}$$

ならば，（4）の第2式より $a_1\boldsymbol{e}_1+a_2\boldsymbol{e}_2\in L(\boldsymbol{e}_3)$ となるが，$\boldsymbol{e}_1, \boldsymbol{e}_2, \boldsymbol{e}_3$ は独立だから $a_1=a_2=0$ であり，$\boldsymbol{f}(\boldsymbol{e}_1)$，$\boldsymbol{f}(\boldsymbol{e}_2)$ は独立である．従って，

$$\operatorname{rank}\boldsymbol{f}=\dim\operatorname{Im}\boldsymbol{f}=2.$$

（2）⇒（4）　（2）ならば $\operatorname{Ker}\boldsymbol{f}=L(\boldsymbol{e}_3)$ となるベクトル $\boldsymbol{e}_3\neq\boldsymbol{o}$ が存在する．この $\boldsymbol{e}_3$ を含む基底 $\boldsymbol{e}_1, \boldsymbol{e}_2, \boldsymbol{e}_3$ をとれば（4）が成り立つ．

（4）⇒（5）　（4）のとき，（3）が成り立つから，

$$\boldsymbol{f}'(\boldsymbol{e}_1)=\boldsymbol{f}(\boldsymbol{e}_1),\ \boldsymbol{f}'(\boldsymbol{e}_2)=\boldsymbol{f}(\boldsymbol{e}_2),\ \boldsymbol{f}'(\boldsymbol{e}_3)$$

が独立であるように線形写像 $\boldsymbol{f}'$ を定義することができる．このとき $\operatorname{rank}\boldsymbol{f}'=3$ で，定理 5.11 より $\boldsymbol{f}'$ は同形写像である．また，$\boldsymbol{a}=\sum_{i=1}^{3}a_i\boldsymbol{e}_i$ に対し，

$$\boldsymbol{f}(\boldsymbol{a})=\sum_{i=1}^{3}a_i\boldsymbol{f}(\boldsymbol{e}_i)=\sum_{i=1}^{2}a_i\boldsymbol{f}'(\boldsymbol{e}_i)=\boldsymbol{f}'(\sum_{i=1}^{2}a_i\boldsymbol{e}_i)=\boldsymbol{f}'(\boldsymbol{p}_{12}(\boldsymbol{a})).$$

（5）⇒（2）　（5）において定理 5.11 より $\operatorname{Ker}\boldsymbol{f}'=\boldsymbol{o}$，従って

$$\operatorname{Ker}\boldsymbol{f}=\boldsymbol{p}_{12}{}^{-1}(\operatorname{Ker}\boldsymbol{f}')=\boldsymbol{p}_{12}{}^{-1}(\boldsymbol{o})=L(\boldsymbol{e}_3).$$ （証終）

次の定理は上の定理の証明と全く同様な推論により証明できる．その詳細は読者にまかせよう．

**定理 5.13**　線形写像 $\boldsymbol{f}: \boldsymbol{V}\to\boldsymbol{V}$ に対し，次の（1）～（5）は同値である．

（1）　$\operatorname{rank}\boldsymbol{f}=1$.　　（2）　$\dim\operatorname{Ker}\boldsymbol{f}=2$.

（3）　$\boldsymbol{f}(\boldsymbol{e}_1)\neq\boldsymbol{o}$，$\boldsymbol{f}(\boldsymbol{e}_2)=\boldsymbol{f}(\boldsymbol{e}_3)=\boldsymbol{o}$ となる $\boldsymbol{V}$ の基底 $\boldsymbol{e}_1, \boldsymbol{e}_2, \boldsymbol{e}_3$ が存在する．

（4）　$\operatorname{Im}\boldsymbol{f}=L(\boldsymbol{f}(\boldsymbol{e}_1))$，　$\operatorname{Ker}\boldsymbol{f}=L(\boldsymbol{e}_2, \boldsymbol{e}_3)$

となる $\boldsymbol{V}$ の基底 $\boldsymbol{e}_1, \boldsymbol{e}_2, \boldsymbol{e}_3$ が存在する．

（5）　$\boldsymbol{V}$ の適当な基底 $\boldsymbol{e}_1, \boldsymbol{e}_2, \boldsymbol{e}_3$ と線形変換 $\boldsymbol{f}': \boldsymbol{V}\rightleftarrows\boldsymbol{V}$ が存在して $\boldsymbol{f}$ は (5.14) の平行射影 $\boldsymbol{p}_1$ と $\boldsymbol{f}'$ の合成 $\boldsymbol{f}'\circ\boldsymbol{p}_1$ に等しい．

**系 5.14**　線形写像 $\boldsymbol{f}: \boldsymbol{V}\to\boldsymbol{V}$ に対し

$$\dim \mathrm{Ker}\boldsymbol{f}=3-\mathrm{rank}\boldsymbol{f}=3-\dim \mathrm{Im}\boldsymbol{f}.$$

**例題 2**　$\boldsymbol{e}_i=\overrightarrow{OE_i}$ $(i=1,2,3)$ として，空間 $S$ の $(O; E_1, E_2, E_3)$ を座標系とする座標をとれば，(5.13), (5.14) の平行射影 $\boldsymbol{p}_{12}, \boldsymbol{p}_1$ に定理 5.5 の前に述べた意味で対応する空間のアフィン写像 $p_{12}, p_1 : S\to S$ は

$$p_{12}(x_1, x_2, x_3)=(x_1, x_2, 0), \qquad p_1(x_1, x_2, x_3)=(x_1, 0, 0),$$

で与えられる．すなわち点 $A\in S$ に対し，座標軸 $l(O, E_3)$ の $A$ をとおる平行線と座標平面 $\varepsilon(O, E_1, E_2)$ の交点が $p_{12}(A)$ で，$\varepsilon(O, E_2, E_3)$ と平行な $A$ をとおる平面と $l(O, E_1)$ の交点が $p_1(A)$ である(定理 2.4 参照)．

**例題 3**　定理 5.12 の（3）～（5）において，$\boldsymbol{f}$ の線形部分空間 $L(\boldsymbol{e}_1, \boldsymbol{e}_2)$ への制限

$$\boldsymbol{f}|L(\boldsymbol{e}_1, \boldsymbol{e}_2) : L(\boldsymbol{e}_1, \boldsymbol{e}_2)\to L(\boldsymbol{f}(\boldsymbol{e}_1), \boldsymbol{f}(\boldsymbol{e}_2))$$

は全単射であり，（5）の $\boldsymbol{f}'$ の制限 $\boldsymbol{f}'|L(\boldsymbol{e}_1, \boldsymbol{e}_2)$ と一致する．

［解］(5.13) より $\boldsymbol{p}_{12}|L(\boldsymbol{e}_1, \boldsymbol{e}_2) : L(\boldsymbol{e}_1, \boldsymbol{e}_2)\to L(\boldsymbol{e}_1, \boldsymbol{e}_2)$ は恒等写像だから，$\boldsymbol{f}=\boldsymbol{f}'\circ\boldsymbol{p}_{12}$ より後半がわかる．上の $\boldsymbol{f}|L(\boldsymbol{e}_1, \boldsymbol{e}_2)$ は明らかに全射であり，また全単射 $\boldsymbol{f}'$ の制限と一致するから単射である．　(以上)

**例題 4**　定理 5.13 の（3）～（5）において，$\boldsymbol{f}$ の線形部分空間 $L(\boldsymbol{e}_1)$ への制限

$$f|L(\boldsymbol{e}_1) : L(\boldsymbol{e}_1)\to L(\boldsymbol{f}(\boldsymbol{e}_1))$$

は全単射であり，（5）の $\boldsymbol{f}'$ の制限 $\boldsymbol{f}'|L(\boldsymbol{e}_1)$ と一致する．

**例題 5**　$V$ の基底 $\boldsymbol{e}_1, \boldsymbol{e}_2, \boldsymbol{e}_3$ に関して

$$\boldsymbol{f}(\boldsymbol{e}_i)=\lambda_i\boldsymbol{e}_i, \qquad \lambda_i\in\boldsymbol{R} \qquad (i=1,2,3),$$

で与えられる線形写像 $\boldsymbol{f}$ の階数は $\lambda_1, \lambda_2, \lambda_3$ のうちの 0 でないものの個数に等しい．とくに $\lambda_1=\lambda_2=\lambda_3\neq 0$ のとき $\boldsymbol{f}$ は §5.1 例題 1, 2 の相似変換に対応している．

線形写像と関連して座標変換について考察しよう．

線形写像の概念は §3.3 の数ベクトル空間 $\boldsymbol{R}^3$ に対しても定義できる．写像

$$\boldsymbol{R}^3\to\boldsymbol{V}, \quad \boldsymbol{V}\to\boldsymbol{R}^3, \quad \text{または} \quad \boldsymbol{R}^3\to\boldsymbol{R}^3$$

は，(5.7), (5.8) のように和・スカラー倍の像が像の和・スカラー倍である

とき，**線形写像**とよばれる．さらに全単射のとき**同形写像**とよばれ，$\approx$ で書き表わされ，とくに $\boldsymbol{R}^3\approx\boldsymbol{R}^3$ のときは $\boldsymbol{R}^3$ の(**正則**)**線形変換**とよばれる．

一般の線形写像に対しても，定理 5.6，5.8，補題 5.10，定理 5.11〜13 の代数的性質は同様な形で成り立つ．

**定理 5.15** $\boldsymbol{V}$ の基底 $\boldsymbol{e}_1, \boldsymbol{e}_2, \boldsymbol{e}_3$ に対する (3.17) の全単射

$$\varphi : \boldsymbol{R}^3\approx\boldsymbol{V}, \qquad \varphi(a_1, a_2, a_3)=\sum_{i=1}^{3} a_i\boldsymbol{e}_i, \tag{5.15}$$

は同形写像であり，逆に任意の同形写像 $\varphi : \boldsymbol{R}^3\approx\boldsymbol{V}$ に対し，(3.19) の $\boldsymbol{R}^3$ の基底の像 $\varphi(\mathbf{1}_i)\,(i=1,2,3)$ は $\boldsymbol{V}$ の基底である．

**証明** 前半は定理 3.19(ii) で示されており，後半は一般の線形写像に対する定理 5.11 よりえられる．（証終）

$\boldsymbol{V}$ のもう 1 つの基底 $\boldsymbol{e}_1', \boldsymbol{e}_2', \boldsymbol{e}_3'$ と (5.15) の同形写像

$$\varphi' : \boldsymbol{R}^3\approx\boldsymbol{V}, \qquad \varphi'(a_1, a_2, a_3)=\sum_{i=1}^{3} a_i\boldsymbol{e}_i', \tag{5.15$'$}$$

が与えられたとする．このとき，同形写像

$$T=\varphi'^{-1}\circ\varphi : \boldsymbol{R}^3\approx\boldsymbol{R}^3 \tag{5.16}$$

が定義され，(5.15)，(5.15)$'$ より明らかに

$$\boldsymbol{a}=\sum_{i=1}^{3} a_i\boldsymbol{e}_i=\sum_{i=1}^{3} a_i'\boldsymbol{e}_i' \Longleftrightarrow T(a_1, a_2, a_3)=(a_1', a_2', a_3')$$

が成り立ち，2 つの基底に関する同じベクトルの成分の間の対応が $T$ で与えられる．この数ベクトル空間 $\boldsymbol{R}^3$ の線形変換 $T$ は，$\boldsymbol{V}$ の基底 $\boldsymbol{e}_1, \boldsymbol{e}_2, \boldsymbol{e}_3$ から基底 $\boldsymbol{e}_1', \boldsymbol{e}_2', \boldsymbol{e}_3'$ への取り替えの**座標変換**とよばれる．

**定理 5.16** 第 1 の基底が第 2 の基底によって

$$\boldsymbol{e}_i=\sum_{j=1}^{3} t_{ji}\boldsymbol{e}_j' \qquad (i=1,2,3)$$

と表わされるならば，(5.16) の座標変換 $T$ は次式で与えられる．

$$T(\mathbf{1}_i)=\sum_{j=1}^{3} t_{ji}\mathbf{1}_j \qquad (i=1,2,3).$$

逆に，基底 $\boldsymbol{e}_1', \boldsymbol{e}_2', \boldsymbol{e}_3'$ と上式で与えられる線形変換 $T : \boldsymbol{R}^3\to\boldsymbol{R}^3$ が与えられたとき， 定理の最初の式の $\boldsymbol{e}_1, \boldsymbol{e}_2, \boldsymbol{e}_3$ は $\boldsymbol{V}$ の基底となり，$T$ はそれから

$\boldsymbol{e}_1', \boldsymbol{e}_2', \boldsymbol{e}_3'$ への座標変換である.

**証明**　前半は $\sum_{i=1}^{3} a_i \boldsymbol{e}_i = \sum_{j=1}^{3} \left(\sum_{i=1}^{3} t_{ji} a_i\right) \boldsymbol{e}_j'$ より明らか. 後半は同形写像 $\varphi' \circ T$: $\boldsymbol{R}^3 \to \boldsymbol{V}$ による $\boldsymbol{1}_i$ の像が $\boldsymbol{e}_i$ となるから上の定理の後半と (5.16) よりわかる.　　　　(証終)

さらに $V$ の線形写像と座標変換の関係は次のようになる. (5.15) の同形写像 $\varphi$ により, 線形写像 $\boldsymbol{f}: \boldsymbol{V} \to \boldsymbol{V}$ と線形写像 $F: \boldsymbol{R}^3 \to \boldsymbol{R}^3$ が関係

(5.17)　$\boldsymbol{f} \circ \varphi = \varphi \circ F;\quad \boldsymbol{f}(\boldsymbol{e}_i) = \sum f_{ji} \boldsymbol{e}_j \Longleftrightarrow F(\boldsymbol{1}_i) = \sum f_{ji} \boldsymbol{1}_j,$

$\left(\sum = \sum_{j=1}^{3}\right)$ によって 1-1 に対応する. また (5.15)′ の同形写像 $\varphi'$ に対しても,

(5.17)′　$\boldsymbol{f} \circ \varphi' = \varphi' \circ F';\quad \boldsymbol{f}(\boldsymbol{e}_i') = \sum f_{ji}' \boldsymbol{e}_j' \Longleftrightarrow F'(\boldsymbol{1}_i) = \sum f_{ji}' \boldsymbol{1}_j,$

によって $\boldsymbol{f}$ と $F'$ が 1-1 に対応するが, 定義より明らかに次が成り立つ.

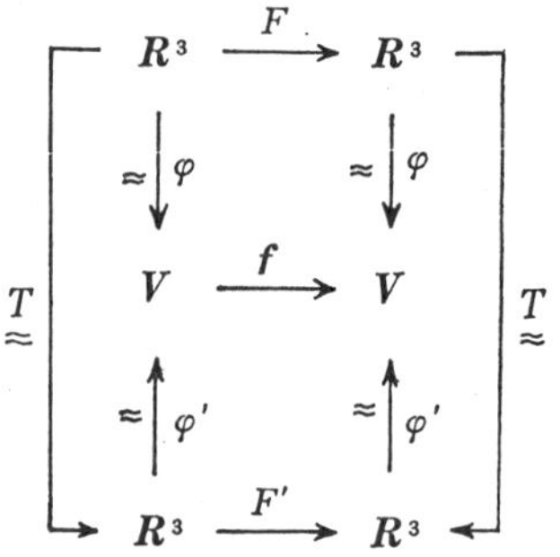


**定理 5.17**　同じ線形写像 $\boldsymbol{f}$ に上のように対応する線形写像 $F, F': \boldsymbol{R}^3 \to \boldsymbol{R}^3$ は,

(5.18)　$T \circ F = F' \circ T, \quad F' = T \circ F \circ T^{-1},$

をみたす. ここに $T = \varphi'^{-1} \circ \varphi$ は (5.16) の座標変換である.

この $F'$ は線形写像 $F$ を座標変換 $T$ によって**変換した線形写像**とよばれる. このとき明らかに, $F$ は $F'$ を座標変換 $T^{-1}$ によって変換したものである.

上に述べた座標変換の考え方は, 空間 $S$ の座標系の取り替えについても考察できる.

アフィン空間 $S$ において, 2つの $(O; E_1, E_2, E_3), (O'; E_1', E_2', E_3')$ を座標系とする定理 2.29 の座標

$$\varphi: \boldsymbol{R}^3 \xrightarrow{\sim} S, \qquad \varphi': \boldsymbol{R}^3 \xrightarrow{\sim} S,$$

が与えられたとする. このとき

(5.19)　$$U = \varphi'^{-1} \circ \varphi: \boldsymbol{R}^3 \xrightarrow{\sim} \boldsymbol{R}^3$$

は, 点 $A \in S$ の第1の座標 $(a_1, a_2, a_3)$ を同じ点 $A$ の第2の座標 $(a_1', a_2', a_3')$

にうつしている．この $U$ は $S$ の座標系 $(O;E_1,E_2,E_3)$ から $(O';E_1',E_2',E_3')$ への取り替えの**座標変換**とよばれる．

**定理 5.18** 第1の座標系の原点 $O$，単位点 $E_1,E_2,E_3$ の第2の座標系による座標が

$$\varphi'^{-1}(O)=(o_1,o_2,o_3),\qquad \varphi'^{-1}(E_i)=(t_{1i}+o_1,t_{2i}+o_2,t_{3i}+o_3)$$

$(i=1,2,3)$ とすれば，(5.19) の座標変換 $U$ は，

$$T(\mathbf{1}_i)=\sum_{j=1}^{3}t_{ji}\mathbf{1}_j,\qquad H(a_1,a_2,a_3)=(a_1+o_1,a_2+o_2,a_3+o_3),$$

で与えられる $\boldsymbol{R}^3$ の線形変換 $T$ と平行移動 $H$ の合成 $H\circ T$ と一致する．

$$U=H\circ T,\qquad U(a_1,a_2,a_3)=(a_1',a_2',a_3'),$$

$$a_i'=o_i+\sum_{j=1}^{3}t_{ij}a_j\qquad (i=1,2,3).$$

**証明** $\overrightarrow{O'O}$ にそった平行移動により第2の座標系がうつされる座換系 $(O;E_1'',E_2'',E_3'')$ による座標 $\varphi'':\boldsymbol{R}^3\to S$ を考えれば，$H=\varphi'^{-1}\circ\varphi''$ は容易に求める形であることがわかる．従って $\varphi''^{-1}(E_i)=(t_{1i},t_{2i},t_{3i})$ すなわち $\overrightarrow{OE_i}=\sum_{j=1}^{3}t_{ji}\overrightarrow{OE_j}''$ だから，$T=\varphi''^{-1}\circ\varphi$ は定理 5.16 より求める形で，明らかに $U=\varphi'^{-1}\circ\varphi=H\circ T$ である． (証終)

**問 1** 基底 $\boldsymbol{e}_1,\boldsymbol{e}_2,\boldsymbol{e}_3$ に関しそれぞれ次式で与えられる線形写像 $\boldsymbol{f}$ の階数を求めよ．

(1) $\begin{cases}\boldsymbol{f}(\boldsymbol{e}_1)=\boldsymbol{e}_1-2\boldsymbol{e}_2,\\ \boldsymbol{f}(\boldsymbol{e}_2)=2\boldsymbol{e}_1+\boldsymbol{e}_2-\boldsymbol{e}_3,\\ \boldsymbol{f}(\boldsymbol{e}_3)=3\boldsymbol{e}_1-\boldsymbol{e}_2+2\boldsymbol{e}_3\end{cases}$　(2) $\begin{cases}\boldsymbol{f}(\boldsymbol{e}_1)=4\boldsymbol{e}_1-2\boldsymbol{e}_2+3\boldsymbol{e}_3,\\ \boldsymbol{f}(\boldsymbol{e}_2)=\boldsymbol{e}_1+2\boldsymbol{e}_2-\boldsymbol{e}_3,\\ \boldsymbol{f}(\boldsymbol{e}_3)=5\boldsymbol{e}_1-10\boldsymbol{e}_2+9\boldsymbol{e}_3.\end{cases}$

(3) $\begin{cases}\boldsymbol{f}(\boldsymbol{e}_1)=\boldsymbol{e}_1+\boldsymbol{e}_2,\\ \boldsymbol{f}(\boldsymbol{e}_2)=\boldsymbol{e}_1+\boldsymbol{e}_3,\\ \boldsymbol{f}(\boldsymbol{e}_3)=\boldsymbol{e}_2+\boldsymbol{e}_3.\end{cases}$　(4) $\begin{cases}\boldsymbol{f}(\boldsymbol{e}_1)=2\boldsymbol{e}_1+\boldsymbol{e}_2-\boldsymbol{e}_3,\\ \boldsymbol{f}(\boldsymbol{e}_2)=\boldsymbol{e}_1-\boldsymbol{e}_2+3\boldsymbol{e}_3,\\ \boldsymbol{f}(\boldsymbol{e}_3)=-\boldsymbol{e}_1+3\boldsymbol{e}_2+\boldsymbol{e}_3.\end{cases}$

**問 2** $\boldsymbol{V}$ の3つの基底の $i$ 番目から $i+1$ 番目への座標変換を $T_i\,(i=1,2)$ とすれば，1番目から3番目への座標変換は合成 $T_2\circ T_1$ である．$S$ の座標系についても同様である．

## 5.3 空間の合同変換，直交変換

この節では，空間 $S$ は §4.1 のユークリッド空間とし，その計量的構造をたもつような点変換を考えよう．

空間からそれ自身への写像 $f: S \to S$ は，(4.1) の距離 $d$ を変えないとき，すなわち

$$d(A, B) = d(f(A), f(B)) \qquad (A, B \in S) \tag{5.20}$$

をみたすとき，空間の**合同変換**とよばれる．

**定理 5.19** 合同変換 $f: S \to S$ は全単射でアフィン変換である．さらに(4.2)の直線の垂直性および (4.4) の実数 $c(O, A, B)$ を変えない．すなわち

(i)　2直線 $l, m$ が $l \perp m$ ならば $f(l) \perp f(m)$.

(ii)　$$c(O, A, B) = c(f(O), f(A), f(B)).$$

**証明** $A' = f(A)$ のように $f$ による像は $'$ をつけて表わそう．(4.1)(i)より，$A' = B'$ ならば $d(A, B) = d(A', B') = 0$ で $A = B$ となるから $f$ は単射である．直線 $l_1$ に対し，系 4.10 の証明のように，その1点 $A$ で交わる直線 $l_2, l_3$ で $l_i \perp l_j$ $(i \neq j)$なるものおよび $A$ と異なる点 $B_2 \in l_2, B_3 \in l_3$ をとる．ピタゴラスの定理より，$d(B_2, B_3)^2 = d(A, B_2)^2 + d(A, B_3)^2$ だから (5.20) より $f$ による像も同じ式をみたし，$l(A', B_2') \perp l(A', B_3')$ がわかる．従って定理4.9 よりこれらと垂直な直線 $m \ni A'$ が定まる．このとき任意の $P \in l_1, P \neq A$ に対し，上と同様に $l(P', A') \perp l(A', B_i')$ $(i = 2, 3)$ がわかるから，$P' \in m$ で，$l_1' \subset m$. このことと (4.1)(ii)，補題2.12(ii) および (5.20) より $C \in (A, B) \Rightarrow C' \in (A', B')$ がわかり，さらに補題 4.1 より容易に (5.2) が示され，$l_1' = m$ がえられる．$f$ は単射だから，定理 2.4 を用いて定理 5.1(i)の証明と全く同様に，$f$ は全射であることが示される．(i) は上の証明からわかり，(ii) は以上のことと $c$ の定義 (4.4) より明らか．　(証終)

**定理 5.20** (i) (3.21) の平行移動は合同変換である．

(ii)　合同変換の合成および逆写像は合同変換である．

(iii)　空間の1点 $O \in S$ を固定するとき，任意の合同変換は $O$ を動かさない合同変換と平行移動の合成として一意に表わされる．

**証明** (i) は定理 4.6 (ii) より，(iii) は定理 5.3 (iii) よりわかり，(ii) は定義より明らか．　(証終)

**定理 5.21** 写像 $f: S \to S, f(O) = O$, が合同変換であるためには，(5.6)で

与えられる $\boldsymbol{f}: \boldsymbol{V} \to \boldsymbol{V}$ が線形写像で，さらに (4.6) の内積を変えない，すなわち

(5.21) $$(\boldsymbol{a}, \boldsymbol{b}) = (\boldsymbol{f}(\boldsymbol{a}), \boldsymbol{f}(\boldsymbol{b})) \qquad (\boldsymbol{a}, \boldsymbol{b} \in \boldsymbol{V})$$

をみたす，ことが必要十分である．

**証明** (必要) 定理 5.5 と 5.19(ii) による．(十分) 定理 5.5 より $f$ はアフィン写像で, (5.21) と (4.10) より $A=O$ として (5.20) が成り立つ．従って，定理 5.4 の十分性の証明と同様に，一般の (5.20) が示される．

(証終)

ユークリッドベクトル空間 $\boldsymbol{V}$ からそれ自身への線形写像 $\boldsymbol{f}: \boldsymbol{V} \to \boldsymbol{V}$ が，(5.21) のように内積をたもつとき，$\boldsymbol{f}$ を $\boldsymbol{V}$ の**直交変換**とよぶ．

**定理 5.22** (i) 直交変換 $\boldsymbol{f}: \boldsymbol{V} \to \boldsymbol{V}$ は全単射であり，従って線形変換である．

(ii) 恒等写像 $1_{\boldsymbol{V}}: \boldsymbol{V} \to \boldsymbol{V}$ は直交変換である．直交変換の合成および逆写像はまた直交変換である．

**証明** (i) $\boldsymbol{f}(\boldsymbol{a}) = \boldsymbol{o}$ ならば (4.9) より $(\boldsymbol{f}(\boldsymbol{a}), \boldsymbol{f}(\boldsymbol{a})) = 0$ であり，(5.21) より $(\boldsymbol{a}, \boldsymbol{a}) = 0$ で，再び (4.9) より $\boldsymbol{a} = \boldsymbol{o}$．従って定理 5.11 より (i) がわかる．(ii) 定義より明らか．(証終)

**定理 5.23** ユークリッドベクトル空間 $\boldsymbol{V}$ の定理 4.14 の正規直交基底 $\boldsymbol{e}_1, \boldsymbol{e}_2, \boldsymbol{e}_3$ が与えられたとする．

(i) このとき (5.9) の

(5.22) $$\boldsymbol{f}(\boldsymbol{e}_i) = \sum_{j=1}^{3} f_{ji} \boldsymbol{e}_j \qquad (i=1, 2, 3)$$

で与えられる線形写像 $\boldsymbol{f}: \boldsymbol{V} \to \boldsymbol{V}$ が直交変換であるためには，(5.22) の 3 個のベクトルが正規直交基底をなすこと，すなわち

(5.23) $$(\boldsymbol{f}(\boldsymbol{e}_i), \boldsymbol{f}(\boldsymbol{e}_j)) = \sum_{k=1}^{3} f_{ki} f_{kj} = \delta_{ij} \qquad (i, j=1, 2, 3)$$

($\delta_{ij}$ はクロネッカーの記号) であること，が必要十分である．

(ii) (i) が成り立つとき，$\boldsymbol{f}$ の逆写像である直交変換 $\boldsymbol{f}^{-1}: \boldsymbol{V} \to \boldsymbol{V}$ は

(5.24) $$f^{-1}(e_i)=\sum_{j=1}^{3} f_{ij}e_j \qquad (i=1,2,3)$$ [1)]

で与えられ，従って次式も成り立つ．

(5.25) $$\sum_{k=1}^{3} f_{ik}f_{jk}=\delta_{ij} \qquad (i,j=1,2,3).$$

**証明** (i) (5.22) が正規直交基底であることと (5.23) の同値は系 4.15 で，必要性は定理 4.14(i) よりただちにわかる．逆に，(5.10) より

$$\boldsymbol{a}=\sum a_i\boldsymbol{e}_i,\ \boldsymbol{b}=\sum b_i\boldsymbol{e}_i \quad \text{ならば} \quad \boldsymbol{f}(\boldsymbol{a})=\sum a_i\boldsymbol{f}(\boldsymbol{e}_i),\ \boldsymbol{f}(\boldsymbol{b})=\sum b_i\boldsymbol{f}(\boldsymbol{e}_i)$$

($\sum=\sum_{i=1}^{3}$)，であるが，(5.22) も正規直交基底ならば (4.15) より

$$(\boldsymbol{a},\boldsymbol{b})=\sum_{i=1}^{3} a_ib_i=(\boldsymbol{f}(\boldsymbol{a}),\boldsymbol{f}(\boldsymbol{b})).$$

(ii) $\boldsymbol{f}$ と (5.24) で与えられる $\boldsymbol{f}^{-1}$ の合成は，(5.23) より

$$\boldsymbol{f}^{-1}(\boldsymbol{f}(\boldsymbol{e}_i))=\sum_{j=1}^{3} f_{ji}(\sum_{k=1}^{3} f_{jk}\boldsymbol{e}_k)=\sum_{k=1}^{3}(\sum_{j=1}^{3} f_{ji}f_{jk})\boldsymbol{e}_k=\boldsymbol{e}_i$$

$(i=1,2,3)$．従って $\boldsymbol{f}^{-1}\circ\boldsymbol{f}=1_V$ であり，$\boldsymbol{f}^{-1}$ は全単射 $\boldsymbol{f}$ の逆写像である直交変換であることがわかる．このことと $\boldsymbol{f}^{-1}$ に対する (i) より (5.25) が成り立つ． (証終)

直交変換の概念は一般の計量ベクトル空間 $\boldsymbol{R}^3$ に対しても定義できる．線形写像

$$\boldsymbol{R}^3\to V,\quad V\to\boldsymbol{R}^3 \quad \text{または} \quad \boldsymbol{R}^3\to\boldsymbol{R}^3$$

は，(5.21) のように内積をかえないとき，定理 5.22(i) と同様に同形写像であることがわかり，**計量同形写像**とよばれる．とくに写像 $\boldsymbol{R}^3\to\boldsymbol{R}^3$ のときは $\boldsymbol{R}^3$ の**直交変換**とよばれる．このとき一般の計量同形写像に対しても，上の 2 つの定理は同様の形で成り立つことがわかる．

以後この章では，$\boldsymbol{R}^3$ は定理 4.19(i) の内積による計量ベクトル空間，すなわち (3.19) の $\boldsymbol{1}_1,\boldsymbol{1}_2,\boldsymbol{1}_3$ を正規直交基底とするもの，とする．またことわらない限り，$V$ はユークリッドベクトル空間であるとする．

**定理 5.24** (i) 定理 5.15 において，正規直交基底 $\boldsymbol{e}_1,\ \boldsymbol{e}_2,\ \boldsymbol{e}_3$ に対する

1) (5.22) と添数の順序がいれかわるだけである．

(5.15) の $\varphi$ は計量同形写像であり，逆に任意の計量同形写像 $\varphi: \boldsymbol{R}^3 \approx \boldsymbol{V}$ に対し $\varphi(\mathbf{1}_i)\,(i=1,2,3)$ は $\boldsymbol{V}$ の正規直交基底である．

（ii） $\boldsymbol{V}$ の正規直交基底 $\boldsymbol{e}_1, \boldsymbol{e}_2, \boldsymbol{e}_3$ および $\boldsymbol{e}_1', \boldsymbol{e}_2', \boldsymbol{e}_3'$ に対し，基底の取り替えの (5.16) の座標変換 $T: \boldsymbol{R}^3 \to \boldsymbol{R}^3$ およびその逆写像 $T^{-1}$ は $\boldsymbol{R}^3$ の直交変換であり，ある実数 $\{t_{ji} | i, j=1,2,3\}$ が存在して次式が成り立つ．

$$(5.26)\qquad \begin{cases} \boldsymbol{e}_i' = \sum_{j=1}^{3} t_{ij}\boldsymbol{e}_j, \qquad \boldsymbol{e}_i = \sum_{j=1}^{3} t_{ji}\boldsymbol{e}_j', \\ T(\mathbf{1}_i) = \sum_{j=1}^{3} t_{ji}\mathbf{1}_j, \qquad T^{-1}(\mathbf{1}_i) = \sum_{j=1}^{3} t_{ij}\mathbf{1}_j, \\ \sum_{k=1}^{3} t_{ki}t_{kj} = \delta_{ij} = \sum_{k=1}^{3} t_{ik}t_{jk}, \qquad (1 \leqq i, j, k \leqq 3). \end{cases}$$

**証明** （i） 前半は定理 4.19(ii) であり，後半は一般の計量同形写像に対する上の定理の（i）よりえられる．

（ii） （i）より (5.15), (5.15)$'$ の $\varphi, \varphi'$ は計量同形写像だから $T=\varphi'^{-1}\circ\varphi$, $T^{-1}$ もそうである．定理 5.16 より (5.26) の第 2 式が成り立てば第 3 式が成り立ち，従って $\boldsymbol{R}^3$ の直交変換 $T$ に対する上の定理よりその第 4 式以降がわかり，第 4 式を $\varphi$ でうつして第 1 式がえられる．　（証終）

この定理の（ii）より $T^{-1}$ の形もわかるから，定理 5.17 における $T$ によって変換した線形写像 $T\circ F\circ T^{-1}$ は機械的に計算できる．また，上の定理の（ii）と定理 5.18 より，直交座標系の座標変換は次のようになる．

**系 5.25** ユークリッド空間 $S$ の 2 つの直交座標系 $(O; E_1, E_2, E_3)$, $(O'; E_1', E_2', E_3')$ に対する定理 5.18 において，$T$ は $\boldsymbol{R}^3$ の直交変換であり，(5.26) の第 3 式以降が成り立ち，さらに $U$ の逆変換 $U^{-1}=T^{-1}\circ H^{-1}$，すなわち第 2 の座標系から第 1 の座標系への座標変換，は次式で与えられる．

$$U^{-1}(a_1', a_2', a_3') = (a_1, a_2, a_3), \qquad a_i = \sum_{j=1}^{3} t_{ji}(a_j' - o_j).$$

ここで，$\boldsymbol{V}$ の直交変換などの全体のつくる集合の用語にふれておく．一般に集合 $G$ に対し，写像

$$\mu: G\times G \to G, \qquad \iota: G \to G,$$

と元 $e\in G$ が与えられ，$\mu(g,h)=gh$，$\iota(g)=g^{-1}$ と書き表わすとき，実数の積の可換性以外の性質と同様に，

$$(gh)k=g(hk),\quad eg=ge=g,\quad gg^{-1}=g^{-1}g=e=e^{-1},$$

$(g,h,k\in G)$ が成り立つとする．このとき集合 $G$ は**群**をなすといい，$gh$ を $g,h$ の**積**，$e$ を**単位元**，$g^{-1}$ を $g$ の**逆元**とよぶ．

**定理 5.26** ベクトル空間 $\boldsymbol{V}$ の線形変換全体の集合 $GL(\boldsymbol{V})$，ユークリッドベクトル空間 $\boldsymbol{V}$ の直交変換全体の集合 $O(\boldsymbol{V})$ は，いずれも写像の合成 $\boldsymbol{g}\circ\boldsymbol{f}$ を $\boldsymbol{f},\boldsymbol{g}$ の積，恒等写像 $1_{\boldsymbol{V}}$ を単位元，逆写像 $\boldsymbol{f}^{-1}$ を $\boldsymbol{f}$ の逆元として群をなす．これらはそれぞれ $\boldsymbol{V}$ の**線形変換群**，**直交変換群**とよばれる．

また，アフィン空間 $S$ のアフィン変換全体の集合，ユークリッド空間 $S$ の合同変換全体の集合も同様に写像の合成を積として群をなす．これらは空間 $S$ の**アフィン変換群**，**合同変換群**とよばれる．

**証明** 系 5.9，定理 5.22(ii)，5.2(iii)，5.20(ii) である． (証終)

同形写像 $\varphi:\boldsymbol{R}^3\approx\boldsymbol{V}$ に対する (5.17) の関係による 1-1 対応 $\boldsymbol{f}\leftrightarrow F$ によって，明らかに $\boldsymbol{V}$ の恒等写像，写像の合成，逆写像および線形変換は $\boldsymbol{R}^3$ のそれらに対応している．さらに計量同形写像 $\varphi$ のときは，$\boldsymbol{V}$ と $\boldsymbol{R}^3$ の直交変換が互いに対応している．従って，上の定理の群 $GL(\boldsymbol{V}),O(\boldsymbol{V})$ は数(計量)ベクトル空間 $\boldsymbol{R}^3$ の線形変換群 $GL(\boldsymbol{R}^3)$，直交変換群 $O(\boldsymbol{R}^3)$ とそれぞれ同一視することができる．これらは普通 $GL(3,\boldsymbol{R}),O(3)$ と書き表わされ，3次の**一般線形群**，**直交群**とよばれている．

さて，直交変換の具体的な形を調べるために，直交変換の例をあげておこう．それらが直交変換であることは定理 5.23 より容易に確かめられる．

$\boldsymbol{e}_1,\boldsymbol{e}_2,\boldsymbol{e}_3$ を $\boldsymbol{V}$ の正規直交基底とし，添数を $\boldsymbol{e}_{3+i}=\boldsymbol{e}_i$ のように考える．

(5.27) $\quad(-1_{\boldsymbol{e}_i})(\boldsymbol{e}_i)=-\boldsymbol{e}_i,\quad(-1_{\boldsymbol{e}_i})(\boldsymbol{e}_j)=\boldsymbol{e}_j\quad(j\neq i),$

で与えられる直交変換 $-1_{\boldsymbol{e}_i}$ を線形部分空間 $L(\boldsymbol{e}_{i+1},\boldsymbol{e}_{i+2})$ に関する**折り返し**または**対称変換**とよぶ．合成

(5.28) $\quad -1=(-1_{\boldsymbol{e}_1})\circ(-1_{\boldsymbol{e}_2})\circ(-1_{\boldsymbol{e}_3}),\quad(-1)(\boldsymbol{a})=-\boldsymbol{a}\quad(\boldsymbol{a}\in\boldsymbol{V}),$

を $\boldsymbol{o}$ に**関する対称変換**とよぶ．また実数 $\theta$ に対し

$$(5.29)\qquad \boldsymbol{r}_{e_i,e_{i+1}}(\theta)(\boldsymbol{e}_j)=\begin{cases}\boldsymbol{e}_i\cos\theta+\boldsymbol{e}_{i+1}\sin\theta^{1)} & (j=i),\\ -\boldsymbol{e}_i\sin\theta+\boldsymbol{e}_{i+1}\cos\theta & (j=i+1),\\ \boldsymbol{e}_{i+2} & (j=i+2),\end{cases}$$

で与えられる直交変換 $\boldsymbol{r}_{e_i,e_{i+1}}(\theta)$ を線形部分空間 $L(\boldsymbol{e}_{i+2})$ または $\boldsymbol{e}_{i+2}$ のまわりの**回転**とよぶ.

次の補題は定義より容易に確かめることができる.

**補題 5.27**　(5.27), (5.29) の直交変換の逆写像, 合成に関し次式が成り立つ. ただし $\boldsymbol{r}(\theta)=\boldsymbol{r}_{e_i,e_{i+1}}(\theta)$.

$$(-1_{e_i})^{-1}=-1_{e_i},\quad (-1_{e_i})\circ(-1_{e_{i+1}})=(-1_{e_{i+1}})\circ(-1_{e_i})=\boldsymbol{r}(\pi),$$

$$\boldsymbol{r}(\theta)^{-1}=\boldsymbol{r}(-\theta),\quad \boldsymbol{r}(\theta)\circ\boldsymbol{r}(\theta')=\boldsymbol{r}(\theta+\theta'),\quad \boldsymbol{r}(0)=1_V,$$

$$(-1_{e_j})\circ\boldsymbol{r}(\theta)=\begin{cases}\boldsymbol{r}(-\theta)\circ(-1_{e_j}) & (j=i,i+1),\\ \boldsymbol{r}(\theta)\circ(-1_{e_j}) & (j=i+2).\end{cases}$$

**例題 1**　$\boldsymbol{e}_i=\overrightarrow{OE_i}$ $(i=1,2,3)$ とおくとき, (5.27) の直交変換 $-1_{e_1}$ に定理 5.21 のように対応するユークリッド空間 $S$ の合同変換 $-1_{e_1}$ は, 座標平面 $\varepsilon(O,E_2,E_3)$ に関する**折り返し**である. すなわち点 $A\in S$ に, その $\varepsilon(O,E_2,E_3)$ 上への正射影 $A_{23}$ が $AA'$ の中点となる点 $A'$ を対応させる.

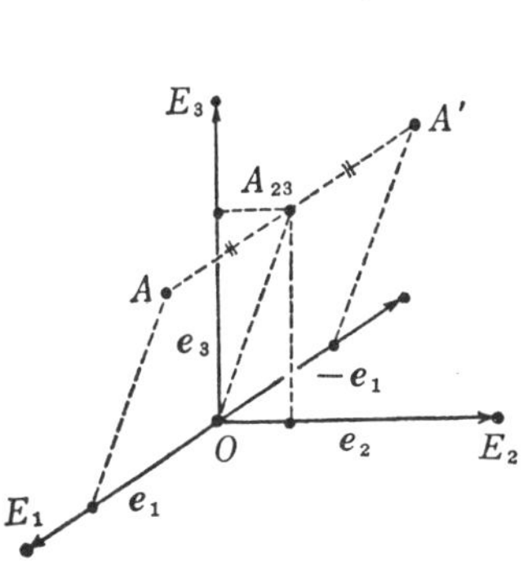


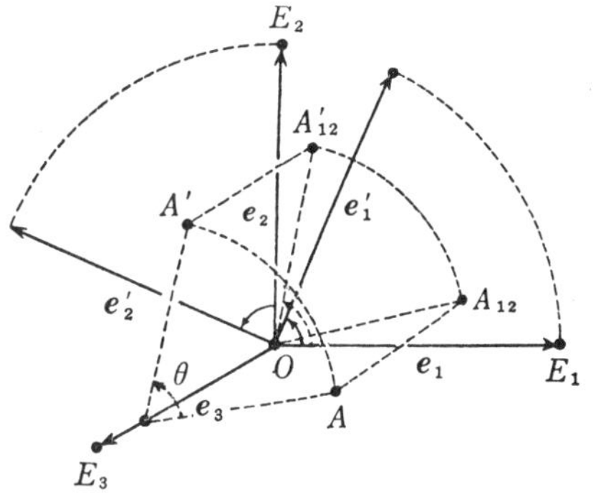


**例題 2**　同様に (5.29) の直交変換 $\boldsymbol{r}_{e_1,e_2}(\theta)$ に対応する空間 $S$ の合同変換 $r_{e_1,e_2}(\theta)$ は座標軸 $l(O,E_3)$ のまわりの角 $\theta$ の**回転**である.

**例題 3**　同様に (5.28) の $-1$ に対応する合同変換 $-1$ は原点 $O$ に関する**対称変換**, すなわち $O$ を中心とし相似比 $-1$ の相似変換であり, 点 $A\in S$

1)　$(\cos\theta)e_i+(\sin\theta)e_{i+1}$ と書くべきものをこのように書き表わすこととする.

に $O$ が $AA'$ の中点となる点 $A' \in S$ を対応させる.

**問 1**　正規直交基座 $\boldsymbol{e}_1, \boldsymbol{e}_2, \boldsymbol{e}_3$ に関して次式で与えられる線形写像 $\boldsymbol{f}$ について，直交変換かどうかを調べよ.

(1) $\begin{cases} \boldsymbol{f}(\boldsymbol{e}_1)=\boldsymbol{e}_1/\sqrt{3}-\boldsymbol{e}_2/\sqrt{3}+\boldsymbol{e}_3/\sqrt{3}, \\ \boldsymbol{f}(\boldsymbol{e}_2)=\boldsymbol{e}_1/\sqrt{2}+\boldsymbol{e}_2/\sqrt{2}, \\ \boldsymbol{f}(\boldsymbol{e}_3)=\boldsymbol{e}_1/\sqrt{6}-\boldsymbol{e}_2/\sqrt{6}-2\boldsymbol{e}_3/\sqrt{6}. \end{cases}$　(2) $\begin{cases} \boldsymbol{f}(\boldsymbol{e}_1)=\boldsymbol{e}_2/\sqrt{2}+\boldsymbol{e}_3/\sqrt{2}, \\ \boldsymbol{f}(\boldsymbol{e}_2)=\boldsymbol{e}_1/\sqrt{2}-\boldsymbol{e}_3/\sqrt{2}, \\ \boldsymbol{f}(\boldsymbol{e}_3)=\boldsymbol{e}_2/\sqrt{2}-\boldsymbol{e}_3/\sqrt{2}. \end{cases}$

(3) $\begin{cases} \boldsymbol{f}(\boldsymbol{e}_1)= -\boldsymbol{e}_1/4+3\boldsymbol{e}_2/4+\sqrt{3}\,\boldsymbol{e}_3/2\sqrt{2}, \\ \boldsymbol{f}(\boldsymbol{e}_2)= 3\boldsymbol{e}_1/4-\boldsymbol{e}_2/4+\sqrt{3}\,\boldsymbol{e}_3/2\sqrt{2}, \\ \boldsymbol{f}(\boldsymbol{e}_3)=-\sqrt{3}\,\boldsymbol{e}_1/2\sqrt{2}-\sqrt{3}\,\boldsymbol{e}_2/2\sqrt{2}+\boldsymbol{e}_3/2. \end{cases}$

**問 2**
$$(-1)\circ \boldsymbol{r}_{\boldsymbol{e}_1,\boldsymbol{e}_2}(\theta)=\boldsymbol{r}_{\boldsymbol{e}_1,\boldsymbol{e}_2}(\theta)\circ(-1),$$
$$\boldsymbol{r}_{\boldsymbol{e}_3,\boldsymbol{e}_1}(\pi)\circ \boldsymbol{r}_{\boldsymbol{e}_1,\boldsymbol{e}_2}(\theta)=\boldsymbol{r}_{\boldsymbol{e}_1,\boldsymbol{e}_2}(-\theta)\circ \boldsymbol{r}_{\boldsymbol{e}_3,\boldsymbol{e}_1}(\pi),$$
を確かめよ. 補題 5.27（上の第 2 式)は， 直交変換(回転) $\boldsymbol{f}, \boldsymbol{g}$ が合成に関して可換, $\boldsymbol{g}\circ\boldsymbol{f}=\boldsymbol{f}\circ\boldsymbol{g}$, とは限らない例となる.

## 5.4　直交変換(つづき)

$\boldsymbol{V}$ の正規直交基底 $\boldsymbol{e}_1, \boldsymbol{e}_2, \boldsymbol{e}_3$ に関して，線形写像 $\boldsymbol{f}: \boldsymbol{V}\to\boldsymbol{V}$ は (5.22) の

$$\boldsymbol{f}(\boldsymbol{e}_i)=\sum_{j=1}^{3} f_{ji}\boldsymbol{e}_j \qquad (i=1,2,3) \tag{5.30}$$

で与えられているとする. このとき $\boldsymbol{f}$ が直交変換であるのは，定理 5.23 より (5.23), (5.25) の

$$\sum_{k=1}^{3} f_{ki}f_{kj}=\delta_{ij}=\sum_{k=1}^{3} f_{ik}f_{jk} \qquad (i,j=1,2,3) \tag{5.31}$$

が成り立つときであり，これはどのような形となるかをさらに調べよう.

(5.31)のとき，$|f_{ij}|\leqq 1$ であり，

$$f_{33}=\cos\theta \qquad (0\leqq\theta\leqq\pi) \tag{5.32}$$

となる $\theta$ がただ 1 つ定まる.

まず，$f_{33}=\pm1$ すなわち $\theta=0,\pi$ とする. このとき，(5.31) は $f_{31}=f_{32}=f_{13}=f_{23}=0$, および

$$f_{11}{}^2+f_{21}{}^2=1=f_{12}{}^2+f_{22}{}^2, \qquad f_{11}f_{12}+f_{21}f_{22}=0,$$

すなわちある $\psi$ が存在して

$$f_{11}=\cos\psi,\ f_{21}=-\sin\psi,\ f_{12}=\pm\sin\psi,\ f_{22}=\pm\cos\psi \tag{5.33}$$

(複号同順), と同値である. 従って (5.27), (5.29) より $\boldsymbol{f}$ は

$$\boldsymbol{r}=\boldsymbol{r}_{e_1,e_2}(\psi),\ (-1_{e_2})\circ\boldsymbol{r},\ (-1_{e_3})\circ\boldsymbol{r},\ (-1_{e_3})\circ(-1_{e_2})\circ\boldsymbol{r}$$

のいずれかであり, 補題 5.27 より次がえられる.

**補題 5.28** (5.31)の直交変換 $\boldsymbol{f}$ は, $f_{33}=\pm1$ ならば, (5.32) の $\theta$ と(5.33) の $\psi$ により次の合成で表わされる.

(i) $\theta=0$ で (5.33) の複号の上の場合, または $\theta=\pi$ で複号の下の場合は

$$\boldsymbol{f}=\boldsymbol{r}_{e_1,e_2}(\theta)\circ\boldsymbol{r}_{e_3,e_1}(\theta)\circ\boldsymbol{r}_{e_1,e_2}(\psi).$$

(ii) $\theta=0$ で (5.33) の複号の下の場合, または $\theta=\pi$ で複号の上の場合は

$$\boldsymbol{f}=(-1)\circ\boldsymbol{r}_{e_1,e_2}(\theta)\circ\boldsymbol{r}_{e_3,e_1}(\pi+\theta)\circ\boldsymbol{r}_{e_1,e_2}(\psi).$$

つぎに, $f_{33}\neq\pm1$ すなわち $0<\theta<\pi$ とする. このとき, $j=k=3$ の (5.31) よりある $\varphi,\psi$ が存在して

$$(5.34)\quad \begin{cases} f_{13}=\ \ \sin\theta\cos\varphi, & f_{23}=\sin\theta\sin\varphi, \\ f_{31}=-\sin\theta\cos\psi, & f_{32}=\sin\theta\sin\psi, \end{cases}\qquad (0\leqq\varphi,\psi<2\pi),$$

となる. いま (5.29) の回転 $\boldsymbol{r}_{e_1,e_2}(-\varphi)$ との合成

$$\boldsymbol{g}=\boldsymbol{r}_{e_1,e_2}(-\varphi)\circ\boldsymbol{f},\qquad \boldsymbol{g}(\boldsymbol{e}_i)=\sum_{j=1}^{3}g_{ji}\boldsymbol{e}_j,$$

を考えれば, 定義より

$$\boldsymbol{g}(\boldsymbol{e}_i)=f_{1i}(\boldsymbol{e}_1\cos\varphi-\boldsymbol{e}_2\sin\varphi)+f_{2i}(\boldsymbol{e}_1\sin\varphi+\boldsymbol{e}_2\cos\varphi)+f_{3i}\boldsymbol{e}_3$$

であり, 容易にわかるように $g_{3i}=f_{3i}\,(i=1,2,3)$ で

$$g_{13}=f_{13}\cos\varphi+f_{23}\sin\varphi=\sin\theta,\qquad g_{23}=-f_{13}\sin\varphi+f_{23}\cos\varphi=0.$$

さらに (5.29) の回転 $\boldsymbol{r}_{e_1,e_2}(-\psi)$ と $\boldsymbol{g}$ の合成

$$\boldsymbol{h}=\boldsymbol{g}\circ\boldsymbol{r}_{e_1,e_2}(-\psi),\qquad \boldsymbol{h}(\boldsymbol{e}_i)=\sum_{j=1}^{3}h_{ji}\boldsymbol{e}_j,$$

を考えれば, 定義より $\boldsymbol{h}(\boldsymbol{e}_3)=\boldsymbol{g}(\boldsymbol{e}_3)$,

$$\boldsymbol{h}(\boldsymbol{e}_1)=\boldsymbol{g}(\boldsymbol{e}_1)\cos\psi-\boldsymbol{g}(\boldsymbol{e}_2)\sin\psi,\qquad \boldsymbol{h}(\boldsymbol{e}_2)=\boldsymbol{g}(\boldsymbol{e}_1)\sin\psi+\boldsymbol{g}(\boldsymbol{e}_2)\cos\psi$$

であり, 容易に次式がわかる.

$$h_{13}=g_{13}=\sin\theta,\ \ h_{23}=g_{23}=0,\ \ h_{33}=g_{33}=\cos\theta,$$

$$h_{31}=g_{31}\cos\psi-g_{32}\sin\psi=-\sin\theta,\ \ h_{32}=g_{31}\sin\psi+g_{32}\cos\psi=0.$$

この $\boldsymbol{h}$ も定理 5.20(ii) より直交変換だから，(5.23) より

$$\sum_{k=1}^{3}h_{ki}h_{kj}=\delta_{ij}\qquad(i,j=1,2,3)$$

で，この等式で $i=1,2,\ j=3$, つぎに $i=j=2$, さらに $i=1, j=2$ として，上のことから残りの $h_{ji}$ が次式のように定まる．

$$h_{11}=\cos\theta,\ \ h_{12}=0,\ \ h_{22}=\pm1,\ \ h_{21}=0.$$

従って (5.29), (5.27) の定義より $\boldsymbol{h}$ は次式となる．

$$\boldsymbol{h}=\boldsymbol{r}_{e_3,e_1}(\theta)\quad(h_{22}=1),\qquad =(-1_{e_2})\circ\boldsymbol{r}_{e_3,e_1}(\theta)\quad(h_{22}=-1).$$

逆に $\boldsymbol{g},\boldsymbol{h}$ の定義と補題 5.27 より

$$\boldsymbol{g}=\boldsymbol{h}\circ\boldsymbol{r}_{e_1,e_2}(\psi),\qquad \boldsymbol{f}=\boldsymbol{r}_{e_1,e_2}(\varphi)\circ\boldsymbol{g}$$

であり，機械的な計算で容易に，$h_{22}=\pm1$ と複号同順で次式が確かめられる．

$$(5.35)\qquad\begin{cases}\boldsymbol{g}(\boldsymbol{e}_1)=\ \ \boldsymbol{e}_1\cos\theta\cos\psi\pm\boldsymbol{e}_2\sin\psi-\boldsymbol{e}_3\sin\theta\cos\psi,\\ \boldsymbol{g}(\boldsymbol{e}_2)=-\boldsymbol{e}_1\cos\theta\sin\psi\pm\boldsymbol{e}_2\cos\psi+\boldsymbol{e}_3\sin\theta\sin\psi,\\ \boldsymbol{g}(\boldsymbol{e}_3)=\ \ \boldsymbol{e}_1\sin\theta\qquad\qquad\qquad\qquad+\boldsymbol{e}_3\cos\theta;\end{cases}$$

$$(5.36)\qquad\begin{cases}f_{11}=\ \ \cos\theta\cos\varphi\cos\psi\mp\sin\varphi\sin\psi,\\ f_{21}=\ \ \cos\theta\sin\varphi\cos\psi\pm\cos\varphi\sin\psi,\\ f_{12}=-\cos\theta\cos\varphi\sin\psi\mp\sin\varphi\cos\psi,\\ f_{22}=-\cos\theta\sin\varphi\sin\psi\pm\cos\varphi\cos\psi.\end{cases}$$

さらに $\boldsymbol{f}$ を補題 5.27 で変形し次の定理がえられる．

**定理 5.29** ユークリッドベクトル空間 $\boldsymbol{V}$ の正規直交基底 $\boldsymbol{e}_1,\boldsymbol{e}_2,\boldsymbol{e}_3$ が与えられたとき，$\boldsymbol{V}$ の任意の直交変換 $\boldsymbol{f}$ は次のいずれかの形である．

$$(5.37)\qquad \boldsymbol{f}=\boldsymbol{r}_{e_1,e_2}(\varphi)\circ\boldsymbol{r}_{e_3,e_1}(\theta)\circ\boldsymbol{r}_{e_1,e_2}(\psi),$$

$$(5.38)\qquad \boldsymbol{f}=(-1)\circ\boldsymbol{r}_{e_1,e_2}(\varphi)\circ\boldsymbol{r}_{e_3,e_1}(\pi+\theta)\circ\boldsymbol{r}_{e_1,e_2}(\psi).$$

実際 $\boldsymbol{f}$ が (5.30) のとき，$f_{33}=\pm1$ ならば上の補題のようになり，$f_{33}\neq\pm1$ ならば (5.32) の $\theta$ と (5.34) の $\varphi,\ \psi$ により (5.36) の複号の上の場合は (5.37)，下の場合は (5.38) の形となる．

**例題 1** 上の定理の(5.37)の $\boldsymbol{f}$ に対して $(\theta,\varphi,\psi)$ $(0\leqq\theta\leqq\pi, 0\leqq\varphi,\psi<2\pi)$

は一意に定まり，これは基底 $\boldsymbol{e}_1, \boldsymbol{e}_2, \boldsymbol{e}_3$ に関する $\boldsymbol{f}$ または第2の正規直交基底 $\boldsymbol{f}(\boldsymbol{e}_1), \boldsymbol{f}(\boldsymbol{e}_2), \boldsymbol{f}(\boldsymbol{e}_3)$ の**オイラー**(Euler)**の角**とよばれる．$\boldsymbol{e}_i = \overrightarrow{OE_i}$, $\boldsymbol{f}(\boldsymbol{e}_i) = \overrightarrow{OE_i'}\ (i=1,2,3)$，　2平面 $\varepsilon(O, E_1, E_2)$，$\varepsilon(O, E_1', E_2')$ の交線を $l(O, P)$ とすれば，$\theta = \angle E_3OE_3'$, $\varphi = \angle E_2OP$,　$\psi = \angle POE_2'$ であり，また $\varphi$ は2平面 $\varepsilon(O, E_1, E_3)$, $\varepsilon(O, E_3, E_3')$ のなす角に等しい．

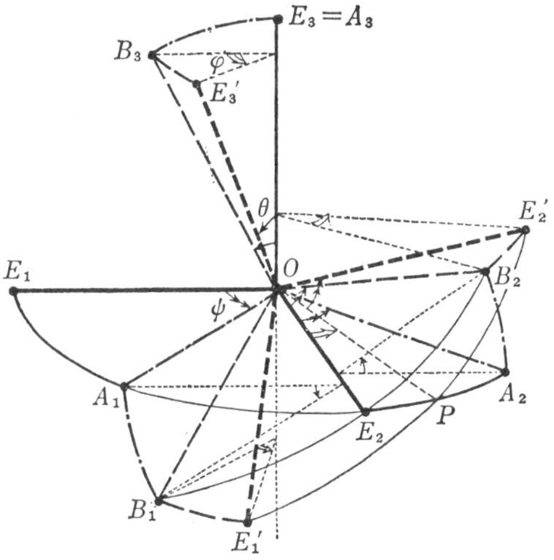


［解］ 前半は上の証明より明らか．後半は $\boldsymbol{r}_{e_1,e_2}(\psi)(\boldsymbol{e}_i) = \overrightarrow{OA_i}$, $\boldsymbol{r}_{e_3,e_1}(\theta)(\overrightarrow{OA_i}) = \overrightarrow{OB_i}\ (i=1,2,3)$ とおいた上図より，容易に確かめることができる．　(以上)

さらに，(5.37), (5.38) の回転の合成は1つの回転となることを示そう．

**定理 5.30** 上の定理において，(5.37) で与えられる直交変換 $\boldsymbol{f}$ に対し

$$\boldsymbol{f}(\boldsymbol{u}) = \boldsymbol{u}, \quad \boldsymbol{u} \neq \boldsymbol{o}$$

であるベクトル $\boldsymbol{u}$ が存在する．実際

(5.39) $\theta=0$ のとき $\boldsymbol{u}=\boldsymbol{e}_3$,　$\theta \neq 0$ のとき

$$\boldsymbol{u} = \begin{cases} -\boldsymbol{e}_1 \sin\varphi + \boldsymbol{e}_2 \cos\varphi & (\varphi+\psi=0, 2\pi), \\ \boldsymbol{e}_1(1-\cos\theta)(\cos\psi-\cos\varphi) - \boldsymbol{e}_2(1-\cos\theta)(\sin\psi+\sin\varphi) & \\ \qquad -\boldsymbol{e}_3 \sin\theta(1-\cos(\psi+\varphi)) & (\varphi+\psi \neq 0, 2\pi), \end{cases}$$

で与えられる $\boldsymbol{u}$ が求めるものである．さらに $\boldsymbol{V}$ の線形部分空間

(5.40) $$\boldsymbol{L}_+ = \{\boldsymbol{a} | \boldsymbol{f}(\boldsymbol{a}) = \boldsymbol{a}\}, \quad \boldsymbol{L}_- = \{\boldsymbol{a} | \boldsymbol{f}(\boldsymbol{a}) = -\boldsymbol{a}\}$$

の次元は次式のようになる．

$$\dim \boldsymbol{L}_+ = 1 \ (\boldsymbol{f} \neq 1_V), \quad \dim \boldsymbol{L}_- = 0 \text{ または } 2.$$

**証明** (i) $\varphi=0$ すなわち $\boldsymbol{f}$ が定理 5.29 の前の $h_{22}=1$ に対する $\boldsymbol{g}$ のとき．(5.35) より条件

$$\boldsymbol{f}(\boldsymbol{a})=\boldsymbol{a}, \qquad \boldsymbol{a}=\sum_{i=1}^{3} a_i \boldsymbol{e}_i,$$

は次の連立方程式となることがわかる.

$$a_1(1-\cos\theta\cos\psi)+a_2\cos\theta\sin\psi-a_3\sin\theta=0,$$

$$a_1\sin\psi-a_2(1-\cos\psi)=0, \qquad a_1\sin\theta\cos\psi-a_2\sin\theta\sin\psi+a_3(1-\cos\theta)=0.$$

$\theta\neq 0, \psi\neq 0$ のとき，第2, 3式をそれぞれ $\sin\psi/(1-\cos\psi)$，$-\sin\theta/(1-\cos\theta)$ 倍して加えれば第1式となるから，第 2, 3 式の連立方程式を解けばよい．(5. 39)の $a_1=(1-\cos\theta)(\cos\psi-1)$，$a_2=-(1-\cos\theta)\sin\psi$，$a_3=-\sin\theta(1-\cos\psi)$ がこれらをみたすことは容易に確かめられ，$\dim \boldsymbol{L}_+=1$ は系 3.31 よりわかる.

$\psi=0$ のとき，上の連立方程式は

$$a_1(1-\cos\theta)-a_3\sin\theta=0, \qquad a_1\sin\theta+a_3(1-\cos\theta)=0,$$

となり，$\theta\neq 0$ ならば $a_1=a_3=0$ で $\boldsymbol{L}_+=L(\boldsymbol{e}_2)$, $\theta=0$ ならば $\boldsymbol{L}_+=\boldsymbol{V}$ である.

$\theta=0$ のときも全く同様.

条件 $\boldsymbol{f}(\boldsymbol{a})=-\boldsymbol{a}$ は同様に次の連立方程式となる.

$$a_1(1+\cos\theta\cos\psi)-a_2\cos\theta\sin\psi+a_3\sin\theta=0,$$

$$a_1\sin\psi+a_2(1+\cos\psi)=0, \qquad a_1\sin\theta\cos\psi-a_2\sin\theta\sin\psi-a_3(1+\cos\theta)=0.$$

$\theta\neq\pi, \psi\neq\pi$ のとき，第 2, 3 式をそれぞれ $\sin\psi/(1+\cos\psi)$，$\sin\theta/(1+\cos\theta)$ 倍して第1式に加えれば $2a_1=0$ となり，従って $a_1=a_2=a_3=0$ となるから $\dim \boldsymbol{L}_-=0$. $\psi=\pi$ のとき，上の連立方程式は

$$a_1(1-\cos\theta)+a_3\sin\theta=0, \qquad a_1\sin\theta+a_3(1+\cos\theta)=0,$$

となり，それぞれの $1+\cos\theta$, $\sin\theta$ 倍が一致するから定理 3.30 より $\dim \boldsymbol{L}_-=2$ がわかる. $\theta=\pi$ のときも全く同様.

（ii） 一般のとき．補題 5.27 より (5.37) の $\boldsymbol{f}$ は

$$\boldsymbol{f}=\boldsymbol{r}\circ\boldsymbol{f}'\circ\boldsymbol{r}^{-1}, \qquad \boldsymbol{f}'=\boldsymbol{r}_{\boldsymbol{e}_3,\boldsymbol{e}_1}(\theta)\circ\boldsymbol{r}_{\boldsymbol{e}_2,\boldsymbol{e}_1}(\psi+\varphi), \qquad \boldsymbol{r}=\boldsymbol{r}_{\boldsymbol{e}_2,\boldsymbol{e}_1}(\varphi),$$

である．明らかに複号同順で

$$\boldsymbol{f}(\boldsymbol{a})=\pm\boldsymbol{a} \Longleftrightarrow \boldsymbol{f}'(\boldsymbol{r}^{-1}(\boldsymbol{a}))=\pm\boldsymbol{r}^{-1}(\boldsymbol{a})$$

だから，$\boldsymbol{L}_\pm'=\{\boldsymbol{a}'|\boldsymbol{f}'(\boldsymbol{a}')=\pm\boldsymbol{a}'\}$ とおけば $\boldsymbol{L}_\pm=\boldsymbol{r}(\boldsymbol{L}_\pm')$ である．線形変換 $\boldsymbol{r}$

は $\boldsymbol{V}$ の線形部分空間を同じ次元の線形部分空間にうつすことが定理 5.11 よりわかるから，$\boldsymbol{f}'$ に対する（i）の結果を $\boldsymbol{r}$ でうつして容易に $\boldsymbol{f}$ に対する定理がえられる．（証終）

**系 5.31**　定理 5.29 において，(5.38) で与えられる直交変換 $\boldsymbol{f}$ に対して，$\theta$ を $\pi+\theta$ でおきかえて (5.39) で与えられる $\boldsymbol{u}$ は $\boldsymbol{f}(\boldsymbol{u})=-\boldsymbol{u}$ であり，さらに (5.40) の $\boldsymbol{L}_+, \boldsymbol{L}_-$ の次元は次式のようになる．

$$\dim \boldsymbol{L}_+=0 \text{ または } 2, \qquad \dim \boldsymbol{L}_-=1 \quad (\boldsymbol{f} \fallingdotseq -1).$$

以上の結果は，次の定理にまとめることができる．

**定理 5.32**　$\boldsymbol{V}$ の任意の直交変換 $\boldsymbol{f}$ は，$\boldsymbol{V}$ の適当な正規直交基底 $\boldsymbol{u}_1, \boldsymbol{u}_2, \boldsymbol{u}_3$ に対する (5.29) の $\boldsymbol{u}_3$ のまわりの回転

$$\boldsymbol{f}=\boldsymbol{r}_{\boldsymbol{u}_1, \boldsymbol{u}_2}(\alpha) \tag{5.41}$$

であるか，$\boldsymbol{o}$ に関する対称変換 $-1$ または (5.27) の $L(\boldsymbol{u}_1, \boldsymbol{u}_2)$ に関する折り返し $-1_{\boldsymbol{u}_3}$ との合成

$$\boldsymbol{f}=(-1)\circ\boldsymbol{r}_{\boldsymbol{u}_1, \boldsymbol{u}_2}(\alpha)=(-1_{\boldsymbol{u}_3})\circ\boldsymbol{r}_{\boldsymbol{u}_1, \boldsymbol{u}_2}(\alpha+\pi) \tag{5.42}$$

であるか，のいずれかである．実際，定理 5.29 における $\boldsymbol{f}$ の (5.37) または (5.38) の形に応じて，上の定理または系の $\boldsymbol{u}$ の正規化 $\boldsymbol{u}_3=\boldsymbol{u}/|\boldsymbol{u}|$ を含む正規直交基底 $\boldsymbol{u}_1, \boldsymbol{u}_2, \boldsymbol{u}_3$ に関して，(5.41) または (5.42) となる．

**証明**　$\boldsymbol{f}$ が (5.37) ならば，定理 5.30 より

$$\boldsymbol{f}(\boldsymbol{u}_3)=\boldsymbol{u}_3, \qquad \dim \boldsymbol{L}_+=1 \text{ または } 3,$$

である．従って $\boldsymbol{u}_1, \boldsymbol{u}_2, \boldsymbol{u}_3$ に関する補題 5.28 より，$\boldsymbol{f}$ は (5.41) または

$$(-1)\circ\boldsymbol{r}_{\boldsymbol{u}_3, \boldsymbol{u}_1}(\pi)\circ\boldsymbol{r}_{\boldsymbol{u}_1, \boldsymbol{u}_2}(\alpha)$$

であることがわかるが，後者ならば上の系より $\dim \boldsymbol{L}_+$ は 0 または 2 となるから，$\boldsymbol{f}$ は (5.41) である．

$\boldsymbol{f}$ が (5.38) のときも全く同様に (5.42) となることがわかる．（証終）

**系 5.33**　（i）　直交変換 $\boldsymbol{f}$ が回転であるためには，(5.40) の $\boldsymbol{L}_+$ の次元が 1 または 3 であることが必要十分である．とくに $\dim \boldsymbol{L}_+=3$ となるのは $\boldsymbol{f}=1_{\boldsymbol{V}}$ のときである．

（ii）　$\boldsymbol{V}$ の回転の合成および逆写像は回転である．

(iii) 2つの直交変換の一方が回転で他方が回転でなければその合成は回転でなく，ともに回転でなければ合成は回転である.

**証明** (i) 上の3つの定理と系より明らか.

(ii) $\boldsymbol{f}, \boldsymbol{g}$ を回転，$\boldsymbol{f}$ はある正規直交基底 $\boldsymbol{u}_1, \boldsymbol{u}_2, \boldsymbol{u}_3$ に関し (5.41) で与えられるとし，その基底に関し $\boldsymbol{g}$ を表わすとき，上の一連の結果より，(5.37) の形 $\boldsymbol{g}=\boldsymbol{r}_{\boldsymbol{u}_1,\boldsymbol{u}_2}(\varphi)\circ\boldsymbol{r}_{\boldsymbol{u}_3,\boldsymbol{u}_1}(\theta)\circ\boldsymbol{r}_{\boldsymbol{u}_1,\boldsymbol{u}_2}(\psi)$ でなければならない. 従って合成 $\boldsymbol{g}\circ\boldsymbol{f}$ も補題 5.27 より (5.37) の形であり，再び上の定理より $\boldsymbol{g}\circ\boldsymbol{f}$ は回転である. 逆写像は明らか.

(iii) (ii) と明らかな等式 $\boldsymbol{g}\circ(-1)=(-1)\circ\boldsymbol{g}$ より容易にわかる.

(証終)

以上のように，直交変換について調べることができたが， 定理 5.20(ii)，5.21，5.32 および前節例題 1,2 をまとめて，空間の合同変換に関する次の定理がえられる.

**定理 5.34** 3次元ユークリッド空間 $S$ の任意の合同変換 $f: S\xrightarrow{\sim}S$ は，ある直線を軸とする回転，または回転とその回転軸に垂直な平面に関する折り返しの合成，またはそれらと平行移動の合成である. すなわち $S$ の適当な直交座標によって，$(y_1, y_2, y_3)=f(x_1, x_2, x_3)$ は次式で表わすことができる.

$$\begin{cases} y_1=a_1+x_1\cos\alpha+x_2\sin\alpha, \\ y_2=a_2-x_1\sin\alpha+x_2\cos\alpha, \\ y_3=a_3+\varepsilon x_3, \qquad (\varepsilon=\pm1,\ a_1, a_2, a_3, \alpha \text{ は定数}). \end{cases}$$

**例題 2** 上の定理において，$\varepsilon=1$ のときは $a_1=a_2=0$ とすることができる. $\varepsilon=-1$ のときは，$\cos\alpha=1$ ならば $a_2=a_3=0$ と，$\cos\alpha\neq1$ ならば $a_1=a_2=a_3=0$ と，することができる.

［解］ 定理の直交座標系を $(O; E_1, E_2, E_3)$ とする. (i) $\varepsilon=1, \cos\alpha=1$ のとき. $f$ はベクトル $\overrightarrow{OA_3}=(a_1, a_2, a_3)$ にそった平行移動で，$A_3\in l(O, E_3')$ となる直交座標系 $(O; E_1', E_2', E_3')$ により求める形となる. (ii) $\varepsilon=1, \cos\alpha\neq1$ のとき.

(＊) $b_1=a_1+b_1\cos\alpha+b_2\sin\alpha, \qquad b_2=a_2-b_1\sin\alpha+b_2\cos\alpha,$

をみたす $b_1, b_2$ すなわち

$$b_1=a_1/2+a_2\sin\alpha/2(1-\cos\alpha),\qquad b_2=-a_1\sin\alpha/2(1-\cos\alpha)+a_2/2,$$

をとって $O'=(b_1, b_2, 0)$ とおく．$\overrightarrow{OO'}$ にそった平行移動でうつした第2の直交座標系 $(O'; E_1', E_2', E_3')$ により，その座標 $(x_1', x_2', x_3')$ が $x_1'=x_1-b_1$, $x_2'=x_2-b_2$, $x_3'=x_3$ となるから，$f$ は求める $y_1'=x_1'\cos\alpha+x_2'\sin\alpha$, $y_2'=-x_1'\sin\alpha+x_2'\cos\alpha$, $y_3'=a_3+x_3'$ の形となることが定理の式と（＊）より容易に確かめられる．(iii) $\varepsilon=-1, \cos\alpha=1$ のとき．(i) と同様に，$(a_1, a_2, 0)\in l(O, E_1')$ となる直交座標系により，$f$ は $y_1=a_1+x_1$, $y_2=x_2$, $y_3=a_3-x_3$ の形となる．さらに $y_3-a_3/2=-(x_3-a_3/2)$ だから，$(0, 0, a_3/2)$ を原点とするように平行移動した第3の直交座標系により，$f$ は求める $y_1=a_1+x_1$, $y_2=x_2$, $y_3'=-x_3'$ の形となる．(iv) $\varepsilon=-1, \cos\alpha\neq 1$ のとき．(ii) と同様に $f$ を $a_1=a_2=0$ の形に表わし，さらに (iii) の後半のように $a_3=0$ の形に表わせばよい． (以上)

上の定理の回転と平行移動の合成は空間の**運動**とよばれている．

**定理 5.35** ユークリッドベクトル空間 $\boldsymbol{V}$ の回転全体の集合 $SO(\boldsymbol{V})$ およびユークリッド空間 $S$ の運動全体の集合は，定理 5.26 と同様に写像の合成を積として群をなす．前者は $\boldsymbol{V}$ の**回転群**，後者は $S$ の**運動群**とよばれる．

**証明** 前半は系 5.33(ii) よりよい． 空間の直線 $l$ のまわりの角 $\alpha$ の回転 $r$ と平行移動の合成 $h\circ r$ は，明らかに $h$ と直線 $h(l)$ のまわりの角 $\alpha$ の回転 $r'$ の合成 $r'\circ h$ と一致する．従って逆写像 $(h\circ r)^{-1}=(r'\circ h)^{-1}=h^{-1}\circ r'^{-1}$ は運動であり，同様に運動の合成

$$(g\circ s)\circ(h\circ r)=g\circ(s\circ h)\circ r=g\circ(h\circ s')\circ r=(g\circ h)\circ(s'\circ r)$$

も系 5.33(ii) より運動であることがわかる． (証終)

計量同形写像 $\varphi: \boldsymbol{R}^3\to\boldsymbol{V}$ に対する (5.17) の関係によって回転 $\boldsymbol{r}: \boldsymbol{V}\to\boldsymbol{V}$ に対応する直交変換 $\varphi^{-1}\circ\boldsymbol{r}\circ\varphi: \boldsymbol{R}^3\to\boldsymbol{R}^3$ は数ベクトル空間 $\boldsymbol{R}^3$ の**回転**とよばれ，その全体のつくる群 $SO(3)$ は3次の**回転群**とよばれている．

**問 1** 前節の問1の $\boldsymbol{f}$ が直交変換のとき，定理 5.29, 5.32 の形になおせ．

**問 2** 回転 $\boldsymbol{f}$ のオイラーの角が $(\theta, \varphi, \psi)$ ならば，逆写像 $\boldsymbol{f}^{-1}$ のオイラーの角は $(\theta, \pi-\psi, \pi-\varphi)$ である．

**問 3**　ユークリッドベクトル空間 $\boldsymbol{V}$ の回転 $\boldsymbol{f}$ はベクトルの外積を外積にうつす，すなわち $\boldsymbol{a},\boldsymbol{b}\in\boldsymbol{V}$ に対して $\boldsymbol{f}([\boldsymbol{a},\boldsymbol{b}])=[\boldsymbol{f}(\boldsymbol{a}),\boldsymbol{f}(\boldsymbol{b})]$.

**問 4**　$SO(\boldsymbol{V})$ と $\boldsymbol{V}$ の回転でない直交変換全体の集合は，$\boldsymbol{r}\in SO(\boldsymbol{V})$ に $(-1)\circ\boldsymbol{r}$ を対応させることによって，1-1 対応にある.

## 5.5　固有値，対称変換，線形変換(つづき)

前節において直交変換の具体的な形が調べられたが，残された一般の線形変換についてこの章の最後にさらに調べよう.

ベクトル空間 $\boldsymbol{V}$ の線形写像 $\boldsymbol{f}:\boldsymbol{V}\to\boldsymbol{V}$ に対して，定理 5.30，系 5.31 のはじめの等式より一般な条件

$$f(u)=\lambda u,\qquad u\neq o, \tag{5.43}$$

をみたすベクトル $\boldsymbol{u}\in\boldsymbol{V}$ が存在するような実数 $\lambda$ を線形写像 $\boldsymbol{f}$ の**固有値**とよび，そのような $\boldsymbol{u}$ を固有値 $\lambda$ に属する**固有ベクトル**とよぶ.

定理 5.30，系 5.31 より，任意の直交変換は 1 または $-1$ を固有値としてもつが，一般に固有値の存在が次のようにわかる.

**定理 5.36**　任意の線形写像 $\boldsymbol{f}:\boldsymbol{V}\to\boldsymbol{V}$ は少なくとも 1 つの固有値をもつ.

実際，$\boldsymbol{V}$ の基底 $\boldsymbol{e}_1,\boldsymbol{e}_2,\boldsymbol{e}_3$ に関して，$\boldsymbol{f}$ が (5.9)，(5.10) の

$$\boldsymbol{f}(\boldsymbol{e}_i)=\sum_{j=1}^{3} f_{ji}\boldsymbol{e}_j,\qquad \boldsymbol{f}(\boldsymbol{u})=\sum_{j=1}^{3}\Big(\sum_{i=1}^{3} f_{ji}u_i\Big)\boldsymbol{e}_j$$

$(\boldsymbol{u}=\sum_{i=1}^{3}u_i\boldsymbol{e}_i)$，で与えられていれば，3 次方程式

$$\begin{aligned}p(\lambda)=&(f_{11}-\lambda)(f_{22}-\lambda)(f_{33}-\lambda)+f_{12}f_{23}f_{31}+f_{13}f_{21}f_{32}\\&-(f_{11}-\lambda)f_{23}f_{32}-f_{12}f_{21}(f_{33}-\lambda)-f_{13}(f_{22}-\lambda)f_{31}=0\end{aligned} \tag{5.44}$$

の実根 $\lambda$ が求める $\boldsymbol{f}$ の固有値である[1].

この方程式 $p(\lambda)=0$ は $\boldsymbol{f}$ の**固有方程式**とよばれる.

**証明**　(5.43) の $\boldsymbol{f}(\boldsymbol{u})=\lambda\boldsymbol{u}$ は連立方程式

---

1)　‘任意の複素係数の $n$ 次方程式は必ず根をもつ’という代数学の基本定理(小堀憲著‘複素解析学入門’(基礎数学シリーズ 8 )の p. 139，例題 1 参照)より $p(\lambda_1)=0$ となる複素数 $\lambda_1$ が存在し，剰余定理より $p(\lambda)=(\lambda-\lambda_1)q(\lambda)$ と因数分解でき，さらに 2 次方程式 $q(\lambda)=0$ を解いて，$p(\lambda)=0$ は 3 根をもつことがわかる．$p(\lambda)$ の係数は実数だから，複素数 $x_1+ix_2$ が根ならばその共役複素数 $x_1-ix_2$ も根であり，従って 3 根のうち 1 つは実数でなければならないことがわかる.

$$(5.45)\quad \begin{cases} (f_{11}-\lambda)u_1+ & f_{12}u_2+ & f_{13}u_3=0, \\ f_{21}u_1+(f_{22}-\lambda)u_2+ & f_{23}u_3=0, \\ f_{31}u_1+ & f_{32}u_2+(f_{33}-\lambda)u_3=0 \end{cases}$$

となる．これが $u_1=u_2=u_3=0$ 以外の解をもつのは，§ 3.5 例題 7 よりベクトル

$$\overrightarrow{OA}=(f_{11}-\lambda, f_{12}, f_{13}),\quad \overrightarrow{OB}=(f_{21}, f_{22}-\lambda, f_{23}),\quad \overrightarrow{OC}=(f_{31}, f_{32}, f_{33}-\lambda)$$

が従属のとき，すなわち定理 3.14 より点 $O, A, B, C$ が 1 平面上にあるときであり，定理 3.28 より平面 $\varepsilon(A, B, C)$ の (3.23) の 1 次方程式 $p_1x_1+p_2x_2+p_3x_3=p$ の定数項 $p$ が 0 のときとなる．(定理 3.28 において，$A, B, C$ が 1 直線上にあるのは $p_1=p_2=p_3=0$ のときであることがその証明よりわかり，このとき明らかに $p=0$ である.) この $p$ は § 3.5 例題 2 より (5.44) の $p(\lambda)$ であり，定理が示された． (証終)

**例題 1** (5.44) の $\boldsymbol{f}$ の固有方程式は $\boldsymbol{V}$ の正規直交基底 $\boldsymbol{e}_1, \boldsymbol{e}_2, \boldsymbol{e}_3$ の選び方に関係しない．

［解］ 上の証明において，$|p|/(p_1{}^2+p_2{}^2+p_3{}^2)^{1/2}$ は § 4.2 例題 4 より原点 $O$ と平面 $\varepsilon(A, B, C)$ の距離だから，求める結果がわかる． (以上)

**例題 2** 直交変換 $\boldsymbol{f}$ が (5.37) または (5.38) で与えられるとき，(5.41) または (5.42) の $\alpha$ は次式をみたす．ただし複号の上が前者，下が後者．

$$\cos\alpha=(1\pm\cos\theta)(1+\cos(\varphi+\psi))/2-1.$$

［解］ 定義の (5.44), (5.29), (5.27) より，(5.41) または (5.42) の $\boldsymbol{f}$ の固有方程式は $((\pm\cos\alpha-\lambda)^2+\sin\alpha)(\pm 1-\lambda)=0$，すなわち

$$(\pm 1-\lambda)(1\mp 2\lambda\cos\alpha+\lambda^2)=0.$$

$\varphi=0$ のとき，定理 5.29 の前の $\boldsymbol{g}=\boldsymbol{f}$ の形 (5.35) と (5.44) より，$\boldsymbol{f}$ の固有方程式は次式でもある．

$$(\cos\theta\cos\psi-\lambda)(\pm\cos\psi-\lambda)(\cos\theta-\lambda)\pm\sin^2\theta\sin^2\psi$$
$$+\sin^2\theta\cos\psi(\pm\cos\psi-\lambda)\pm\cos\theta(\cos\theta-\lambda)\sin^2\psi=0.$$

これは機械的な計算で

$$(\pm 1-\lambda)(1-\lambda(\cos\theta\cos\psi+\cos\theta\pm\cos\psi\mp 1)+\lambda^2)=0$$

となることがわかるから，上の例題よりはじめの方程式と比較して求める等式がえられる．一般のとき，定理 5.30 の証明の（ii）のように $\boldsymbol{f}=\boldsymbol{r}\circ\boldsymbol{f}'\circ\boldsymbol{r}^{-1}$ と表わし，定理 5.17 のように $\boldsymbol{f}$ は $\boldsymbol{f}'$ を $\boldsymbol{r}$ によって変換したものと考えれば，上の例題より $\boldsymbol{f}$ と $\boldsymbol{f}'$ の固有方程式は一致することがわかるから，$\boldsymbol{f}'$ に対する上の結果より $\boldsymbol{f}$ に対する結果がえられる．　　(以上)

さて，ユークリッドベクトル空間 $\boldsymbol{V}$ の一般の線形変換を調べるために，$\boldsymbol{V}$ の正規直交基底 $\boldsymbol{e}_1, \boldsymbol{e}_2, \boldsymbol{e}_3$ に関して

$$(5.46)\qquad \boldsymbol{f}(\boldsymbol{e}_i)=\sum_{j=1}^{3} f_{ji}\boldsymbol{e}_j \qquad (i=1,2,3)$$

で与えられる線形写像 $\boldsymbol{f}: \boldsymbol{V}\to\boldsymbol{V}$ が，ある正規直交基底 $\boldsymbol{e}_1', \boldsymbol{e}_2', \boldsymbol{e}_3'$ に関して，§ 5.2 例題5のように各成分ごとに定数倍

$$(5.47)\qquad \boldsymbol{f}(\boldsymbol{e}_i')=\lambda_i\boldsymbol{e}_i', \qquad \lambda_i\in\boldsymbol{R} \qquad (i=1,2,3),$$

となるのはどんな場合かをまず調べよう．このとき $\lambda_1, \lambda_2, \lambda_3$ は $\boldsymbol{f}$ の固有値である．

(5.47) ならば (5.17), (5.17)′ によって $\boldsymbol{f}$ に対応する線形写像

$$F, F': \boldsymbol{R}^3\to\boldsymbol{R}^3, \qquad F(\mathbf{1}_i)=\sum_{j=1}^{3} f_{ji}\mathbf{1}_j,\ \ F'(\mathbf{1}_i)=\lambda_i\mathbf{1}_i,$$

は定理 5.17 より $F=T^{-1}\circ F'\circ T$ となり，この座標変換 $T$ は定理 5.24 より (5.26) をみたしている．従って

$$F(\mathbf{1}_i)=T^{-1}\Big(\sum_{k=1}^{3} t_{ki}\lambda_k\mathbf{1}_k\Big)=\sum_{j=1}^{3}\Big(\sum_{k=1}^{3} t_{ki}\lambda_k t_{kj}\Big)\mathbf{1}_j$$

で，$f_{ji}=\sum_{k=1}^{3} t_{ki}\lambda_k t_{kj}$ であり，次式が成り立つ．

$$(5.48)\qquad f_{ji}=f_{ij} \qquad (i, j=1,2,3).$$

この添数に関して対称な等式をみたす (5.46) の線形写像 $\boldsymbol{f}$ を**対称写像**とよび，$\boldsymbol{f}$ が線形変換のとき**対称変換**とよぶことにする[1]．

このとき，上の逆も成り立つことが示される．

**定理 5.37**　計量ベクトル空間 $\boldsymbol{V}$ の線形写像 $\boldsymbol{f}$ が対称写像であるためには，次の（1）または（2）が必要十分である．

---

1)　定理 5.6 の脚注のように $f$ に対応する行列を対称行列とよぶのが普通である．

(1) 任意の $\boldsymbol{a},\boldsymbol{b}\in\boldsymbol{V}$ に対し，内積に関し次式が成り立つ．

$$(\boldsymbol{f}(\boldsymbol{a}),\boldsymbol{b})=(\boldsymbol{a},\boldsymbol{f}(\boldsymbol{b})).$$

(2) $\boldsymbol{V}$ の適当な正規直交基底 $\boldsymbol{e}_1',\boldsymbol{e}_2',\boldsymbol{e}_3'$ に関して (5.47) が成り立つ．

**証明** (1)は内積の双線形性 (4.7) より $\boldsymbol{a}=\boldsymbol{e}_i,\boldsymbol{b}=\boldsymbol{e}_j$ $(i,j=1,2,3)$ に対する (1) と同値であり，(4.15) より $(\boldsymbol{f}(\boldsymbol{e}_i),\boldsymbol{e}_j)=f_{ji}$，$(\boldsymbol{e}_i,\boldsymbol{f}(\boldsymbol{e}_j))=f_{ij}$ だから，(5.48) と同値である．

$\boldsymbol{f}$ は対称写像とし，上の定理よりその1つの固有値 $\lambda$ および $\lambda$ に属する固有ベクトル $\boldsymbol{u}$ をとる．単位ベクトル $\boldsymbol{e}_3=\boldsymbol{u}/|\boldsymbol{u}|$ を含む $\boldsymbol{V}$ の正規直交基底 $\boldsymbol{e}_1,\boldsymbol{e}_2,\boldsymbol{e}_3$ に関して $\boldsymbol{f}$ を表わすとき，(1) より

$$\boldsymbol{f}(\boldsymbol{e}_1)=a\boldsymbol{e}_1+b\boldsymbol{e}_2,\quad \boldsymbol{f}(\boldsymbol{e}_2)=b\boldsymbol{e}_1+c\boldsymbol{e}_2,\quad \boldsymbol{f}(\boldsymbol{e}_3)=\lambda\boldsymbol{e}_3,$$

となる．これに (5.17) により対応する線形写像 $F:\boldsymbol{R}^3\to\boldsymbol{R}^3$ を，(5.29) の回転に対応する $\boldsymbol{R}^3$ の回転

$$R_{12}(\theta):\boldsymbol{R}^3\to\boldsymbol{R}^3,\qquad R_{12}(\theta)(\mathbf{1}_3)=\mathbf{1}_3,$$
$$R_{12}(\theta)(\mathbf{1}_1)=\mathbf{1}_1\cos\theta+\mathbf{1}_2\sin\theta,\qquad R_{12}(\theta)(\mathbf{1}_2)=-\mathbf{1}_1\sin\theta+\mathbf{1}_2\cos\theta,$$

によって変換した

$$F'=R_{12}(\theta)\circ F\circ R_{12}(\theta)^{-1},\qquad F'(\mathbf{1}_i)=\sum_{j=1}^{3}f_{ji}'\mathbf{1}_j,$$

を考えよう．これが $f_{ji}'=0$ $(j\neq i)$ のようにできれば，定理 5.17 より (2) がわかる．

$F''=F\circ R_{12}(\theta)^{-1}=F\circ R_{12}(-\theta)$ は，$F''(\mathbf{1}_3)=\lambda\mathbf{1}_3$，

$$F''(\mathbf{1}_1)=(a\cos\theta-b\sin\theta)\mathbf{1}_1+(b\cos\theta-c\sin\theta)\mathbf{1}_2,$$
$$F''(\mathbf{1}_2)=(a\sin\theta+b\cos\theta)\mathbf{1}_1+(b\sin\theta+c\cos\theta)\mathbf{1}_2,$$

となるから，$f_{31}'=f_{13}'=f_{32}'=f_{23}'=0$ および

$$\begin{aligned}f_{21}'&=(a\cos\theta-b\sin\theta)\sin\theta+(b\cos\theta-c\sin\theta)\cos\theta\\&=((a-c)/2)\sin2\theta+b\cos2\theta=f_{12}'\end{aligned}$$

が成り立つ．従って $b=0$ ならば $\theta=0$，$b\neq0$ ならば

$$\tan2\theta=-2b/(a-c),\qquad -\pi/2\leqq2\theta\leqq\pi/2,$$

となる $\theta$ を選べば，求めるように $f_{21}'=f_{12}'=0$ となる． (証終)

**系 5.38**（i） 対称写像 $\boldsymbol{f}$ が対称変換であるのは3つの固有値 $\lambda_1, \lambda_2, \lambda_3$ がすべて0でないときである．

（ii） さらに $\lambda_1, \lambda_2, \lambda_3$ がすべて正であるのは，任意の $\boldsymbol{a} \neq \boldsymbol{o}$ に対して $(\boldsymbol{f}(\boldsymbol{a}), \boldsymbol{a}) > 0$ となるときである．このとき $\boldsymbol{f}$ を**正値対称変換**とよぶ[1]．

（iii） 任意の正値対称変換 $\boldsymbol{f}$ に対し $\boldsymbol{g} \circ \boldsymbol{g} = \boldsymbol{f}$ となる正値対称変換 $\boldsymbol{g}$ がただ1つ存在する．

**証明**（i） §5.2 例題5と定理 5.11 よりわかるが，直接容易に示される．

（ii） (5.47) となる基底 $\boldsymbol{e}_1', \boldsymbol{e}_2', \boldsymbol{e}_3'$ に関して

$$\boldsymbol{a} = \sum_{i=1}^{3} a_i \boldsymbol{e}_i' \Rightarrow (\boldsymbol{f}(\boldsymbol{a}), \boldsymbol{a}) = \sum_{i=1}^{3} \lambda_i a_i'^2,$$

であることから容易にわかる．

（iii） (5.47) の形の正値対称変換 $\boldsymbol{f}$ に対し，

$$\boldsymbol{g}(\boldsymbol{e}_i') = \lambda_i^{1/2} \boldsymbol{e}_i' \qquad (i=1,2,3)$$

で与えられる $\boldsymbol{g}$ は明らかに $\boldsymbol{g} \circ \boldsymbol{g} = \boldsymbol{f}$ となる．

逆に $\boldsymbol{g} \circ \boldsymbol{g} = \boldsymbol{f}$ となる正値対称変換 $\boldsymbol{g}$ に対し，$\boldsymbol{g}$ の1つの固有値 $\mu > 0$ と $\mu$ に属する固有ベクトル $\boldsymbol{u}$ をとれば，$\boldsymbol{g}(\boldsymbol{u}) = \mu \boldsymbol{u}$ だから $\boldsymbol{f}(\boldsymbol{u}) = \mu^2 \boldsymbol{u}$ である．従って，定理 5.37 の証明より，正規直交基底 $\boldsymbol{e}_1', \boldsymbol{e}_2', \boldsymbol{e}_3' = \boldsymbol{u}/|\boldsymbol{u}|$ に関して $\boldsymbol{f}$ は $\lambda_3 = \mu^2$ として (5.47) の形となり，$\boldsymbol{g}$ は

$$\boldsymbol{g}(\boldsymbol{e}_1') = a\boldsymbol{e}_1' + b\boldsymbol{e}_2', \ \ \boldsymbol{g}(\boldsymbol{e}_2') = b\boldsymbol{e}_1' + c\boldsymbol{e}_2', \ \ \boldsymbol{g}(\boldsymbol{e}_3') = \mu \boldsymbol{e}_3',$$

となる．このとき $\boldsymbol{f} = \boldsymbol{g} \circ \boldsymbol{g}$ より容易に次式がえられる．

$$a^2 + b^2 = \lambda_1, \qquad b(a+c) = 0, \qquad b^2 + c^2 = \lambda_2.$$

ところが $\boldsymbol{g}$ は正値だから，（ii） より $a = (\boldsymbol{g}(\boldsymbol{e}_1'), \boldsymbol{e}_1') > 0$，$c = (\boldsymbol{g}(\boldsymbol{e}_2'), \boldsymbol{e}_2') > 0$ で，上式より $b = 0$，$a = \lambda_1^{1/2}$，$c = \lambda_2^{1/2}$ がえられ，$\boldsymbol{g}$ ははじめの式で与えられるものと一致する．　　（証終）

次に (5.46) で与えられる任意の線形写像 $\boldsymbol{f}$ に対して，$\{f_{ji}\}$ の添数をいれかえて与えられる線形写像

(5.49)　　$${}^t\boldsymbol{f} : \boldsymbol{V} \to \boldsymbol{V}, \qquad {}^t\boldsymbol{f}(\boldsymbol{e}_i) = \sum_{j=1}^{3} f_{ij} \boldsymbol{e}_j \quad (i=1,2,3),$$

---

1) これも $f$ に対応する行列を**正値対称行列**とよぶのが普通である．

を $f$ の**転置写像**とよぼう[1]．定理 5.37 の（1）の証明と全く同様に，これは次式をみたすものとしてよい．

(5.50) $$({}^t\boldsymbol{f}(\boldsymbol{a}), \boldsymbol{b}) = (\boldsymbol{a}, \boldsymbol{f}(\boldsymbol{b})) \qquad (\boldsymbol{a}, \boldsymbol{b} \in \boldsymbol{V}).$$

**補題 5.39** （i） 線形写像 $\boldsymbol{f}$ が対称写像であるのは ${}^t\boldsymbol{f}=\boldsymbol{f}$ のとき，直交変換であるのは ${}^t\boldsymbol{f}\circ\boldsymbol{f}=1_V$ または $\boldsymbol{f}\circ{}^t\boldsymbol{f}=1_V$ のときである．

（ii） 合成，逆写像について ${}^t(\boldsymbol{g}\circ\boldsymbol{f})={}^t\boldsymbol{f}\circ{}^t\boldsymbol{g}$，${}^t(\boldsymbol{f}^{-1})=({}^t\boldsymbol{f})^{-1}$．

（iii） $\boldsymbol{V}$ の任意の線形変換 $\boldsymbol{f}$ に対し，${}^t\boldsymbol{f}$ も線形変換で，合成 ${}^t\boldsymbol{f}\circ\boldsymbol{f}$ は正値対称変換である．

**証明** （i） 定義および定理 5.23 より明らか．

（ii） (5.50) より $(\boldsymbol{a}, (\boldsymbol{g}\circ\boldsymbol{f})(\boldsymbol{b}))=({}^t\boldsymbol{g}(\boldsymbol{a}), \boldsymbol{f}(\boldsymbol{b}))=(({}^t\boldsymbol{f}\circ{}^t\boldsymbol{g})(\boldsymbol{a}), \boldsymbol{b})$ だから，再び (5.50) より第1式がえられる．従って ${}^t(\boldsymbol{f}^{-1})\circ{}^t\boldsymbol{f}={}^t(\boldsymbol{f}^{-1}\circ\boldsymbol{f})={}^t1_V=1_V$，${}^t\boldsymbol{f}\circ{}^t(\boldsymbol{f}^{-1})=1_V$ となり，第2式が成り立つ．

（iii） （ii）と明らかな ${}^t({}^t\boldsymbol{f})=\boldsymbol{f}$ より ${}^t({}^t\boldsymbol{f}\circ\boldsymbol{f})={}^t\boldsymbol{f}\circ\boldsymbol{f}$ で，（i）の前半より ${}^t\boldsymbol{f}\circ\boldsymbol{f}$ は対称写像である．また定理 5.11 より $\boldsymbol{a}\neq\boldsymbol{o}$ ならば $\boldsymbol{f}(\boldsymbol{a})\neq\boldsymbol{o}$ だから，(5.50) と内積の正値性より

$$(({}^t\boldsymbol{f}\circ\boldsymbol{f})(\boldsymbol{a}), \boldsymbol{a})=(\boldsymbol{f}(\boldsymbol{a}), \boldsymbol{f}(\boldsymbol{a}))>0$$

で，上の系の（ii）より ${}^t\boldsymbol{f}\circ\boldsymbol{f}$ は正値対称変換である．さらに ${}^t\boldsymbol{f}=({}^t\boldsymbol{f}\circ\boldsymbol{f})\circ\boldsymbol{f}^{-1}$ は線形変換である． （証終）

以上の準備により，当面の目標である次の定理がえられる．

**定理 5.40** ユークリッドベクトル空間 $\boldsymbol{V}$ の任意の線形変換 $\boldsymbol{f}$ は正値対称変換 $\boldsymbol{g}$ と直交変換 $\boldsymbol{f}_1$ の合成

$$\boldsymbol{f}=\boldsymbol{f}_1\circ\boldsymbol{g}$$

として一意に表わされる．実際，上の補題の（iii）と系 5.38(iii) より次式をみたす $\boldsymbol{g}, \boldsymbol{f}_1$ をとればよい．

$$\boldsymbol{g}\circ\boldsymbol{g}={}^t\boldsymbol{f}\circ\boldsymbol{f}, \qquad \boldsymbol{f}_1=\boldsymbol{f}\circ\boldsymbol{g}^{-1}.$$

**証明** 上式で与えられる $\boldsymbol{f}_1$ に対し，上の補題の（i）の前半と（ii）より

$${}^t\boldsymbol{f}_1\circ\boldsymbol{f}_1={}^t(\boldsymbol{g}^{-1})\circ{}^t\boldsymbol{f}\circ\boldsymbol{f}\circ\boldsymbol{g}^{-1}=\boldsymbol{g}^{-1}\circ\boldsymbol{g}\circ\boldsymbol{g}\circ\boldsymbol{g}^{-1}=1_V$$

---

1） これも ${}^tf$ に対応する行列を $f$ に対応する行列の**転置行列**とよぶのが普通である．

で，上の補題の（i）の後半より $\boldsymbol{f}_1$ は直交変換である．また $\boldsymbol{f}$ が正値対称変換 $\boldsymbol{g}'$ と直交変換 $\boldsymbol{f}_1'$ の合成 $\boldsymbol{f}=\boldsymbol{f}_1'\circ\boldsymbol{g}'$ となれば，$\boldsymbol{g}=\boldsymbol{f}_1^{-1}\circ\boldsymbol{f}_1'\circ\boldsymbol{g}'$ だから上の補題の（i），(ii) より

$$\boldsymbol{g}\circ\boldsymbol{g}={}^t\boldsymbol{g}\circ\boldsymbol{g}={}^t\boldsymbol{g}'\circ{}^t\boldsymbol{f}_1'\circ{}^t(\boldsymbol{f}_1^{-1})\circ\boldsymbol{f}_1^{-1}\circ\boldsymbol{f}_1'\circ\boldsymbol{g}'=\boldsymbol{g}'\circ\boldsymbol{g}'$$

であり，系 5.38(iii) より $\boldsymbol{g}'=\boldsymbol{g}$，従って $\boldsymbol{f}_1'=\boldsymbol{f}_1$ がわかる．（証終）

上の定理はユークリッドベクトル空間 $\boldsymbol{V}$ の線形変換の性質であり，一般の計量ベクトル空間 $\boldsymbol{R}^3$ の線形変換に対しても成り立つ．アフィン空間の幾何ベクトルの計量性をもたないベクトル空間 $\boldsymbol{V}$ の線形変換についても，その線形変換群 $GL(\boldsymbol{V})$ を定理 5.26 のあとに述べたように $\boldsymbol{R}^3$ の一般線形群 $GL(3, \boldsymbol{R})$ と同一視して考えるとき，代数的に補題 5.39（i）の後半を直交変換の定義として，その幾何学的な意味づけを除いて，上の定理が成り立つと考えることができる．

上の定理と定理 5.3(iii)，5.5，5.32，5.34 および系 5.38(ii)をまとめて，次の定理がえられる．

**定理 5.41** 3次元ユークリッド空間 $S$ の任意のアフィン変換は，適当な直交座標によって座標ごとの正の定数倍となるアフィン変換

$$g : S\to S, \qquad g(y_1, y_2, y_3)=(\lambda_1 y_1, \lambda_2 y_2, \lambda_3 y_3) \quad (\lambda_i>0),$$

と合同変換 $f : S\to S$，すなわちもう1つの適当な直交座標により定理 5.34 の等式で与えられるもの，との合成 $f\circ g$ で表わされる．

**例題 3** 正規直交基底 $\boldsymbol{e}_1, \boldsymbol{e}_2, \boldsymbol{e}_3$ に関して，

$$\boldsymbol{f}(\boldsymbol{e}_1)=\boldsymbol{e}_1-\boldsymbol{e}_2,\ \ \boldsymbol{f}(\boldsymbol{e}_2)=2\boldsymbol{e}_2-\boldsymbol{e}_3,\ \ \boldsymbol{f}(\boldsymbol{e}_3)=2\boldsymbol{e}_1+\boldsymbol{e}_3,$$

で与えられる線形変換 $\boldsymbol{f}$ を定理 5.40 のように $\boldsymbol{f}=\boldsymbol{f}_1\circ\boldsymbol{g}$ と表わすとき，正値対称変換 $\boldsymbol{g}$ は正規直交基底

$$(1) \quad \begin{aligned} &\boldsymbol{u}_1=(\boldsymbol{e}_2+\boldsymbol{e}_3)/\sqrt{2},\ \ \boldsymbol{u}_2=((\sqrt{3}-1)\boldsymbol{e}_1-\boldsymbol{e}_2+\boldsymbol{e}_3)/\sqrt{6-2\sqrt{3}},\\ &\boldsymbol{u}_3=((\sqrt{3}+1)\boldsymbol{e}_1+\boldsymbol{e}_2-\boldsymbol{e}_3)/\sqrt{6+2\sqrt{3}}, \end{aligned}$$

に関して

$$(2) \quad \boldsymbol{g}(\boldsymbol{u}_1)=2\boldsymbol{u}_1,\ \ \boldsymbol{g}(\boldsymbol{u}_2)=(\sqrt{3}+1)\boldsymbol{u}_2,\ \ \boldsymbol{g}(\boldsymbol{u}_3)=(\sqrt{3}-1)\boldsymbol{u}_3$$

となるもので，直交変換 $\boldsymbol{f}_1$ は回転で，その軸 $\boldsymbol{u}$ と角 $\alpha$ は次式で与えられ

る.

(3) $\boldsymbol{u}=-\boldsymbol{e}_1+\sqrt{3}\boldsymbol{e}_2-\boldsymbol{e}_3,\quad \cos\alpha=(5-\sqrt{3})/4\sqrt{3}.$

[解] (5.49) の ${}^t\boldsymbol{f}$ および補題 5.39(iii) の正値対称変換 ${}^t\boldsymbol{f}\circ\boldsymbol{f}$ は

$$\begin{cases} {}^t\boldsymbol{f}(\boldsymbol{e}_1)=\boldsymbol{e}_1+2\boldsymbol{e}_3, \\ {}^t\boldsymbol{f}(\boldsymbol{e}_2)=-\boldsymbol{e}_1+2\boldsymbol{e}_2, \\ {}^t\boldsymbol{f}(\boldsymbol{e}_3)=-\boldsymbol{e}_2+\boldsymbol{e}_3, \end{cases} \qquad \begin{cases} ({}^t\boldsymbol{f}\circ\boldsymbol{f})(\boldsymbol{e}_1)=2\boldsymbol{e}_1-2\boldsymbol{e}_2+2\boldsymbol{e}_3, \\ ({}^t\boldsymbol{f}\circ\boldsymbol{f})(\boldsymbol{e}_2)=-2\boldsymbol{e}_1+5\boldsymbol{e}_2-\boldsymbol{e}_3, \\ ({}^t\boldsymbol{f}\circ\boldsymbol{f})(\boldsymbol{e}_3)=2\boldsymbol{e}_1-\boldsymbol{e}_2+5\boldsymbol{e}_3, \end{cases}$$

となる. 後者の (5.44) の固有方程式は

$$\begin{aligned}&(2-\lambda)(5-\lambda)(5-\lambda)+4+4-(2-\lambda)-4(5-\lambda)-4(5-\lambda)\\ &\qquad=-(\lambda^3-12\lambda^2+36\lambda-16)=-(\lambda-4)(\lambda^2-8\lambda+4)=0,\end{aligned}$$

固有値は

$$\lambda_1=4,\ \lambda_2=4+2\sqrt{3}=(\sqrt{3}+1)^2,\ \lambda_3=4-2\sqrt{3}=(\sqrt{3}-1)^2.$$

それぞれに属する長さ1の固有ベクトル

$$\boldsymbol{u}_i=\sum_{j=1}^{3}u_{ij}\boldsymbol{e}_j \qquad (i=1,2,3)$$

は (5.45) の $\lambda$ に固有値 $\lambda_i$ を代入して解いて (1) であることがわかる. 従って, 定理 5.40 の $\boldsymbol{g}$ は (2) で与えられ, $\boldsymbol{g}^{-1}(\boldsymbol{u}_i)=\boldsymbol{u}_i/\sqrt{\lambda_i}$ である $\boldsymbol{g}^{-1}$ に対し, (5.48) の証明の $\boldsymbol{g}^{-1}(\boldsymbol{e}_i)=\sum_{j=1}^{3}(\sum_{k=1}^{3}u_{ki}u_{kj}/\sqrt{\lambda_k})\boldsymbol{e}_j$ を計算して

$$\begin{cases} \boldsymbol{g}^{-1}(\boldsymbol{e}_1)=(4\boldsymbol{e}_1+\boldsymbol{e}_2-\boldsymbol{e}_3)/2\sqrt{3}, \\ \boldsymbol{g}^{-1}(\boldsymbol{e}_2)=(2\boldsymbol{e}_1+(2+\sqrt{3})\boldsymbol{e}_2-(2-\sqrt{3})\boldsymbol{e}_3)/4\sqrt{3}, \\ \boldsymbol{g}^{-1}(\boldsymbol{e}_3)=(-2\boldsymbol{e}_1-(2-\sqrt{3})\boldsymbol{e}_2+(2+\sqrt{3})\boldsymbol{e}_3)/4\sqrt{3}, \end{cases}$$

がえられるから, 定理 5.40 の直交変換 $\boldsymbol{f}_1=\boldsymbol{f}\circ\boldsymbol{g}^{-1}$ は

$$\begin{aligned}\boldsymbol{f}_1(\boldsymbol{e}_1)&=(\boldsymbol{e}_1-\boldsymbol{e}_2-\boldsymbol{e}_3)/\sqrt{3},\\ \boldsymbol{f}_1(\boldsymbol{e}_2)&=((\sqrt{3}-1)\boldsymbol{e}_1+(\sqrt{3}+1)\boldsymbol{e}_2-2\boldsymbol{e}_3)/2\sqrt{3},\\ \boldsymbol{f}_1(\boldsymbol{e}_3)&=((\sqrt{3}+1)\boldsymbol{e}_1+(\sqrt{3}-1)\boldsymbol{e}_2+2\boldsymbol{e}_3)/2\sqrt{3}.\end{aligned}$$

定理 5.29 の (5.32), (5.34) より

$$\begin{cases}\cos\theta=1/\sqrt{3},\\ \sin\theta=\sqrt{2}/\sqrt{3},\end{cases}\quad \begin{cases}\cos\varphi=(\sqrt{3}+1)/2\sqrt{2},\\ \sin\varphi=(\sqrt{3}-1)/2\sqrt{2},\end{cases}\quad \begin{cases}\cos\psi=1/\sqrt{2},\\ \sin\psi=-1/\sqrt{2},\end{cases}$$

とおくとき, (5.36) の複号の上の場合となり, $\boldsymbol{f}_1$ は (5.37) の形で, 定理

5.32 より回転である. $\boldsymbol{u}$ と $\alpha$ は (5.39) と例題2に上の $\theta, \varphi, \psi$ を代入して (3) となることがわかる. (以上)

**問 1** 正規直交基底 $\boldsymbol{e}_1, \boldsymbol{e}_2, \boldsymbol{e}_3$ に関して次式で与えられる線形変換を定理 5.40 のように合成で表わせ.

(1) $\boldsymbol{f}(\boldsymbol{e}_1)=\boldsymbol{e}_1+\boldsymbol{e}_2,\ \boldsymbol{f}(\boldsymbol{e}_2)=2\boldsymbol{e}_3,\ \boldsymbol{f}(\boldsymbol{e}_3)=-\boldsymbol{e}_1.$

(2) $\boldsymbol{f}(\boldsymbol{e}_1)=\boldsymbol{e}_2+\boldsymbol{e}_3,\ \boldsymbol{f}(\boldsymbol{e}_2)=\boldsymbol{e}_1+\boldsymbol{e}_3,\ \boldsymbol{f}(\boldsymbol{e}_3)=\boldsymbol{e}_1+\boldsymbol{e}_2.$

# 6. $n$ 次元ベクトル空間

第 3，4 章で考察された3次元(計量)ベクトル空間を拡張して，一般な(計量)ベクトル空間について考察しよう．3次元の場合の性質のほとんどが有限生成の場合に一般化できる．また第5章で考察された線形(直交)変換も一般な(計量)ベクトル空間において考察される．さらに第2章の考察に基づいた§3.1 の幾何ベクトルの導入とは逆に，一般な(計量)ベクトル空間を用いて一般なアフィン(ユークリッド)空間が定義される．

この章の最後に附録として無限次元の場合について注意してある．

## 6.1 ベクトル空間，同形写像

与えられた空でない集合 $\boldsymbol{L}$ において，任意の2元 $\boldsymbol{a}, \boldsymbol{b} \in \boldsymbol{L}$ に対して**和**とよばれる元 $\boldsymbol{a}+\boldsymbol{b} \in \boldsymbol{L}$，および任意の元 $\boldsymbol{a} \in \boldsymbol{L}$ と任意の実数 $x \in \boldsymbol{R}$ に対して**スカラー倍**とよばれる元 $x\boldsymbol{a} \in \boldsymbol{L}$ が一意に定まり，すなわち写像

$$+ : \boldsymbol{L} \times \boldsymbol{L} \to \boldsymbol{L}, \qquad +(\boldsymbol{a}, \boldsymbol{b}) = \boldsymbol{a}+\boldsymbol{b} \quad (\boldsymbol{a}, \boldsymbol{b} \in \boldsymbol{L}),$$

$$\cdot : \boldsymbol{R} \times \boldsymbol{L} \to \boldsymbol{L}, \qquad \cdot(x, \boldsymbol{a}) = x\boldsymbol{a} \quad (x \in \boldsymbol{R}, \boldsymbol{a} \in \boldsymbol{L}),$$

が与えられ，次の性質 (6.1)～(6.6) が成り立つとする．

(6.1) $$(\boldsymbol{a}+\boldsymbol{b})+\boldsymbol{c} = \boldsymbol{a}+(\boldsymbol{b}+\boldsymbol{c}).$$ (和の**結合律**)

(6.2) $$\boldsymbol{a}+\boldsymbol{b} = \boldsymbol{b}+\boldsymbol{a}.$$ (和の**可換律**)

(6.3) 元 $\boldsymbol{o} \in \boldsymbol{L}$ が存在して

$$\boldsymbol{a}+\boldsymbol{o} = \boldsymbol{a}.$$ (**零元**の存在)

(6.4) 元 $\boldsymbol{a} \in \boldsymbol{L}$ に対して元 $-\boldsymbol{a} \in \boldsymbol{L}$ が存在して

$$\boldsymbol{a}+(-\boldsymbol{a}) = \boldsymbol{o}.$$ (**逆元**の存在)

(6.5) $$1\boldsymbol{a} = \boldsymbol{a}, \qquad (xy)\boldsymbol{a} = x(y\boldsymbol{a}).$$ (**結合律**)

(6.6) $$(x+y)\boldsymbol{a} = x\boldsymbol{a}+y\boldsymbol{a},\text{[1)]} \qquad x(\boldsymbol{a}+\boldsymbol{b}) = x\boldsymbol{a}+x\boldsymbol{b}.$$ (**配分律**)

---

1)　この右辺は実数の場合と同様に，まずスカラー倍を求め，次に和をとるものと約束する．

ここに $\boldsymbol{a}, \boldsymbol{b}, \boldsymbol{c} \in \boldsymbol{L}$, $x, y \in \boldsymbol{R}$.

このとき，$\boldsymbol{L}$をベクトル空間または線形空間とよぶ．その元をベクトルとよび，また実数をスカラーとよぶ．

**定理 6.1** (i) (6.3) の元 $\boldsymbol{o} \in \boldsymbol{L}$ は一意に定まり，**零ベクトル**とよばれる．

(ii) 任意の $\boldsymbol{a} \in \boldsymbol{L}$ に対して (6.4) の元 $-\boldsymbol{a} \in \boldsymbol{L}$ は一意に定まる．

(iii) 任意のベクトル $\boldsymbol{a}, \boldsymbol{b} \in \boldsymbol{L}$ に対して，

$$\boldsymbol{a} = \boldsymbol{c} + \boldsymbol{b}$$

をみたす $\boldsymbol{c} \in \boldsymbol{L}$ が一意に存在し，$\boldsymbol{c} = \boldsymbol{a} + (-\boldsymbol{b})$ である．これは

$$\boldsymbol{a} - \boldsymbol{b} = \boldsymbol{a} + (-\boldsymbol{b}) \in \boldsymbol{L}$$

と書き表わされ，これがベクトルの**減法**である．

(iv) ベクトル $\boldsymbol{a} \in \boldsymbol{L}$ とスカラー $x \in \boldsymbol{R}$ に対して，

$$x\boldsymbol{a} = \boldsymbol{o} \Longleftrightarrow (x = 0 \quad \text{または} \quad \boldsymbol{a} = \boldsymbol{o}).$$

**証明** (i) もう1つの元 $\boldsymbol{o}' \in \boldsymbol{L}$ が $\boldsymbol{a} + \boldsymbol{o}' = \boldsymbol{a}$ をみたせば，$\boldsymbol{o}' = \boldsymbol{o}' + \boldsymbol{o} = \boldsymbol{o} + \boldsymbol{o}' = \boldsymbol{o}$.

(ii) もう1つの元 $\boldsymbol{a}' \in \boldsymbol{L}$ が $\boldsymbol{a} + \boldsymbol{a}' = \boldsymbol{o}$ をみたせば，$\boldsymbol{a}' = ((-\boldsymbol{a}) + \boldsymbol{a}) + \boldsymbol{a}' = (-\boldsymbol{a}) + (\boldsymbol{a} + \boldsymbol{a}') = -\boldsymbol{a}$.

(iii), (iv) 系 3.3 と全く同様に示される． (証終)

**例題 1** §3.1 例題1が $\boldsymbol{a}, \boldsymbol{b} \in \boldsymbol{L}$ に対して成り立つ．

定理 3.2 よりアフィン空間の幾何ベクトルのつくるベクトル空間 $\boldsymbol{V}$，定理 3.8 よりその線形部分空間 $\boldsymbol{L}$，および定理 3.19(i) より数ベクトル空間 $\boldsymbol{R}^3$，はいずれもベクトル空間である．さらに，$\boldsymbol{R}^3$ を一般化した次のベクトル空間は重要である．

負でない整数$n$が与えられたとき，実数の集合 $\boldsymbol{R}$ の直積

$$\boldsymbol{R}^n = \boldsymbol{R} \times \boldsymbol{R} \times \cdots \times \boldsymbol{R} \quad (n\text{ 個})$$

の元，すなわち$n$個の実数 $a_1, \cdots, a_n \in \boldsymbol{R}$ の(順序づけられた)組

$$\boldsymbol{a} = (a_1, \cdots, a_n) \qquad (a_i \in \boldsymbol{R}, 1 \leqq i \leqq n)$$

を $\boldsymbol{n}$ **次元**(または $\boldsymbol{n}$ **項**)**数ベクトル**とよび，$a_i$ を数ベクトル $\boldsymbol{a} = (a_1, \cdots, a_n)$

の $i$ **成分**とよぶ．ここに，$\boldsymbol{R}^0$ は1点 $\boldsymbol{o}$ からなるものと約束する．

このとき，次の定理は実数の和・積の性質よりただちに示される．

**定理 6.2**　数ベクトルの**和・スカラー倍**を

$$(6.7)\quad \begin{aligned} &(a_1, \cdots, a_n)+(b_1, \cdots, b_n)=(a_1+b_1, \cdots, a_n+b_n), \\ &x(a_1, \cdots, a_n)=(xa_1, \cdots, xa_n), \qquad (a_i, b_i, x \in \boldsymbol{R}), \end{aligned}$$

で定義すれば，$\boldsymbol{R}^n$ はベクトル空間をなす．実際 (6.3) の零ベクトル $\boldsymbol{o}$ および (6.4) の逆元 $-\boldsymbol{a}$ は次式で与えられる．

$$(6.8)\qquad \boldsymbol{o}=(0, \cdots, 0),\quad -\boldsymbol{a}=-(a_1, \cdots, a_n)=(-a_1, \cdots, -a_n).$$

このベクトル空間 $\boldsymbol{R}^n$ $(n \geqq 0)$ は $\boldsymbol{n}$ **次元数ベクトル空間**とよばれる．

**例題 2**　集合 $I$ が与えられたとき，$I$ から $\boldsymbol{R}$ への写像全体の集合

$$F(I, \boldsymbol{R})=\{f: I \to \boldsymbol{R}\}$$

において，和・スカラー倍を次式で定義する．

$$(f+g)(t)=f(t)+g(t), \qquad (xf)(t)=x(f(t)) \qquad (t \in I).$$

このとき，零元 0，逆元 $-f$ は次式で与えられ，$F(I, \boldsymbol{R})$ はベクトル空間をなす．

$$0(t)=0, \qquad (-f)(t)=-f(t) \qquad (t \in I).$$

とくに $I=\{1, 2, \cdots, n\}$ のとき，$F(I, \boldsymbol{R})=\boldsymbol{R}^n$ である．

**例題 3**　実数の閉区間 $[0, 1]$ 上で定義された実数値連続関数，または実数値微分可能関数，の全体のつくる $F([0, 1], \boldsymbol{R})$ の部分集合

$$C([0, 1], \boldsymbol{R}),\quad \text{または} \quad D([0, 1], \boldsymbol{R}),$$

は上の例題の和・スカラー倍によりベクトル空間をなす．

**例題 4**　変数 $t$ の実係数**多項式**

$$P(t)=\sum_{i=0}^{n} p_i t^i \qquad (n \geqq 0, p_i \in \boldsymbol{R})$$

全体の集合 $\boldsymbol{R}[t]$ は，多項式の普通の和・スカラー倍

$$\left(\sum_{i=0}^{n} p_i t^i\right)+\left(\sum_{i=1}^{m} q_i t^i\right)=\sum_{i=1}^{\max(n, m)} (p_i+q_i) t^i,\ ^{1)}$$

1)　$m>n$ のとき $\sum_{i=0}^{n} p_i t^i=\sum_{i=0}^{m} p_i t^i$，$p_i=0$ $(n<i \leqq m)$，としている．

$$x(\sum_{i=1}^{n} p_i t^i)=\sum_{i=1}^{n}(xp_i)t^i,$$

によりベクトル空間をなす.

ベクトル空間 $\boldsymbol{L}$ の空でない部分集合 $\boldsymbol{L}'$ が和・スカラー倍の演算に関して閉じているとき，すなわち

(6.9)　　$\boldsymbol{a}, \boldsymbol{b}\in\boldsymbol{L}'$,　$x\in\boldsymbol{R}$　ならば　$\boldsymbol{a}+\boldsymbol{b}\in\boldsymbol{L}'$,　$x\boldsymbol{a}\in\boldsymbol{L}'$,

が成り立つとき，$\boldsymbol{L}'$ を $\boldsymbol{L}$ の**線形部分空間**または**部分ベクトル空間**とよぶ.

次の定理は定理 3.8 と全く同様に示される.

**定理 6.3**　ベクトル空間 $\boldsymbol{L}$ の任意の線形部分空間 $\boldsymbol{L}'$ は $\boldsymbol{L}$ の和・スカラー倍 (6.9) によりベクトル空間となる.

ベクトル空間 $\boldsymbol{L}$ からベクトル空間 $\boldsymbol{M}$ への写像

$$\boldsymbol{f}:\boldsymbol{L}\to\boldsymbol{M}$$

が，和・スカラー倍をたもつとき，すなわち条件

(6.10)　　$\boldsymbol{f}(\boldsymbol{a}+\boldsymbol{b})=\boldsymbol{f}(\boldsymbol{a})+\boldsymbol{f}(\boldsymbol{b})$,　　$\boldsymbol{f}(x\boldsymbol{a})=x\boldsymbol{f}(\boldsymbol{a})$, [1]

(6.11)　　$\boldsymbol{f}(\sum_{i=1}^{n} x_i\boldsymbol{a}_i)=\sum_{i=1}^{n} x_i\boldsymbol{f}(\boldsymbol{a}_i)$　　$(n\geqq 1)$,

$(\boldsymbol{a}, \boldsymbol{b}, \boldsymbol{a}_i\in\boldsymbol{L},\ x, x_i\in\boldsymbol{R})$　をみたすとき，$\boldsymbol{f}$ を**線形写像**または**準同形写像**とよぶ.

さらに $\boldsymbol{f}$ が全単射のとき，$\boldsymbol{f}$ を $\boldsymbol{L}$ から $\boldsymbol{M}$ (の上)への**同形写像**とよび，

$$\boldsymbol{f}:\boldsymbol{L}\approx\boldsymbol{M}$$

のように書き表わす.

次の定理は定理 5.8 と全く同様に示される.

**定理 6.4**　(i)　線形写像 $\boldsymbol{f}:\boldsymbol{L}\to\boldsymbol{M}$ は零元　$\boldsymbol{o}\in\boldsymbol{L}$ を零元　$\boldsymbol{o}\in\boldsymbol{M}$ に，逆元を逆元にうつす．すなわち

$$\boldsymbol{f}(\boldsymbol{o})=\boldsymbol{o},\qquad \boldsymbol{f}(-\boldsymbol{a})=-\boldsymbol{f}(\boldsymbol{a})\quad(\boldsymbol{a}\in\boldsymbol{L}).$$

(ii)　線形写像 $\boldsymbol{f}:\boldsymbol{L}\to\boldsymbol{M}, \boldsymbol{g}:\boldsymbol{M}\to\boldsymbol{N}$ の合成 $\boldsymbol{g}\circ\boldsymbol{f}:\boldsymbol{L}\to\boldsymbol{N}$ は線形写像であ

---

1)　勿論，左辺および右辺の演算はそれぞれ $\boldsymbol{L}$ および $\boldsymbol{M}$ における和・スカラー倍である．混同のおそれのない限り，このように演算または零元 $\boldsymbol{o}$ は同じ記号で書き表わすこととする.

る.

(iii) 同形写像 $\boldsymbol{f}:\boldsymbol{L}\approx\boldsymbol{M}$ の逆写像 $\boldsymbol{f}^{-1}:\boldsymbol{M}\to\boldsymbol{L}$ も線形写像, 従って同形写像, である.

次の定理は補題 5.10 および定理 5.11 の(3)と(4)の同値と同様に示される.

**定理 6.5** $\boldsymbol{f}:\boldsymbol{L}\to\boldsymbol{M}$ を線形写像とする.

(i) $$\mathrm{Im}\,\boldsymbol{f}=\boldsymbol{f}(\boldsymbol{L}),\qquad \mathrm{Ker}\,\boldsymbol{f}=\boldsymbol{f}^{-1}(\boldsymbol{o})$$

はそれぞれ $\boldsymbol{M},\boldsymbol{L}$ の線形部分空間である. これらはそれぞれ線形写像 $\boldsymbol{f}$ の**像**, **核**とよばれる.

(ii) $\boldsymbol{f}$ が単射であるためには, $\mathrm{Ker}\,\boldsymbol{f}=\{\boldsymbol{o}\}$ であることが必要十分である.

**証明** (i) の第1項については (6.10), (6.11) より明らかで, 他は全く同様. (証終)

2つのベクトル空間 $\boldsymbol{L},\boldsymbol{M}$ に対して, 同形写像 $\boldsymbol{f}:\boldsymbol{L}\approx\boldsymbol{M}$ が存在するとき, $\boldsymbol{L}$ と $\boldsymbol{M}$ は同形であるといい.

$$\boldsymbol{L}\approx\boldsymbol{M}$$

のように書き表わす. このとき, 恒等写像 $1_L:\boldsymbol{L}\to\boldsymbol{L}$ は明らかに同形写像であることおよび定理 6.4 の(iii), (ii) より, 同形 $\approx$ であるという関係はベクトル空間全体の集合における同値関係であることがわかる.

$$\boldsymbol{L}\approx\boldsymbol{L}\,;\qquad \boldsymbol{L}\approx\boldsymbol{M}\Rightarrow\boldsymbol{M}\approx\boldsymbol{L}\,;$$
$$(\boldsymbol{L}\approx\boldsymbol{M},\ \ \boldsymbol{M}\approx\boldsymbol{N})\Rightarrow\boldsymbol{L}\approx\boldsymbol{N}.$$

従ってベクトル空間全体の集合は同形により同値類にわけられ, 同じ同値類のベクトル空間, すなわち同形なベクトル空間, は同形写像によって同一視できる. この意味の分類問題がさらに考察される.

**例題 5** 数ベクトル空間 $\boldsymbol{R}^n$ と負でない整数 $m\leqq n$ が与えられたとき,

$$\boldsymbol{R}'^m=\{(a_1,\cdots,a_n)\in\boldsymbol{R}^n|a_i=0\ \ (m<i\leqq n)\}$$

は $\boldsymbol{R}^n$ の線形部分空間である. さらに写像

$$i:\boldsymbol{R}^m\to\boldsymbol{R}'^m,\quad i(a_1,\cdots,a_m)=(a_1,\cdots,a_m,0,\cdots,0),$$

は同形写像である. この $i$ によって $\boldsymbol{R}^m$ と $\boldsymbol{R}'^m$ を同一視して, しばしば

$$\boldsymbol{R}^m \subset \boldsymbol{R}^n \qquad (m \leqq n)$$

とみなされる.

**例題 6** ベクトル空間 $\boldsymbol{L}_1, \cdots, \boldsymbol{L}_n$ が与えられたとき，それらの直積 $\boldsymbol{L}_1 \times \cdots \times \boldsymbol{L}_n$ において，和・スカラー倍を次式で定義する.

$$(\boldsymbol{a}_1, \cdots, \boldsymbol{a}_n) + (\boldsymbol{b}_1, \cdots, \boldsymbol{b}_n) = (\boldsymbol{a}_1 + \boldsymbol{b}_1, \cdots, \boldsymbol{a}_n + \boldsymbol{b}_n),$$
$$x(\boldsymbol{a}_1, \cdots, \boldsymbol{a}_n) = (x\boldsymbol{a}_1, \cdots, x\boldsymbol{a}_n), \quad (\boldsymbol{a}_j, \boldsymbol{b}_j \in \boldsymbol{L}_j, x \in \boldsymbol{R}).$$

このとき， $\boldsymbol{L}_1 \times \cdots \times \boldsymbol{L}_n$ は $\boldsymbol{o} = (\boldsymbol{o}, \cdots, \boldsymbol{o})$ を零元， $-(\boldsymbol{a}_1, \cdots, \boldsymbol{a}_n) = (-\boldsymbol{a}_1, \cdots, -\boldsymbol{a}_n)$ を逆元としてベクトル空間をなす. このベクトル空間を $\boldsymbol{L}_1, \cdots, \boldsymbol{L}_n$ の**直和**といい， $\boldsymbol{L}_1 \times \cdots \times \boldsymbol{L}_n$ のかわりに

$$\boldsymbol{L}_1 \oplus \cdots \oplus \boldsymbol{L}_n \quad \text{または} \quad \bigoplus_{j=1}^{n} \boldsymbol{L}_j$$

と書き表わされることも多い. さらに写像

$$\boldsymbol{L}_j \xrightarrow{\boldsymbol{i}_j} \boldsymbol{L}_1 \oplus \cdots \oplus \boldsymbol{L}_n \xrightarrow{\boldsymbol{p}_j} \boldsymbol{L}_j \qquad (1 \leqq j \leqq n),$$
$$\boldsymbol{i}_j(\boldsymbol{a}_j) = (\boldsymbol{a}_1, \cdots, \boldsymbol{a}_j, \cdots, \boldsymbol{a}_n), \quad \boldsymbol{a}_k = \boldsymbol{o} \ (k \neq j),$$
$$\boldsymbol{p}_j(\boldsymbol{a}_1, \cdots, \boldsymbol{a}_j, \cdots, \boldsymbol{a}_n) = \boldsymbol{a}_j,$$

は線形写像である.

**例題 7** $n$ 次元数ベクトル空間 $\boldsymbol{R}^n$ は $n$ 個の 1 次元数ベクトル空間 $\boldsymbol{R}^1 = \boldsymbol{R}$ の直和 $\boldsymbol{R} \oplus \cdots \oplus \boldsymbol{R}$ （$n$ 個）と自然に同形である.

**例題 8** ベクトル空間 $\boldsymbol{L}$ とその線形部分空間 $\boldsymbol{L}_1, \boldsymbol{L}_2$ が与えられたとする.

（i）
$$\boldsymbol{L}_1 + \boldsymbol{L}_2 = \{\boldsymbol{a}_1 + \boldsymbol{a}_2 | \boldsymbol{a}_j \in \boldsymbol{L}_j\}, \qquad \boldsymbol{L}_1 \cap \boldsymbol{L}_2$$

はともに $\boldsymbol{L}$ の線形部分空間である.

（ii） 直和 $\boldsymbol{L}_1 \oplus \boldsymbol{L}_2$ からの写像

$$m : \boldsymbol{L}_1 \oplus \boldsymbol{L}_2 \to \boldsymbol{L}, \quad m(\boldsymbol{a}_1, \boldsymbol{a}_2) = \boldsymbol{a}_1 + \boldsymbol{a}_2 \ (\boldsymbol{a}_j \in \boldsymbol{L}_j),$$

は線形写像である.

（iii） （ii）の $m$ が同形写像であるためには,

$$\boldsymbol{L} = \boldsymbol{L}_1 + \boldsymbol{L}_2, \qquad \boldsymbol{L}_1 \cap \boldsymbol{L}_2 = \{\boldsymbol{o}\},$$

であることが必要十分である. このとき，任意の $\boldsymbol{a} \in \boldsymbol{L}$ は一意に $\boldsymbol{a} = \boldsymbol{a}_1 + \boldsymbol{a}_2$ $(\boldsymbol{a}_j \in \boldsymbol{L}_j)$ の形に表わされ， $\boldsymbol{L}$ は部分空間 $\boldsymbol{L}_1$, $\boldsymbol{L}_2$ の**直和**に分解できるとい

う[1].

[解] (i) §3.2 例題1と全く同様. (ii) 例題6における演算の定義と(6.1), (6.2), (6.6) より明らか. (iii) 定義より明らかに $m$ が全射であることと $\boldsymbol{L}=\boldsymbol{L}_1+\boldsymbol{L}_2$ は同値である. また

$$(\boldsymbol{a}_1, \boldsymbol{a}_2)\in \mathrm{Ker}\, m \Longleftrightarrow \boldsymbol{a}_1+\boldsymbol{a}_2=\boldsymbol{o} \Longleftrightarrow \boldsymbol{a}_1=-\boldsymbol{a}_2\in \boldsymbol{L}_1\cap \boldsymbol{L}_2$$

だから, 定理 6.5(ii) より $m$ が単射であることは $\boldsymbol{L}_1\cap\boldsymbol{L}_2=\{\boldsymbol{o}\}$ と同値である. 後半は前半より明らか. (以上)

**問 1** 集合 $I$ とベクトル空間 $\boldsymbol{L}$ が与えられたとき, $I$ から $\boldsymbol{L}$ への写像全体の集合 $F(I, \boldsymbol{L})$ は例題2と同様に定義される和・スカラー倍によりベクトル空間となる.

**問 2** ベクトル空間 $\boldsymbol{L}, \boldsymbol{M}$ が与えられたとき, $\boldsymbol{M}$ から $\boldsymbol{L}$ への線形写像全体の集合 $\mathrm{Hom}(\boldsymbol{M}, \boldsymbol{L})$ は上の問のベクトル空間 $F(\boldsymbol{M}, \boldsymbol{L})$ の線形部分空間である.

**問 3** 線形写像 $\boldsymbol{f}: \boldsymbol{L}\to\boldsymbol{M}$ が同形写像であるためには, 線形写像 $\boldsymbol{g}: \boldsymbol{M}\to\boldsymbol{L}$ で $\boldsymbol{g}\circ\boldsymbol{f}=1_{\boldsymbol{L}}, \boldsymbol{f}\circ\boldsymbol{g}=1_{\boldsymbol{M}}$ をみたすものの存在が必要十分である.

**問 4** 直和 $(\boldsymbol{L}_1\oplus\boldsymbol{L}_2)\oplus\boldsymbol{L}_3$, $\boldsymbol{L}_1\oplus(\boldsymbol{L}_2\oplus\boldsymbol{L}_3)$, $\boldsymbol{L}_1\oplus\boldsymbol{L}_2\oplus\boldsymbol{L}_3$ は互いに自然に同形である.

## 6.2 有限生成ベクトル空間, 基底・次元

ベクトル空間 $\boldsymbol{L}$ とそのベクトル $\boldsymbol{a}_1, \cdots, \boldsymbol{a}_n$ が与えられたとする. それらのスカラー倍の和の形のベクトル

$$x_1\boldsymbol{a}_1+\cdots+x_n\boldsymbol{a}_n\in\boldsymbol{L} \qquad (x_i\in\boldsymbol{R})$$

を $\boldsymbol{a}_1, \cdots, \boldsymbol{a}_n$ の**線形結合**または**1次結合**とよび, それらのつくる $\boldsymbol{L}$ の部分集合を (3.10) と同様に次式で書き表わそう.

$$L(\boldsymbol{a}_1, \cdots, \boldsymbol{a}_n)=\{x_1\boldsymbol{a}_1+\cdots+x_n\boldsymbol{a}_n | x_i\in\boldsymbol{R}\}\subset\boldsymbol{L}. \tag{6.12}$$

ここに0個のベクトルの線形結合は $\boldsymbol{o}$ だけと約束する.

次の定理は補題 3.6, 定理 3.7 と全く同様に示される.

**定理 6.6** (i) $\boldsymbol{L}'$ が $\boldsymbol{L}$ の線形部分空間であるための条件 (6.9) は, $\boldsymbol{L}'$ が線形結合に関して閉じていること, すなわち次と同値である.

$$\boldsymbol{a}_1, \cdots, \boldsymbol{a}_n\in\boldsymbol{L}' \Rightarrow L(\boldsymbol{a}_1, \cdots, \boldsymbol{a}_n)\subset\boldsymbol{L}'.$$

(ii) $L(\boldsymbol{a}_1, \cdots, \boldsymbol{a}_n)$ は $\boldsymbol{L}$ の線形部分空間であり, さらにそれは $\boldsymbol{a}_1, \cdots, \boldsymbol{a}_n$

1) このとき $\boldsymbol{L}=\boldsymbol{L}_1\dot{+}\boldsymbol{L}_2$ と書き表わされることも多い.

を含む最小の線形部分空間である．

この定理の（ii）より，$L(\boldsymbol{a}_1, \cdots, \boldsymbol{a}_n)$ を $\boldsymbol{a}_1, \cdots, \boldsymbol{a}_n$ によって**はられる**，または**生成される**，$\boldsymbol{L}$ の線形部分空間とよぶ．

ベクトル空間 $\boldsymbol{L}$ は，その適当な有限個のベクトル $\boldsymbol{a}_1, \cdots, \boldsymbol{a}_n$ によってはられるとき，すなわち

$$\boldsymbol{L}=L(\boldsymbol{a}_1, \cdots, \boldsymbol{a}_n)$$

となるとき，**有限生成**であるといい，$\boldsymbol{a}_1, \cdots, \boldsymbol{a}_n$ を $\boldsymbol{L}$ の**生成元**とよぶ．

$n$ 次元数ベクトル空間 $\boldsymbol{R}^n$ において，(3.19) と同様に，$1 \leqq i \leqq n$ に対し

(6.13)　$i$ 成分は 1 で他の成分は 0 である数ベクトル $\mathbf{1}_i \in \boldsymbol{R}^n$,

を考えれば，定義より明らかに

$$(a_1, \cdots, a_n)=\sum_{i=1}^{n} a_i \mathbf{1}_i \qquad ((a_1, \cdots, a_n) \in \boldsymbol{R}^n)$$

であり，$\boldsymbol{R}^n$ は $\mathbf{1}_1, \cdots, \mathbf{1}_n$ ではられ，有限生成である．

**例題 1**　前節例題 4 のベクトル空間 $\boldsymbol{R}[t]$ は有限生成ではない．

［解］　$\boldsymbol{R}[t]$ の有限個のそれぞれ $n_j$ 次の多項式 $P_j(t)$ $(1 \leqq j \leqq m)$ の線形結合は，定義よりたかだか $\max\{n_1, \cdots, n_m\}$ 次の多項式であり，それより高次の多項式はそれらの線形結合に等しくない．　（以上）

上の例題のように，ベクトル空間は有限生成とは限らないが，ここでは有限生成ベクトル空間について調べよう．そのようなものに対しては，§§3.3, 3.4 と同様な考察を以下のように行なうことができる．

次の定理は定理 3.11（i）と全く同様に示される．

**定理 6.7**　ベクトル空間 $\boldsymbol{L}$ のベクトル $\boldsymbol{a}_1, \cdots, \boldsymbol{a}_n$ に対して，次の 3 条件 (6.14)～(6.16) は同値である．

(6.14)　どの $\boldsymbol{a}_i$ $(1 \leqq i \leqq n)$ も他の $\boldsymbol{a}_1, \cdots, \boldsymbol{a}_{i-1}, \boldsymbol{a}_{i+1}, \cdots, \boldsymbol{a}_n$ の線形結合ではない．

(6.15)
$$\sum_{i=1}^{n} x_i \boldsymbol{a}_i=\boldsymbol{o} \Rightarrow x_i=0 \quad (1 \leqq i \leqq n).$$

(6.16)
$$\sum_{i=1}^{n} x_i \boldsymbol{a}_i=\sum_{i=1}^{n} y_i \boldsymbol{a}_i \Rightarrow x_i=y_i \quad (1 \leqq i \leqq n).$$

この定理の条件が成り立つとき，ベクトル $\boldsymbol{a}_1, \cdots, \boldsymbol{a}_n$ は**線形独立**または**1次独立**(略して単に**独立**)であるといい，そうでないとき**線形従属**または**1次従属**(略して単に**従属**)であるという．

次の補題は補題 3.12，3.13 と全く同様に示される．

**補題 6.8** (i) ベクトル空間 $\boldsymbol{L}$ の独立な何個かのベクトルの一部分は独立である．

(ii) ベクトル $\boldsymbol{a}_1, \cdots, \boldsymbol{a}_n \in \boldsymbol{L}$ は独立とするとき，もう1つのベクトル $\boldsymbol{a} \in \boldsymbol{L}$ に対し，$\boldsymbol{a}, \boldsymbol{a}_1, \cdots, \boldsymbol{a}_n$ が従属であるためには $\boldsymbol{a} \in L(\boldsymbol{a}_1, \cdots, \boldsymbol{a}_n)$ が必要十分である．

さて，系 3.16 は幾何学的に証明されており，その証明を一般の場合に適用することはできないが，次のように同じ結果が証明できる．

**定理 6.9** (i)(**取り替え定理**) ベクトル空間 $\boldsymbol{L}$ において，$\boldsymbol{b}_1, \cdots, \boldsymbol{b}_m \in \boldsymbol{L}$ がはる線形部分空間 $L(\boldsymbol{b}_1, \cdots, \boldsymbol{b}_m)$ の独立なベクトル $\boldsymbol{a}_1, \cdots, \boldsymbol{a}_n$ が与えられたとき，$\boldsymbol{b}_1, \cdots, \boldsymbol{b}_m$ のうちの適当な $n$ 個を $\boldsymbol{a}_1, \cdots, \boldsymbol{a}_n$ でおきかえて

$$L(\boldsymbol{b}_1, \cdots, \boldsymbol{b}_m) = L(\boldsymbol{a}_1, \cdots, \boldsymbol{a}_n, \boldsymbol{b}_{i_{n+1}}, \cdots, \boldsymbol{b}_{i_m})$$

となるようにできる．とくに $n \leqq m$ である．

(ii) $\boldsymbol{a}_1, \cdots, \boldsymbol{a}_n$ および $\boldsymbol{b}_1, \cdots, \boldsymbol{b}_m$ が独立のとき，

$$L(\boldsymbol{a}_1, \cdots, \boldsymbol{a}_n) \subset L(\boldsymbol{b}_1, \cdots, \boldsymbol{b}_m)$$

ならば $n \leqq m$ で，この両辺が一致すれば $n = m$ である．

**証明** (i) $n=0$ のときは自明．帰納的に $n-1$ 個をおきかえることができて，必要ならば添数の順序をいれかえて

$$(*) \qquad L(\boldsymbol{b}_1, \cdots, \boldsymbol{b}_m) = L(\boldsymbol{a}_1, \cdots, \boldsymbol{a}_{n-1}, \boldsymbol{b}_n, \cdots, \boldsymbol{b}_m)$$

となると仮定する．$\boldsymbol{a}_n$ はこれに属するから

$$(**) \qquad \boldsymbol{a}_n = x_1\boldsymbol{a}_1 + \cdots + x_{n-1}\boldsymbol{a}_{n-1} + x_n\boldsymbol{b}_n + \cdots + x_m\boldsymbol{b}_m \qquad (x_i \in \boldsymbol{R}).$$

もし $x_n = \cdots = x_m = 0$ ならば，$\boldsymbol{a}_n$ は $\boldsymbol{a}_1, \cdots, \boldsymbol{a}_{n-1}$ の線形結合で，仮定の独立に反する．従って $x_n, \cdots, x_m$ のうち少なくとも1つは0でなく，添数の順序をいれかえて $x_n \neq 0$ としてよい．このとき，(**) で $\boldsymbol{a}_n$ と $x_n\boldsymbol{b}_n$ を移項し $-1/x_n$ 倍することにより，$\boldsymbol{b}_n$ は $\boldsymbol{a}_1, \cdots, \boldsymbol{a}_n, \boldsymbol{b}_{n+1}, \cdots, \boldsymbol{b}_m$ の線形結合であることがわか

り，(**) とあわせて

$$L(\boldsymbol{a}_1, \cdots, \boldsymbol{a}_{n-1}, \boldsymbol{b}_n, \cdots, \boldsymbol{b}_m) = L(\boldsymbol{a}_1, \cdots, \boldsymbol{a}_n, \boldsymbol{b}_{n+1}, \cdots, \boldsymbol{b}_m)$$

が定理 6.6(ii) より容易に示される．従って帰納法の仮定 (*) とあわせて求める結果がえられる．

(ii)　(i)よりただちにわかる．　(証終)

ベクトル空間 $\boldsymbol{L}$ において，有限個の独立なベクトル

$$\boldsymbol{e}_1, \cdots, \boldsymbol{e}_n \in \boldsymbol{L}$$

が存在して $\boldsymbol{L} = L(\boldsymbol{e}_1, \cdots, \boldsymbol{e}_n)$ が成り立つとき，$\boldsymbol{e}_1, \cdots, \boldsymbol{e}_n$ をベクトル空間 $\boldsymbol{L}$ の**基底**とよぶ．

このとき定理 3.17(i)，3.20 と同様に次の定理が成り立つ．

**定理 6.10**　任意の有限生成ベクトル空間 $\boldsymbol{L}$ は基底をもち，基底のベクトルの数は基底の選び方に関係せずに $\boldsymbol{L}$ に対して一意に定まる．さらに $\boldsymbol{L}$ の基底は，$\boldsymbol{L}$ の任意の生成元 $\boldsymbol{a}_1, \cdots, \boldsymbol{a}_m$ の中から選ぶことができ，また $\boldsymbol{L}$ の任意の独立なベクトル $\boldsymbol{e}_1, \cdots, \boldsymbol{e}_k$ を含むように選ぶこともできる．

**証明**　$\boldsymbol{L} = L(\boldsymbol{a}_1, \cdots, \boldsymbol{a}_m)$ とすれば，定理 3.10 が全く同じ証明で成り立つから，基底の存在と後半のはじめのことがわかる．基底のベクトルの数の一意性は上の定理の(ii)である．最後のことは，上の取り替え定理より明らかであるが，定理 3.20 の証明を帰納的に続けて行って示すこともできる．　(証終)

次の定理は定理 3.17(ii)，3.21 と全く同様である．

**定理 6.11**　$\boldsymbol{e}_1, \cdots, \boldsymbol{e}_n$ がベクトル空間 $\boldsymbol{L}$ の基底であるためには，任意のベクトル $\boldsymbol{a} \in \boldsymbol{L}$ はそれらの線形結合として一意に表わされること，すなわち

$$\boldsymbol{a} = a_1\boldsymbol{e}_1 + \cdots + a_n\boldsymbol{e}_n \qquad (a_i \in \boldsymbol{R})$$

となり，さらにその係数 $a_1, \cdots a_n$ は $\boldsymbol{a}$ に対して一意に定まること，が必要十分である．$a_1, \cdots, a_n$ を基底 $\boldsymbol{e}_1, \cdots, \boldsymbol{e}_n$ に関する $\boldsymbol{a}$ の**成分**とよぶ．

有限生成ベクトル空間 $\boldsymbol{L}$ の定理 6.10 による基底のベクトルの数 $n$ を $\boldsymbol{L}$ の**次元**とよび，

$$n = \dim \boldsymbol{L}$$

と書き表わし，このとき次元を示すためにしばしば $\boldsymbol{L}$ のかわりに添数をつけ

た記号 $\boldsymbol{L}^n$ が用いられる[1]．また有限生成ベクトル空間は**有限次元**であるともいい，そうでないとき**無限次元**であるという．

次の定理は容易に証明することができる．

**定理 6.12** $n$ 次元数ベクトル空間 $\boldsymbol{R}^n$ は上の意味で $n$ 次元である．実際 (6.13) の $n$ 個の数ベクトル

$$\mathbf{1}_i \in \boldsymbol{R}^n \qquad (1 \leqq i \leqq n)$$

は $\boldsymbol{R}^n$ の基底である．

**補題 6.13** 線形写像 $\boldsymbol{f}: \boldsymbol{L} \to \boldsymbol{M}$ が単射であるためには，$\boldsymbol{L}$ の任意の独立なベクトル $\boldsymbol{a}_1, \cdots, \boldsymbol{a}_n$ の像 $\boldsymbol{f}(\boldsymbol{a}_1), \cdots, \boldsymbol{f}(\boldsymbol{a}_n)$ は独立であることが必要十分である．

**証明** 定理 6.5(ii) を用いて定理 5.11 の (1)$\Longleftrightarrow$(3) の証明と全く同様に証明できる． （証終）

**定理 6.14** (i) 任意の $n$ 次元ベクトル空間 $\boldsymbol{L}^n$ とその基底 $\boldsymbol{e}_1, \cdots, \boldsymbol{e}_n$ が与えられたとき，$n$ 次元数ベクトル空間 $\boldsymbol{R}^n$ から $\boldsymbol{L}^n$ への同形写像

$$\varphi: \boldsymbol{R}^n \approx \boldsymbol{L}^n, \quad \varphi(a_1, \cdots, a_n) = \sum_{i=1}^{n} a_i \boldsymbol{e}_i \quad (a_i \in \boldsymbol{R}), \tag{6.17}$$

がえられる．

(ii) 逆にベクトル空間 $\boldsymbol{L}$ への同形写像 $\varphi: \boldsymbol{R}^n \approx \boldsymbol{L}$ が存在すれば，$\boldsymbol{L}$ は $n$ 次元で，定理 6.12 の $\boldsymbol{R}^n$ の基底 $\mathbf{1}_i (1 \leqq i \leqq n)$ の像

$$\varphi(\mathbf{1}_i) \in \boldsymbol{L} \qquad (1 \leqq i \leqq n)$$

は $\boldsymbol{L}$ の基底である．

**証明** (i) (3.17)の $\varphi$ が全単射であることおよび定理 3.19(ii) と全く同様に，定理 6.11 より示される．

(ii) 上の補題より $\varphi(\mathbf{1}_i)(1 \leqq i \leqq n)$ は独立であり，$\boldsymbol{L}$ がそれらではられることは $\varphi$ が全射だから明らか． （証終）

以上の考察より，有限生成ベクトル空間の同形による分類は次の定理により与えられる．

---

1) $n$ 個の $\boldsymbol{L}$ の直積 $\boldsymbol{L}^n$ とは意味がちがうから，注意されたい．

**定理 6.15**　2つの有限生成ベクトル空間 $\boldsymbol{L}, \boldsymbol{M}$ が同形であるためには，次元が等しいこと $\dim \boldsymbol{L}=\dim \boldsymbol{M}$ が必要十分である．また有限次元ベクトル空間と無限次元ベクトル空間とは同形ではない．

**証明**　$\boldsymbol{L}\approx\boldsymbol{R}^n$ とする．$\boldsymbol{L}\approx\boldsymbol{M}$ ならば $\boldsymbol{R}^n\approx\boldsymbol{M}$ であり，上の定理の(ii)より $\dim \boldsymbol{M}=n$．逆に $\dim \boldsymbol{M}=n$ ならば上の定理の(i)より $\boldsymbol{R}^n\approx\boldsymbol{M}$ で，$\boldsymbol{L}\approx\boldsymbol{M}$ がわかる．線形写像 $\boldsymbol{f}:\boldsymbol{L}\to\boldsymbol{M}$ が全射で $\boldsymbol{a}_1, \cdots, \boldsymbol{a}_n$ が $\boldsymbol{L}$ の生成元ならば，$\boldsymbol{M}$ は像 $\boldsymbol{f}(\boldsymbol{a}_1), \cdots, \boldsymbol{f}(\boldsymbol{a}_n)$ ではられることから，後半は明らか．

（証終）

**定理 6.16**　ベクトル空間 $\boldsymbol{L}$ が有限生成であるためには，$\boldsymbol{L}$ の $k$ 個の任意のベクトルは従属であるような自然数 $k$ の存在が必要十分である．またこのとき，$\boldsymbol{L}$ の次元 $\dim \boldsymbol{L}$ は $\boldsymbol{L}$ の独立なベクトルの最大個数である．

**証明**　(必要) $n=\dim \boldsymbol{L}$ とし，$\boldsymbol{e}_1, \cdots, \boldsymbol{e}_n$ を $\boldsymbol{L}$ の基底とする．$\boldsymbol{a}_1, \cdots, \boldsymbol{a}_m\in\boldsymbol{L}$ が独立ならば定理 6.9(i) より $m\leqq n$ である．従って後半が成り立ち，また対偶より $k=n+1$ として条件が成り立つ．(十分) 条件より $\boldsymbol{L}$ の独立なベクトルの最大個数 $n$ が存在し，独立な $\boldsymbol{e}_1, \cdots, \boldsymbol{e}_n$ をとる．このとき任意の $\boldsymbol{a}\in\boldsymbol{L}$ は，$\boldsymbol{a}, \boldsymbol{e}_1, \cdots, \boldsymbol{e}_n$ が従属となるから，補題 6.8(ii) より $\boldsymbol{a}\in L(\boldsymbol{e}_1, \cdots, \boldsymbol{e}_n)$ となり，求める $\boldsymbol{L}=L(\boldsymbol{e}_1, \cdots, \boldsymbol{e}_n)$ がわかる．　（証終）

**系 6.17**　有限生成ベクトル空間 $\boldsymbol{L}^n$ の線形部分空間 $\boldsymbol{L}'$ は有限生成で，$\boldsymbol{L}^n$ の基底 $\boldsymbol{e}_1, \cdots, \boldsymbol{e}_n$ で $\boldsymbol{e}_1, \cdots, \boldsymbol{e}_m$ $(m=\dim \boldsymbol{L}')$ は $\boldsymbol{L}'$ の基底となるものが存在する．とくに $m\leqq n$ であり，$m=n$ は $\boldsymbol{L}'=\boldsymbol{L}^n$ と同値である．

**例題 2**　$\boldsymbol{L}_j(1\leqq j\leqq n)$ が有限生成ベクトル空間ならば，前節例題6の直和 $\boldsymbol{L}_1\oplus\cdots\oplus\boldsymbol{L}_n$ も有限生成であり，

$$\dim(\boldsymbol{L}_1\oplus\cdots\oplus\boldsymbol{L}_n)=\sum_{j=1}^{n}\dim \boldsymbol{L}_j.$$

実際，$\boldsymbol{L}_j$ の基底 $\boldsymbol{e}_{j1}, \cdots, \boldsymbol{e}_{jn_j}$ の前節例題6の線形写像 $\boldsymbol{i}_j$ による像

$$\boldsymbol{i}_j(\boldsymbol{e}_{jk}),\quad 1\leqq k\leqq n_j,\quad 1\leqq j\leqq n,$$

は $\boldsymbol{L}_1\oplus\cdots\oplus\boldsymbol{L}_n$ の基底となる．

**問 1**　次の数ベクトルの独立性を調べよ．

(1)　$(1,0,1,0), (0,3,0,3), (2,0,0,0), (0,0,0,4)$.

(2)　$(1,-1,1,-1),(2,0,3,-1),(1,5,4,2)$.

**問 2**　有限次元ベクトル空間 $\boldsymbol{L}$ の線形部分空間 $\boldsymbol{L}_1, \boldsymbol{L}_2$ および前節例題8の線形部分空間の次元について次式が成り立つ.

$$\dim \boldsymbol{L}_1+\dim \boldsymbol{L}_2=\dim(\boldsymbol{L}_1+\boldsymbol{L}_2)+\dim(\boldsymbol{L}_1\cap\boldsymbol{L}_2).$$

**問 3**　$\boldsymbol{e}_1,\cdots,\boldsymbol{e}_n$ がベクトル空間 $\boldsymbol{L}$ の基底であるためには, それらが $\boldsymbol{L}$ をはり, しかもどの1つのベクトルを除いても $\boldsymbol{L}$ をはることができないこと, が必要十分である.

**問 4**　有限生成ベクトル空間 $\boldsymbol{L}$ の次元は, $\boldsymbol{L}$ をはるベクトルの最小個数である.

## 6.3　計量ベクトル空間, 正規直交基底

ベクトル空間 $\boldsymbol{L}$ において, 任意のベクトル $\boldsymbol{a}, \boldsymbol{b}\in\boldsymbol{L}$ に対してスカラー $(\boldsymbol{a},\boldsymbol{b})\in\boldsymbol{R}$ が一意に定まり, 次の性質 (6.18)～(6.20) が成り立つとする.

(6.18)
$$(x\boldsymbol{a}+y\boldsymbol{b},\boldsymbol{c})=x(\boldsymbol{a},\boldsymbol{c})+y(\boldsymbol{b},\boldsymbol{c}),$$
$$(\boldsymbol{c},x\boldsymbol{a}+y\boldsymbol{b})=x(\boldsymbol{c},\boldsymbol{a})+y(\boldsymbol{c},\boldsymbol{b}).$$
(双線形性)

(6.19)
$$(\boldsymbol{a},\boldsymbol{b})=(\boldsymbol{b},\boldsymbol{a})$$
(対称性)

(6.20)
$$(\boldsymbol{a},\boldsymbol{a})\geqq 0\ ;\qquad (\boldsymbol{a},\boldsymbol{a})=0 \Longleftrightarrow \boldsymbol{a}=\boldsymbol{o}.$$
(正値性)

ここに $\boldsymbol{a},\boldsymbol{b},\boldsymbol{c}\in\boldsymbol{L}$, $x,y\in\boldsymbol{R}$.

このとき, $\boldsymbol{L}$ は $(\boldsymbol{a},\boldsymbol{b})$ を**内積**とする**計量ベクトル空間**であるという.

定理 4.12(iii) よりユークリッドベクトル空間 $\boldsymbol{V}$, 定理 4.19(i) の数ベクトル空間 $\boldsymbol{R}^3$, および §4.4 の計量ベクトル空間はいずれも計量ベクトル空間である. さらに $\boldsymbol{R}^3$ を一般化した次の計量ベクトル空間は重要である.

**定理 6.18**　$n$ 次元数ベクトル空間 $\boldsymbol{R}^n$ において, 数ベクトル $\boldsymbol{a}=(a_1,\cdots,a_n)$, $\boldsymbol{b}=(b_1,\cdots,b_n)$ の**内積** $(\boldsymbol{a},\boldsymbol{b})$ を

$$(\boldsymbol{a},\boldsymbol{b})=\sum_{i=1}^{n}a_ib_i\in\boldsymbol{R}$$

と定義すれば, $\boldsymbol{R}^n$ は計量ベクトル空間となる. これを **$n$ 次元ユークリッドベクトル空間**とよぶ.

**例題 1**　実数の可算列 $\{a_n|n\in\boldsymbol{N}\}$ ($\boldsymbol{N}$ は自然数の集合) は写像 $\boldsymbol{a}:\boldsymbol{N}\to\boldsymbol{R}$, $\boldsymbol{a}(n)=a_n$ $(n\in\boldsymbol{N})$, であり, その全体のつくる §6.1 例題2のベクトル空間 $\boldsymbol{F}(\boldsymbol{N},\boldsymbol{R})$ において, 部分集合

$$l_2=\{\{a_n\}\,|\,\text{無限級数}\sum_{n\in\boldsymbol{N}}a_n{}^2\ \text{は収束する}\}$$

は線形部分空間をなす．さらに任意の $\{a_n\},\{b_n\}\in l_2$ に対して，無限級数 $\sum_{n\in\boldsymbol{N}}a_nb_n$ は収束し，それらの内積を

$$(\{a_n\},\{b_n\})=\sum_{n\in\boldsymbol{N}}a_nb_n \qquad (\{a_n\},\{b_n\}\in l_2)$$

と定義すれば，$l_2$ は計量ベクトル空間となる．

［解］ $\{a_n\},\{b_n\}\in l_2$ のとき，$\sum=\sum_{i=1}^{n}$ と略記すれば，

$$\begin{aligned}(\textstyle\sum a_ib_i)^2&=(\textstyle\sum a_i{}^2)(\sum b_i{}^2)-\sum_{i,j=1}^{n}(a_ib_j-a_jb_i)^2/2\\ &\leqq(\textstyle\sum a_i{}^2)(\sum b_i{}^2) \qquad \text{（シュワルツの不等式）}\end{aligned}$$

が成り立ち，従って

$$\textstyle\sum(a_i+b_i)^2\leqq((\sum a_i{}^2)^{1/2}+(\sum b_i{}^2)^{1/2})^2$$

がえられるから，$\{a_n+b_n\}\in l_2$．また明らかに $\{xa_n\}\in l_2(x\in\boldsymbol{R})$ で，$l_2$ は線形部分空間である．上のシュワルツの不等式より $\sum_{n\in\boldsymbol{N}}a_nb_n$ は収束することがわかり，内積 $(\{a_n\},\{b_n\})$ が (6.18)～(6.20) をみたすことは容易に示される．

（以上）

**例題 2** 変数 $t$ の $n$ 次以下の**フーリエ(Fourier)多項式**

$$f(t)=a_0+\sum_{k=1}^{n}(a_k\cos kt+b_k\sin kt) \qquad (a_k,b_k\in\boldsymbol{R})$$

の全体を $\boldsymbol{L}$ とすれば，$\boldsymbol{L}$ は §6.1 例題2と同じ和・スカラー倍により $2n+1$ 個の関数 1, $\cos kt$, $\sin kt$ $(1\leqq k\leqq n)$ を基底にもつ $2n+1$ 次元ベクトル空間である．さらに，$f,g\in\boldsymbol{L}$ の内積を

$$(f,g)=\int_{-\pi}^{\pi}f(t)g(t)\,dt$$

と定義すれば，$\boldsymbol{L}$ は計量ベクトル空間となる．

計量ベクトル空間 $\boldsymbol{L}$ の任意の線形部分空間 $\boldsymbol{L}'$ は，明らかに $\boldsymbol{L}$ と同じ内積によって計量ベクトル空間となる．

計量ベクトル空間 $\boldsymbol{L}$ において，(6.20) による実数

(6.21)　　$$|\boldsymbol{a}|=(\boldsymbol{a},\boldsymbol{a})^{1/2}\geqq 0 \qquad (\boldsymbol{a}\in\boldsymbol{L})$$

をベクトル $\boldsymbol{a}$ の**長さ**または**ノルム**とよぶ．このとき次の定理は定理 4.13 と全く同様に示される．

**定理 6.19** (i) $|\boldsymbol{a}|=0 \Longleftrightarrow \boldsymbol{a}=\boldsymbol{o} \qquad (\boldsymbol{a}\in\boldsymbol{L}).$

(ii) $|x\boldsymbol{a}|=|x||\boldsymbol{a}| \qquad (\boldsymbol{a}\in\boldsymbol{L},\ x\in\boldsymbol{R}).$

(iii) $|(\boldsymbol{a},\boldsymbol{b})|\leqq|\boldsymbol{a}||\boldsymbol{b}| \qquad (\boldsymbol{a},\boldsymbol{b}\in\boldsymbol{L})$

であり，$\boldsymbol{a},\boldsymbol{b}$ が従属のとき，そしてそのときに限り，等号が成り立つ．

(iv) $|\boldsymbol{a}+\boldsymbol{b}|\leqq|\boldsymbol{a}|+|\boldsymbol{b}| \qquad (\boldsymbol{a},\boldsymbol{b}\in\boldsymbol{L}).$ **(三角不等式)**

ベクトル $\boldsymbol{a},\boldsymbol{b}\in\boldsymbol{L}$ に対して，

(6.22) $$\boldsymbol{a}\perp\boldsymbol{b} \Longleftrightarrow (\boldsymbol{a},\boldsymbol{b})=0$$

と定義し，このとき $\boldsymbol{a},\boldsymbol{b}$ は**垂直**であるという．また $\boldsymbol{L}$ の $\boldsymbol{o}$ でないベクトル $\boldsymbol{a}_1,\cdots,\boldsymbol{a}_n$ は，その任意の2つが垂直のとき，**直交系**をなすという．さらにそれらがすべて**単位ベクトル**(長さが1のベクトル)のとき，**正規直交系**をなすという．

次の補題は補題 4.22 と全く同様に示される．

**補題 6.20** (i) $\boldsymbol{a}\perp\boldsymbol{b}$, $\boldsymbol{a}\perp\boldsymbol{c}$ ならば，任意の $x,y\in\boldsymbol{R}$ に対し

$$\boldsymbol{b}\perp\boldsymbol{a},\quad x\boldsymbol{a}\perp y\boldsymbol{b},\quad \boldsymbol{a}\perp(x\boldsymbol{b}+y\boldsymbol{c}).$$

(ii) $\boldsymbol{L}$ の直交系 $\boldsymbol{a}_1,\cdots,\boldsymbol{a}_n$ は独立であり，また

$$\boldsymbol{a}_1/|\boldsymbol{a}_1|,\cdots,\boldsymbol{a}_n/|\boldsymbol{a}_n|$$

は正規直交系をなす．直交系からこのように正規直交系をつくることを**正規化**とよぶ．

さて，有限生成計量ベクトル空間に対しては，以下のように §4.4 と全く同様の考察をすることができる．

次の定理は定義より容易に示される．

**定理 6.21** $n$ 次元計量ベクトル空間 $\boldsymbol{L}^n$ の内積は，$\boldsymbol{L}^n$ の基底 $\boldsymbol{e}_1,\cdots,\boldsymbol{e}_n$ を定めるとき，

(6.23) $$(\boldsymbol{e}_i,\boldsymbol{e}_j)=g_{ij}\in\boldsymbol{R},\qquad g_{ij}=g_{ji},\qquad (1\leqq i,j\leqq n),$$

によって次式のように一意に定まる．

(6.24) $$(\sum_{i=1}^{n} a_i \boldsymbol{e}_i, \sum_{i=1}^{n} b_i \boldsymbol{e}_i) = \sum_{i,j=1}^{n} g_{ij} a_i b_j \qquad (a_i, b_i \in \boldsymbol{R}).$$

**例題 3** $(\boldsymbol{a}, \boldsymbol{a})$ は $\boldsymbol{a} = \sum_{i=1}^{n} a_i \boldsymbol{e}_i$ の成分 $a_1, \cdots, a_n$ の斉2次式

$$Q(\boldsymbol{a}) = \sum_{i=1}^{n} g_{ii} a_i^2 + \sum_{1 \leq i < j \leq n} 2 g_{ij} a_i a_j$$

で与えられる．一般にこのような斉2次式を $\boldsymbol{L}^n$ 上の**2次形式**とよび，$(\boldsymbol{a}, \boldsymbol{a}) = Q(\boldsymbol{a})$ が (6.20) をみたすとき**正値**であるという．$\boldsymbol{L}^n$ 上の正値2次形式 $Q$ が与えられたとき，$g_{ji} = g_{ij}$ として (6.24) により定義される $(\boldsymbol{a}, \boldsymbol{b})$ が (6.18)～(6.20) をみたすことは容易にわかる．この内積を正値2次形式 $Q$ に**同伴な内積**とよぶ．

計量ベクトル空間 $\boldsymbol{L}$ が有限生成のとき，その基底 $\boldsymbol{e}_1, \cdots, \boldsymbol{e}_n$ $(n = \dim \boldsymbol{L})$ で(正規)直交系をなすものを $\boldsymbol{L}^n$ の**(正規)直交基底**とよぶ．このとき，次の定理は定理 4.14 と全く同様に定義より証明できる．

**定理 6.22** $n$ 次元計量ベクトル空間 $\boldsymbol{L}^n$ において，$\boldsymbol{e}_1, \cdots, \boldsymbol{e}_n$ が $\boldsymbol{L}^n$ の正規直交基底であるためには，内積に関する次式が必要十分である．

(6.25) $$(\boldsymbol{e}_i, \boldsymbol{e}_j) = \delta_{ij} = \begin{cases} 1 & (i=j), \\ 0 & (i \neq j), \end{cases} \quad (1 \leq i, j \leq n).$$

この $\delta_{ij}$ は**クロネッカーの記号**とよばれている．

さらに，このとき任意の $\boldsymbol{a} \in \boldsymbol{L}^n$ は定理 6.11 より一意的に

$$\boldsymbol{a} = \sum_{i=1}^{n} a_i \boldsymbol{e}_i \qquad (a_i \in \boldsymbol{R})$$

と表わされるが，その成分 $a_i$ および長さ $|\boldsymbol{a}|$ は

(6.26) $$a_i = (\boldsymbol{a}, \boldsymbol{e}_i) \quad (1 \leq i \leq n), \qquad |\boldsymbol{a}| = (\sum_{i=1}^{n} a_i^2)^{1/2},$$

となる．さらに内積は次式で与えられる．

(6.27) $$(\sum_{i=1}^{n} a_i \boldsymbol{e}_i, \sum_{i=1}^{n} b_i \boldsymbol{e}_i) = \sum_{i=1}^{n} a_i b_i.$$

次の定理は容易に示される．

**定理 6.23** $n$ 次元ユークリッドベクトル空間 $\boldsymbol{R}^n$ は (6.13) の $n$ 個の数ベク

トル $\mathbf{1}_i \in \boldsymbol{R}^n$ $(1 \leqq i \leqq n)$ を正規直交基底としてもつ.

一般の有限生成計量ベクトル空間に対しても, §4.4 の方法を帰納的に続けた次の**シュミットの直交化法**によって, 正規直交基底の存在が示される.

**定理 6.24** $n$ 次元計量ベクトル空間 $\boldsymbol{L}^n$ の基底 $\boldsymbol{e}_1, \cdots, \boldsymbol{e}_n$ が与えられたとき, $\boldsymbol{L}^n$ の正規直交基底 $\boldsymbol{e}_1', \cdots, \boldsymbol{e}_n'$ で $\boldsymbol{e}_i' \in L(\boldsymbol{e}_1, \cdots, \boldsymbol{e}_i)$ $(1 \leqq i \leqq n)$ をみたすものが存在する.

**証明**
$$\boldsymbol{e}_1' = \boldsymbol{e}_1 / |\boldsymbol{e}_1|$$
とおき, 帰納的に正規直交系 $\boldsymbol{e}_1', \cdots, \boldsymbol{e}_{m-1}'$ で $\boldsymbol{e}_i' \in \boldsymbol{L}_i = L(\boldsymbol{e}_1, \cdots, \boldsymbol{e}_i)$ をみたすものの存在を仮定して, $\boldsymbol{e}_m'$ を求めよう.
$$\boldsymbol{a} = \boldsymbol{e}_m - \sum_{i=1}^{m-1} (\boldsymbol{e}_m, \boldsymbol{e}_i') \boldsymbol{e}_i' \in \boldsymbol{L}_m$$
とおけば, $\boldsymbol{e}_m \notin \boldsymbol{L}_{m-1}$, $\boldsymbol{a} - \boldsymbol{e}_m \in \boldsymbol{L}_{m-1}$ だから $\boldsymbol{a} \neq \boldsymbol{o}$. また $1 \leqq j < m$ に対し
$$(\boldsymbol{a}, \boldsymbol{e}_j') = (\boldsymbol{e}_m, \boldsymbol{e}_j') - \sum_{i=1}^{m-1} (\boldsymbol{e}_m, \boldsymbol{e}_i')(\boldsymbol{e}_i', \boldsymbol{e}_j') = (\boldsymbol{e}_m, \boldsymbol{e}_j') - (\boldsymbol{e}_m, \boldsymbol{e}_j') = 0.$$
従って
$$\boldsymbol{e}_m' = \boldsymbol{a} / |\boldsymbol{a}| \in \boldsymbol{L}_m$$
とおけば, $\boldsymbol{e}_1', \cdots, \boldsymbol{e}_m'$ は求める正規直交系である. (証終)

計量ベクトル空間 $\boldsymbol{L}, \boldsymbol{M}$ に対して, 内積をかえない同形写像
$$\boldsymbol{f} : \boldsymbol{L} \approx \boldsymbol{M}, \qquad (\boldsymbol{f}(\boldsymbol{a}), \boldsymbol{f}(\boldsymbol{b})) = (\boldsymbol{a}, \boldsymbol{b}) \qquad (\boldsymbol{a}, \boldsymbol{b} \in \boldsymbol{L}),$$
を**計量同形写像**とよび, そのような $\boldsymbol{f}$ が存在するとき $\boldsymbol{L}$ と $\boldsymbol{M}$ は**計量同形**であるという. このとき次の定理は殆んど明らかである.

**定理 6.25** (i) 任意の $n$ 次元計量ベクトル空間 $\boldsymbol{L}^n$ とその正規直交基底 $\boldsymbol{e}_1, \cdots, \boldsymbol{e}_n$ が与えられたとき, (6.17) の同形写像 $\varphi : \boldsymbol{R}^n \approx \boldsymbol{L}^n$ は $n$ 次元ユークリッドベクトル空間 $\boldsymbol{R}^n$ から $\boldsymbol{L}^n$ への計量同形写像である.

(ii) 逆に任意の計量同形写像 $\varphi : \boldsymbol{R}^n \approx \boldsymbol{L}$ が与えられれば, 定理 6.23 の正規直交基底 $\mathbf{1}_i \in \boldsymbol{R}^n$ $(1 \leqq i \leqq n)$ の像 $\varphi(\mathbf{1}_i)$ $(1 \leqq i \leqq n)$ は $\boldsymbol{L}$ の正規直交基底である.

**系 6.26** 2つの有限生成計量ベクトル空間 $\boldsymbol{L}, \boldsymbol{M}$ が計量同形であるために

は，次元が等しいこと $\dim \boldsymbol{L}=\dim \boldsymbol{M}$ が必要十分である．

**例題 4**　$n$ 次元計量ベクトル空間 $\boldsymbol{L}$ とその $m$ 次元線形部分空間 $\boldsymbol{M}$ が与えられたとする．

（i）$\boldsymbol{L}$ の正規直交基底 $\boldsymbol{e}_1, \cdots, \boldsymbol{e}_n$ で，$\boldsymbol{e}_1, \cdots, \boldsymbol{e}_m$ は $\boldsymbol{M}$ の正規直交基底となるものが存在する．

（ii）$$\boldsymbol{M}^{\perp}=\{\boldsymbol{c}\in\boldsymbol{L} \mid \text{任意の } \boldsymbol{b}\in\boldsymbol{M} \text{ に対し } \boldsymbol{c}\perp\boldsymbol{b}\}$$

は $\boldsymbol{L}$ の $n-m$ 次元線形部分空間であり，（i）のとき $\boldsymbol{e}_{m+1}, \cdots, \boldsymbol{e}_n$ は $\boldsymbol{M}^{\perp}$ の正規直交基底となる．$\boldsymbol{M}^{\perp}$ を $\boldsymbol{M}$ の **直交補空間**とよぶ．

（iii）$\boldsymbol{L}$ は $\boldsymbol{M}$ と $\boldsymbol{M}^{\perp}$ の直和に分解できる．すなわち任意の $\boldsymbol{a}\in\boldsymbol{L}$ は一意に

$$\boldsymbol{a}=\boldsymbol{b}+\boldsymbol{c}, \qquad \boldsymbol{b}\in\boldsymbol{M}, \quad \boldsymbol{c}\in\boldsymbol{M}^{\perp},$$

の形に表わされるが，（i）のとき次式が成り立つ．

$$\boldsymbol{b}=\mathrm{pr}_{\boldsymbol{M}}(\boldsymbol{a})=\sum_{i=1}^{m}(\boldsymbol{a}, \boldsymbol{e}_i)\boldsymbol{e}_i, \qquad \boldsymbol{c}=\mathrm{pr}_{\boldsymbol{M}^{\perp}}(\boldsymbol{a})=\sum_{i=m+1}^{n}(\boldsymbol{a}, \boldsymbol{e}_i)\boldsymbol{e}_i.$$

前者を $\boldsymbol{a}$ の $\boldsymbol{M}$ 上への**正射影**とよぶ．

［解］（i）系 6.17 より $\boldsymbol{M}$ の基底 $\boldsymbol{e}_1', \cdots, \boldsymbol{e}_m'$ を含む $\boldsymbol{L}$ の基底 $\boldsymbol{e}_1', \cdots, \boldsymbol{e}_n'$ をとり，定理 6.24 によるその正規直交化を $\boldsymbol{e}_1, \cdots, \boldsymbol{e}_n$ とすればよい．（ii）定義と (6.26) より

$$\boldsymbol{c}\in\boldsymbol{M}^{\perp} \Longleftrightarrow (\boldsymbol{c}, \boldsymbol{e}_i)=0\,(1\leqq i\leqq m) \Longleftrightarrow \boldsymbol{c}\in L(\boldsymbol{e}_{m+1}, \cdots, \boldsymbol{e}_n).$$

(iii)（ii）より明らか．　（以上）

**例題 5**　例題 2 の計量ベクトル空間 $\boldsymbol{L}$ において，

$$f_0=1/\sqrt{2\pi}, \qquad f_{2k-1}=(1/\sqrt{\pi})\cos kt, \qquad f_{2k}=(1/\sqrt{\pi})\sin kt,$$

$(1\leqq k\leqq n)$，は $\boldsymbol{L}$ の正規直交基底である．

［解］$\int_{-\pi}^{\pi}\cos kt\,dt=\int_{-\pi}^{\pi}\sin kt\,dt=0$ であり，容易に $\int_{-\pi}^{\pi}\cos kt\sin lt\,dt=0$, $k\neq l$ のとき $\int_{-\pi}^{\pi}\cos kt\cos lt\,dt=\int_{-\pi}^{\pi}\sin kt\sin lt\,dt=0$ がわかるから，$1, \cos kt, \sin kt$ $(1\leqq k\leqq n)$ は直交系である．さらに $\int_{-\pi}^{\pi}1\,dt=2\pi$, $\int_{-\pi}^{\pi}\cos^2 kt\,dt=\int_{-\pi}^{\pi}\sin^2 kt\,dt=\pi$ だから，求める結果がえられる．　（以上）

**問 1** ユークリッドベクトル空間 $\boldsymbol{R}^4$ の数ベクトル $(1,0,1,0), (0,2,1,2), (3,0,-1,0)$ がはる線形部分空間 $\boldsymbol{M}$ の正規直交基底を求めよ. またその直交補空間 $\boldsymbol{M}^{\perp}$ の正規直交基底を求めよ.

**問 2** 計量ベクトル空間 $\boldsymbol{L}, \boldsymbol{M}$ に対し, 線形写像 $\boldsymbol{f}: \boldsymbol{L} \to \boldsymbol{M}$ が内積をかえない, $(\boldsymbol{f}(\boldsymbol{a}), \boldsymbol{f}(\boldsymbol{b})) = (\boldsymbol{a}, \boldsymbol{b})$, ならば $\boldsymbol{f}$ は単射である.

**問 3** 例題 4 の直交補空間と §6.1 例題 8 (i) の線形部分空間について,

$$(\boldsymbol{M}^{\perp})^{\perp} = \boldsymbol{M}, \qquad (\boldsymbol{L}_1 + \boldsymbol{L}_2)^{\perp} = \boldsymbol{L}_1^{\perp} \cap \boldsymbol{L}_2^{\perp}.$$

**問 4** 例題 4 (iii) の $\mathrm{pr}_{\boldsymbol{M}}: \boldsymbol{L} \to \boldsymbol{M}$, $\mathrm{pr}_{\boldsymbol{M}^{\perp}}: \boldsymbol{L} \to \boldsymbol{M}^{\perp}$ は線形写像で, 全射である.

## 6.4 線形写像, 線形変換, 直交変換

この節では, ことわらない限りベクトル空間は有限生成と仮定し, それらの間の線形写像について §§5.2, 5.3 と同様の考察をしよう.

次の定理は定理 5.6 および §5.2 例題 1 と全く同様に容易に証明できる.

**定理 6.27** (i) ベクトル空間 $\boldsymbol{L}^n$ の基底 $\boldsymbol{e}_1, \cdots, \boldsymbol{e}_n$ およびベクトル空間 $\boldsymbol{M}^n$ の基底 $\boldsymbol{d}_1, \cdots, \boldsymbol{d}_m$ が与えられたとき, 任意の線形写像 $\boldsymbol{f}: \boldsymbol{L}^n \to \boldsymbol{M}^m$ は, $n$ 個のベクトル

$$\boldsymbol{f}(\boldsymbol{e}_i) = \sum_{j=1}^{m} f_{ji} \boldsymbol{d}_j \qquad (1 \leqq i \leqq n) \tag{6.28}$$

によって, 従って $nm$ 個のスカラー

$$\{f_{ji} | 1 \leqq i \leqq n, 1 \leqq j \leqq m\} \tag{6.29}$$

によって, $\boldsymbol{a} = \sum_{i=1}^{n} a_i \boldsymbol{e}_i$ に対し次式により定まる.

$$\boldsymbol{f}(\boldsymbol{a}) = \sum_{i=1}^{n} a_i \boldsymbol{f}(\boldsymbol{e}_i) = \sum_{j=1}^{m} \Bigl(\sum_{i=1}^{n} f_{ji} a_i\Bigr) \boldsymbol{d}_j. \tag{6.30}$$

(ii) さらにベクトル空間 $\boldsymbol{N}^l$ の基底 $\boldsymbol{c}_1, \cdots, \boldsymbol{c}_l$ が与えられ, 線形写像 $\boldsymbol{g}: \boldsymbol{M}^m \to \boldsymbol{N}^l$ が

$$\boldsymbol{g}(\boldsymbol{d}_j) = \sum_{k=1}^{l} g_{kj} \boldsymbol{c}_k \qquad (1 \leqq j \leqq m)$$

ならば, 合成した線形写像 $\boldsymbol{g} \circ \boldsymbol{f}: \boldsymbol{L}^n \to \boldsymbol{N}^l$ については,

$$(\boldsymbol{g} \circ \boldsymbol{f})(\boldsymbol{e}_i) = \sum_{k=1}^{l} h_{ki} \boldsymbol{c}_k = \sum_{k=1}^{l} \Bigl(\sum_{j=1}^{m} g_{kj} f_{ji}\Bigr) \boldsymbol{c}_k,$$

すなわち次式が成り立つ.

(6.31)
$$h_{ki}=\sum_{j=1}^{m} g_{kj}f_{ji} \qquad (1\leqq i\leqq n,\ 1\leqq k\leqq l).$$

(6.29) の $nm$ 個のスカラーを長方形にならべて，(6.28) の $\boldsymbol{f}$ を

$$\boldsymbol{f}=\begin{bmatrix} f_{11} & f_{12} & \cdots & f_{1n} \\ f_{21} & f_{22} & \cdots & f_{2n} \\ \cdots & \cdots & \cdots & \cdots \\ f_{m1} & f_{m2} & \cdots & f_{mn} \end{bmatrix}$$

と書き表わすことができる． この右辺を $(m,n)$ **行列**とよび， $(f_{ji})$ と略記する．(6.31)のとき $(l,n)$ 行列 $(h_{ki})$ は $(l,m)$ 行列 $(g_{kj})$ と $(m,n)$ 行列 $(f_{ji})$ の**積**であると定義し，

$$\begin{bmatrix} h_{11}\cdots h_{1n} \\ \cdots\cdots\cdots \\ h_{l1}\cdots h_{ln} \end{bmatrix}=\begin{bmatrix} g_{11}\cdots g_{1m} \\ \cdots\cdots\cdots \\ g_{l1}\cdots g_{lm} \end{bmatrix}\begin{bmatrix} f_{11}\cdots f_{1n} \\ \cdots\cdots\cdots \\ f_{m1}\cdots f_{mn} \end{bmatrix}$$

と書き表わす．このとき，上の定理の(ii)は線形写像の合成 $\boldsymbol{h}=\boldsymbol{g}\circ\boldsymbol{f}$ が上の行列の積に対応することを意味しており，このとき

$$\boldsymbol{h}=\boldsymbol{g}\boldsymbol{f}$$

と書き表わすこともできる．また

$$\boldsymbol{b}=\boldsymbol{f}(\boldsymbol{a})=\sum_{j=1}^{m} b_j\boldsymbol{d}_j, \qquad \boldsymbol{a}=\sum_{i=1}^{n} a_i\boldsymbol{e}_i$$

ならば，(6.30) は

$$b_j=\sum_{i=1}^{n} f_{ji}a_i \qquad (1\leqq j\leqq m)$$

と同じであり，ベクトルの成分を縦にならべて $\boldsymbol{a}$ を $(n,1)$ 行列，$\boldsymbol{b}$ を $(m,1)$ 行列とみなして上の行列の積の定義より，

$$\begin{bmatrix} b_1 \\ \vdots \\ b_m \end{bmatrix}=\begin{bmatrix} f_{11}\cdots f_{1n} \\ \cdots\cdots\cdots \\ f_{m1}\cdots f_{mn} \end{bmatrix}\begin{bmatrix} a_1 \\ \vdots \\ a_n \end{bmatrix} \quad \text{または} \quad \boldsymbol{b}=\boldsymbol{f}\boldsymbol{a}$$

と書き表わすこともできる.

このように，有限生成ベクトル空間の間の線形写像を調べるには行列について調べればよく，このために行列の理論が重要なのであるが，ここではその詳

細にたちいらないこととする[1].

ベクトル空間 $\boldsymbol{L}, \boldsymbol{M}$ が与えられたとき，線形写像

$$\boldsymbol{f}, \boldsymbol{g} : \boldsymbol{L} \to \boldsymbol{M}$$

の和 $\boldsymbol{f}+\boldsymbol{g} : \boldsymbol{L} \to \boldsymbol{M}$ および**スカラー倍** $x\boldsymbol{f} : \boldsymbol{L} \to \boldsymbol{M}$ を次式で定義する.

$$(6.32) \qquad \begin{aligned} &(\boldsymbol{f}+\boldsymbol{g})(\boldsymbol{a}) = \boldsymbol{f}(\boldsymbol{a}) + \boldsymbol{g}(\boldsymbol{a}), \\ &(x\boldsymbol{f})(\boldsymbol{a}) = x(\boldsymbol{f}(\boldsymbol{a})) \qquad (\boldsymbol{a} \in \boldsymbol{L}).^{2)} \end{aligned}$$

このとき，これらが線形写像となることは容易にわかるが，さらに次の定理が成り立つ.

**定理 6.28** 線形写像全体の場合

$$\mathrm{Hom}(\boldsymbol{L}, \boldsymbol{M}) = \{\boldsymbol{f} | \boldsymbol{f} : \boldsymbol{L} \to \boldsymbol{M} \text{ は線形写像}\}$$

は(6.32)の和・スカラー倍によりベクトル空間をなし，零元は $\boldsymbol{o}$ への定値写像 $\boldsymbol{o}$, $\boldsymbol{f}$ の逆元は $-\boldsymbol{f} = (-1)\boldsymbol{f}$ である．さらに

$$\dim \boldsymbol{L} = n, \dim \boldsymbol{M} = m \quad \text{ならば} \quad \dim \mathrm{Hom}(\boldsymbol{L}, \boldsymbol{M}) = nm.$$

実際 $\boldsymbol{L}$ の基底 $\boldsymbol{e}_1, \cdots, \boldsymbol{e}_n$, $\boldsymbol{M}$ の基底 $\boldsymbol{d}_1, \cdots, \boldsymbol{d}_m$ が与えられたとき,

$$\mathbf{1}_{ji} : \boldsymbol{L} \to \boldsymbol{M}, \quad \mathbf{1}_{ji}(\boldsymbol{e}_i) = \boldsymbol{d}_j, \quad \mathbf{1}_{ji}(\boldsymbol{e}_k) = \boldsymbol{o} \quad (k \neq i),$$

$(1 \leqq i \leqq n, 1 \leqq j \leqq m)$ が $\mathrm{Hom}(\boldsymbol{L}, \boldsymbol{M})$ の基底となる.

**証明** 前半は明らか．任意の $\boldsymbol{f} \in \mathrm{Hom}(\boldsymbol{L}, \boldsymbol{M})$ は，(6.28) の形ならば定義より

$$\Big(\sum_{i,j} f_{ji}\mathbf{1}_{ji}\Big)(\boldsymbol{e}_k) = \sum_{i,j} f_{ji}\mathbf{1}_{ji}(\boldsymbol{e}_k) = \sum_j f_{jk}\boldsymbol{d}_j = \boldsymbol{f}(\boldsymbol{e}_k) \qquad (1 \leqq k \leqq n)$$

だから，$\boldsymbol{f} = \sum_{i,j} f_{ji}\mathbf{1}_{ji}$ であり，$\mathrm{Hom}(\boldsymbol{L}, \boldsymbol{M})$ は $\mathbf{1}_{ji}(1 \leqq i \leqq n, 1 \leqq j \leqq m)$ ではられる．上式の第1項が $\boldsymbol{o}$ ならば第3項より $f_{jk}=0$ がわかるから，これらは独立であり，後半が示された. (証終)

次の定理は系 5.14 の一般化である.

**定理 6.29** 線形写像 $\boldsymbol{f} : \boldsymbol{L}^n \to \boldsymbol{M}^m$ が与えられたとする.

( i ) $$\dim \mathrm{Ker}\, \boldsymbol{f} + \dim \mathrm{Im}\, \boldsymbol{f} = n.$$

---

1) 行列の理論の詳細については，奥川光太郎著 '線形代数学入門'(基礎数学シリーズ 7)を参照されたい.

2) これらに対応して行列の和・実数倍が定義される.

この $\dim \mathrm{Im}\, \boldsymbol{f}$ を $\boldsymbol{f}$ の**階数**とよび，$\mathrm{rank}\, \boldsymbol{f}=\dim \mathrm{Im}\, \boldsymbol{f}$ と書き表わす．

（ii）　　　　　　（$\boldsymbol{f}$ は単射）$\Longleftrightarrow \mathrm{rank}\, \boldsymbol{f}=n$.

（iii）　　　　　　（$\boldsymbol{f}$ は全射）$\Longleftrightarrow \mathrm{rank}\, \boldsymbol{f}=m$.

（iv）　$n=m$ のとき，

（$\boldsymbol{f}$ は同形写像）$\Longleftrightarrow$（$\boldsymbol{f}$ は単射）$\Longleftrightarrow$（$\boldsymbol{f}$ は全射）.

**証明**　（i）　系 6.17 より $\boldsymbol{L}$ の基底 $\boldsymbol{e}_1, \cdots, \boldsymbol{e}_n$ で，$\boldsymbol{e}_1, \cdots, \boldsymbol{e}_m$ は $\mathrm{Ker}\, \boldsymbol{f}$ の基底であるものを選ぶ．このとき，$\boldsymbol{f}(\boldsymbol{e}_i)=\boldsymbol{o}$ $(1\leqq i\leqq m)$ だから，$\mathrm{Im}\, \boldsymbol{f}$ は $\boldsymbol{f}(\boldsymbol{e}_{m+1}), \cdots, \boldsymbol{f}(\boldsymbol{e}_n)$ ではられる．いま $\sum_{i=m+1}^{n} a_i \boldsymbol{f}(\boldsymbol{e}_i)=\boldsymbol{o}$ と仮定すれば，

$$\sum_{i=m+1}^{n} a_i \boldsymbol{e}_i \in \mathrm{Ker}\, \boldsymbol{f}=L(\boldsymbol{e}_1, \cdots, \boldsymbol{e}_m)$$

だから，$\boldsymbol{e}_1, \cdots, \boldsymbol{e}_n$ の独立性より $a_i=0$ がわかる．従って $\boldsymbol{f}(\boldsymbol{e}_{m+1}), \cdots, \boldsymbol{f}(\boldsymbol{e}_n)$ は独立で，$\mathrm{Im}\, \boldsymbol{f}$ の基底であり，求める等式がわかる．

（ii）（i）と定理 6.5（ii）より明らか．（iii）系 6.17 より明らか．（iv）（ii），（iii）より明らか．　　（証終）

**例題 1**　線形写像 $\boldsymbol{f}: \boldsymbol{L}\to\boldsymbol{M}$ に対し，

（i）$\boldsymbol{f}$ が単射であるためには，線形写像 $\boldsymbol{g}: \boldsymbol{M}\to\boldsymbol{L}$ で $\boldsymbol{g}\circ\boldsymbol{f}=1_{\boldsymbol{L}}$ となるものの存在が必要十分である．

（ii）$\boldsymbol{f}$ が全射であるためには，線形写像 $\boldsymbol{h}: \boldsymbol{M}\to\boldsymbol{L}$ で $\boldsymbol{f}\circ\boldsymbol{h}=1_{\boldsymbol{M}}$ となるものの存在が必要十分である．

［解］　ともに十分性は明らか．必要性を示そう．（i）$\boldsymbol{L}$ の基底 $\boldsymbol{e}_1, \cdots, \boldsymbol{e}_n$ をとれば，補題 6.13 より $\boldsymbol{d}_i=\boldsymbol{f}(\boldsymbol{e}_i)$ $(1\leqq i\leqq n)$ は独立であり，定理 6.10 よりそれらを含む $\boldsymbol{M}$ の基底 $\boldsymbol{d}_1, \cdots, \boldsymbol{d}_m$ をとる．このとき，求める $\boldsymbol{g}$ は次式で与えられる．

$$\boldsymbol{g}(\boldsymbol{d}_i)=\boldsymbol{e}_i \quad (1\leqq i\leqq n), \qquad \boldsymbol{g}(\boldsymbol{d}_i)=\boldsymbol{o} \quad (n< i\leqq m).$$

（ii）$\boldsymbol{M}$ の基底 $\boldsymbol{d}_1, \cdots, \boldsymbol{d}_m$ に対し，ベクトル $\boldsymbol{e}_i\in\boldsymbol{f}^{-1}(\boldsymbol{d}_i)$ $(1\leqq i\leqq m)$ をとるとき，求める $\boldsymbol{h}$ は $\boldsymbol{h}(\boldsymbol{d}_i)=\boldsymbol{e}_i$ $(1\leqq i\leqq m)$ で与えられる．　　（以上）

ベクトル空間 $\boldsymbol{L}$ からそれ自身への同形写像

$$\boldsymbol{f}: \boldsymbol{L}\approx\boldsymbol{L}$$

を $\boldsymbol{L}$ の(**正則**)**線形変換**とよぶ．このとき，次の定理は定理 5.26 と全く同様に定理 6.4(ii), (iii) より示される．

**定理 6.30**　ベクトル空間 $\boldsymbol{L}$ の線形変換全体の集合 $GL(\boldsymbol{L})$ は，写像の合成を積，恒等写像を単位元，逆写像を逆元として群をなす．これは $\boldsymbol{L}$ の**線形変換群**とよばれる．

$\dim \boldsymbol{L}=n$ とし，$\boldsymbol{L}$ の1つの基底 $\boldsymbol{e}_1, \cdots, \boldsymbol{e}_n$ を定めるとき，線形写像 $\boldsymbol{f}:\boldsymbol{L}\to\boldsymbol{L}$ は

(6.33)
$$\boldsymbol{f}(\boldsymbol{e}_i)=\sum_{j=1}^{n} f_{ji}\boldsymbol{e}_j \qquad (1\leqq i\leqq n)$$

によって $(n, n)$行列

$$F=\begin{bmatrix} f_{11} & f_{12} & \cdots & f_{1n} \\ f_{21} & f_{22} & \cdots & f_{2n} \\ \cdots & \cdots & \cdots & \cdots \\ f_{n1} & f_{n2} & \cdots & f_{nn} \end{bmatrix}=(f_{ji}) \qquad (1\leqq i, j\leqq n)$$

で表わされる．$(n, n)$行列を $\boldsymbol{n}$ **次正方行列**とよび，$\boldsymbol{f}$ が線形変換のとき対応する行列 $(f_{ji})$ を**正則行列**とよぶ．さらに恒等写像 $1_L$ に対応する正方行列

$$\begin{bmatrix} 1 & & 0 \\ & 1 & \\ & & \ddots \\ 0 & & & 1 \end{bmatrix}=(\delta_{ji}) \qquad (1\leqq i, j\leqq n, \delta_{ji} \text{ はクロネッカーの記号})$$

が $n$ 次**単位行列**で，逆写像 $\boldsymbol{f}^{-1}$ に対応して**逆行列** $F^{-1}$ が定義される．

$n$ 次元数ベクトル空間 $\boldsymbol{R}^n$ からの定理 6.14 の同形写像

(6.34)
$$\varphi:\boldsymbol{R}^n\approx\boldsymbol{L}^n, \qquad \varphi(\boldsymbol{1}_i)=\boldsymbol{e}_i \quad (1\leqq i\leqq n),$$

を考えるとき，線形写像 $\boldsymbol{f}:\boldsymbol{L}^n\to\boldsymbol{L}^n$ と線形写像 $F:\boldsymbol{R}^n\to\boldsymbol{R}^n$ が関係

$$\begin{array}{ccc} \boldsymbol{R}^n & \xrightarrow{F} & \boldsymbol{R}^n \\ \approx\downarrow\varphi & & \approx\downarrow\varphi \\ \boldsymbol{L}^n & \xrightarrow{f} & \boldsymbol{L}^n \end{array}$$

(6.35)
$$\boldsymbol{f}\circ\varphi=\varphi\circ F$$

によって 1-1 に対応し，$\boldsymbol{f}$ の基底 $\boldsymbol{e}_1, \cdots, \boldsymbol{e}_n$ に関する行列と $F$ の基底 $\boldsymbol{1}_1, \cdots, \boldsymbol{1}_n$ に関する行列は一致する．さらに $\boldsymbol{f}$ が $\boldsymbol{L}^n$ の線形変換ならば $F$ は $\boldsymbol{R}^n$ の線形変換であり，$\boldsymbol{g}\circ\varphi=\varphi\circ G$ ならば

$$(\boldsymbol{g}\circ\boldsymbol{f})\circ\varphi=\boldsymbol{g}\circ\varphi\circ F=\varphi\circ(G\circ F)$$

となるから，上の 1-1 対応は群 $GL(\boldsymbol{L}^n)$ から群 $GL(\boldsymbol{R}^n)$ への積をたもつ全単射であり[1]，これらの群を同一視できる．$\boldsymbol{R}^n$ の線形変換群 $GL(\boldsymbol{R}^n)$ は普通 $GL(n,\boldsymbol{R})$ と書き表わされ，**$n$ 次一般線形群**とよばれている．これは $n$ 次正則行列全体の行列の積による群と考えてよい．

$\boldsymbol{L}^n$ のもう1つの基底 $\boldsymbol{e}_1',\cdots,\boldsymbol{e}_n'$ が与えられたとき，線形写像 $\boldsymbol{f}:\boldsymbol{L}^n\to\boldsymbol{L}^n$ に対し

$$\boldsymbol{f}(\boldsymbol{e}_i')=\sum_{j=1}^{n}f_{ji}'\boldsymbol{e}_j' \qquad (1\leqq j\leqq n)$$

によってもう1つの正方行列 $F'=(f_{ji}')$ が対応している．同形写像 (6.34) と

(6.34)′ $\qquad \varphi':\boldsymbol{R}^n\approx\boldsymbol{L}^n, \qquad \varphi'(\boldsymbol{1}_i)=\boldsymbol{e}_i' \qquad (1\leqq i\leqq n),$

を考え，$\boldsymbol{R}^n$ の線形変換

(6.36) $\qquad T=\varphi'^{-1}\circ\varphi:\boldsymbol{R}^n\approx\boldsymbol{R}^n$

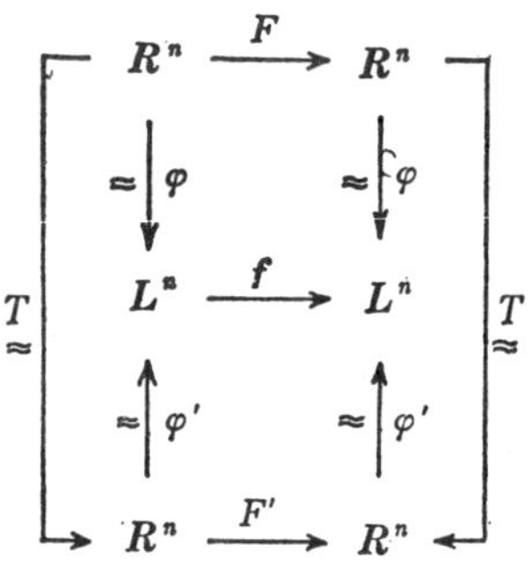


を $\boldsymbol{L}^n$ の基底 $\boldsymbol{e}_1,\cdots,\boldsymbol{e}_n$ から基底 $\boldsymbol{e}_1',\cdots,\boldsymbol{e}_n'$ への取り替えの**座標変換**とよぶ．このとき定理 5.17 と同様な次の定理が容易に示される．

**定理 6.31** ベクトル空間 $\boldsymbol{L}^n$ の 2 つの基底 $\boldsymbol{e}_1,\cdots,\boldsymbol{e}_n$ および $\boldsymbol{e}_1',\cdots,\boldsymbol{e}_n'$ が与えられたとき，線形写像 $\boldsymbol{f}:\boldsymbol{L}^n\to\boldsymbol{L}^n$ に (6.35) により対応する $F$ と

(6.35)′ $\qquad \boldsymbol{f}\circ\varphi'=\varphi'\circ F'$

により対応する $F'$ は，(6.36) の座標変換 $T$ によって次の関係にある．

(6.37) $\qquad T\circ F=F\circ T', \qquad F'=T\circ F\circ T^{-1}.$

この線形写像(または行列) $F'$ は $F$ を座標変換(または正則行列) $T$ によって**変換**してえられるという．

$\boldsymbol{L}$ が計量ベクトル空間のとき，$\boldsymbol{L}$ からそれ自身への計量同形写像を $\boldsymbol{L}$ の**直交変換**とよぶ．

**定理 6.32** 計量ベクトル空間 $\boldsymbol{L}$ の直交変換全体の集合 $O(\boldsymbol{L})$ は，定理 6.30 と同様に，写像の合成を積として群をなす．これは $\boldsymbol{L}$ の**直交変換群**とよ

1) このようなものは群の**同形写像**とよばれる．

ばれる.

$\dim \boldsymbol{L}=n$ のとき, 定理 5.23 は全く同様である.

**定理 6.33** 計量ベクトル空間 $\boldsymbol{L}^n$ の定理 6.24 による正規直交基底を $\boldsymbol{e}_1, \cdots, \boldsymbol{e}_n$ とする.

(i) 線形写像 $\boldsymbol{f}: \boldsymbol{L}^n \to \boldsymbol{L}^n$ が (6.33) の

$$\boldsymbol{f}(\boldsymbol{e}_i)=\sum_{j=1}^{n} f_{ji}\boldsymbol{e}_j \qquad (1 \leqq i \leqq n) \tag{6.38}$$

で与えられるとき, $\boldsymbol{f}$ が直交変換であるためには, (6.38) の $n$ 個のベクトルが正規直交基底をなすこと, すなわち

$$(\boldsymbol{f}(\boldsymbol{e}_i), \boldsymbol{f}(\boldsymbol{e}_j))=\sum_{k=1}^{n} f_{ki}f_{kj}=\delta_{ij} \qquad (1 \leqq i, j \leqq n) \tag{6.39}$$

($\delta_{ij}$ はクロネッカーの記号)であることが必要十分である.

(ii) (i) のとき $\boldsymbol{f}$ の逆写像である直交変換 $\boldsymbol{f}^{-1}: \boldsymbol{L}^n \to \boldsymbol{L}^n$ は

$$\boldsymbol{f}^{-1}(\boldsymbol{e}_i)=\sum_{j=1}^{n} f_{ij}\boldsymbol{e}_j \qquad (1 \leqq i \leqq n) \tag{6.40}$$

で与えられ, 従って次式も成り立つ.

$$(\boldsymbol{f}^{-1}(\boldsymbol{e}_i), \boldsymbol{f}^{-1}(\boldsymbol{e}_j))=\sum_{k=1}^{n} f_{ik}f_{jk}=\delta_{ij} \qquad (1 \leqq i, j \leqq n). \tag{6.41}$$

(6.38) により直交変換 $\boldsymbol{f}$ に対応する行列 $F=(f_{ji})$ を $n$ 次**直交行列**とよぶ. 一般に (6.33) の線形写像 $\boldsymbol{f}$ に対応する正方行列 $F=(f_{ji})$ に対し, その添数をいれかえて縦横を逆にした正方行列

$${}^tF=\begin{bmatrix} f_{11} & f_{21} & \cdots & f_{n1} \\ f_{12} & f_{22} & \cdots & f_{n2} \\ \cdots & \cdots & \cdots & \cdots \\ f_{1n} & f_{2n} & \cdots & f_{nn} \end{bmatrix}=(f_{ij}) \qquad (1 \leqq i, j \leqq n)$$

を $F$ の**転置行列**とよび, これに対応する線形写像

$${}^t\boldsymbol{f}: \boldsymbol{L}^n \to \boldsymbol{L}^n, \qquad {}^t\boldsymbol{f}(\boldsymbol{e}_i)=\sum_{j=1}^{n} f_{ij}\boldsymbol{e}_j \qquad (1 \leqq i \leqq n),$$

を $\boldsymbol{f}$ の**転置写像**とよぶ. このとき, (6.40) は

$$\boldsymbol{f}^{-1}={}^t\boldsymbol{f}, \qquad {}^t\boldsymbol{f}\circ\boldsymbol{f}=\boldsymbol{f}\circ{}^t\boldsymbol{f}=1_{\boldsymbol{L}}, \tag{6.42}$$

$$(\text{すなわち } F^{-1}={}^tF, \quad {}^tFF=F\,{}^tF=E \ (\text{単位行列})),$$

を意味しており，これを $f$（または $F$）が直交変換（または直交行列）であることの定義とすることができる．

$n$ 次元ユークリッドベクトル空間 $\boldsymbol{R}^n$ からの (6.34) の同形写像

$$\varphi : \boldsymbol{R}^n \approx \boldsymbol{L}^n, \qquad \varphi(\boldsymbol{1}_i) = \boldsymbol{e}_i \qquad (1 \leqq i \leqq n),$$

は定理 6.25(i) より計量同形写像である．従って (6.35) の関係によって $\boldsymbol{L}^n$ の直交変換 $f$ と $\boldsymbol{R}^n$ の直交変換が 1-1 に対応し，線形変換群のときと同様に，直交変換群 $O(\boldsymbol{L}^n), O(\boldsymbol{R}^n)$ を同一視できる．後者を普通 $O(n)$ と書き表わし，**$n$ 次直交群**とよぶ．

さらに定理 6.31 は次の形となる．

**定理 6.34** 計量ベクトル空間 $\boldsymbol{L}^n$ の 2 つの正規直交基底 $\boldsymbol{e}_1, \cdots, \boldsymbol{e}_n$ および $\boldsymbol{e}_n', \cdots, \boldsymbol{e}_n'$ が与えられたとする．

(i) (6.36) の座標変換 $T$ は $\boldsymbol{R}^n$ の直交変換である．

(ii) (6.37) の第 2 式は次式と一致する．

$$F' = T \circ F \circ {}^t T.$$

以上のように，3 次元ベクトル空間に対する §§5.2, 5.3 における結果は一般の有限次元ベクトル空間に対し一般化することができた．さらに §§5.4, 5.5 における結果も一般化することができるが，これについては次章の最後に簡単に注意しよう．

**例題 2** 前節例題 2 のフーリエ多項式のつくる計量ベクトル空間 $\boldsymbol{L}$ において，ある定数 $c$ に対する写像

$$T : \boldsymbol{L} \to \boldsymbol{L}, \qquad (Tf)(t) = f(c+t) \qquad (f \in \boldsymbol{L}),$$

は $\boldsymbol{L}$ の直交変換である．さらに前節例題 5 の $\boldsymbol{L}$ の正規直交基底 $f_i$ $(0 \leqq i \leqq 2n)$ に関して，$T$ は次式で表わされる．

$$Tf_0 = f_0, \qquad \begin{aligned} Tf_{2k-1} &= f_{2k-1}\cos kc - f_{2k}\sin kc, \\ Tf_{2k} &= f_{2k-1}\sin kc + f_{2k}\cos kc, \end{aligned} \qquad (1 \leqq k \leqq n).$$

[解] $f \in \boldsymbol{L}$ に対し $Tf \in \boldsymbol{L}$ であることは，和の公式

$$\cos k(c+t) = \cos kc \cos kt - \sin kc \sin kt,$$

$$\sin k(c+t) = \sin kc \cos kt + \cos kc \sin kt,$$

より明らか． $T$ が線形写像であることも明らか． $\boldsymbol{L}$ の関数はすべて周期 $2\pi$ の周期関数だから，

$$(Tf, Tg)=\int_{-\pi}^{\pi} f(c+t)\,g(c+t)\,dt=\int_{-\pi+c}^{\pi+c} f(t)\,g(t)\,dt$$

$$=\int_{-\pi}^{\pi} f(t)\,g(t)\,dt=(f, g)$$

であり， $T$ は直交変換である．後半は上の和の公式より明らか． （以上）

**問 1** 定理 6.28 の線形写像のつくるベクトル空間について， 線形写像 $\boldsymbol{h}:\boldsymbol{M}\to\boldsymbol{M}'$ に対し，線形写像

$$\boldsymbol{h}_*:\mathrm{Hom}(\boldsymbol{L},\boldsymbol{M})\to\mathrm{Hom}(\boldsymbol{L},\boldsymbol{M}'),\qquad \boldsymbol{h}_*(\boldsymbol{f})=\boldsymbol{h}\circ\boldsymbol{f},$$

が定義できる．さらに $\boldsymbol{h}$ が同形写像ならば $\boldsymbol{h}_*$ もそうである．

**問 2** 線形写像 $\boldsymbol{k}:\boldsymbol{L}'\to\boldsymbol{L}$ に対し，線形写像

$$\boldsymbol{k}^*:\mathrm{Hom}(\boldsymbol{L},\boldsymbol{M})\to\mathrm{Hom}(\boldsymbol{L}',\boldsymbol{M}),\qquad \boldsymbol{k}^*(\boldsymbol{f})=\boldsymbol{f}\circ\boldsymbol{k},$$

が定義でき， $\boldsymbol{k}$ が同形写像ならば $\boldsymbol{k}^*$ もそうである．

**問 3** $(n, m)$行列 $G$ と $(m, n)$行列 $F$ の積である $n$ 次正方行列 $GF$ は $m<n$ ならば正則でない．

## 6.5 $n$ 次元アフィン空間，ユークリッド空間

第3章では3次元アフィン空間の幾何ベクトルのつくるベクトル空間が考察されたが，一般のアフィン空間は逆に一般のベクトル空間を用いて定義される．

与えられた集合 $S$ とベクトル空間 $\boldsymbol{L}$ において， 各点 $P\in S$ と各ベクトル $\boldsymbol{a}\in\boldsymbol{L}$ に対してそれらの**和**とよばれる点 $P+\boldsymbol{a}\in S$ が一意に定まり，次の性質 (6.43), (6.44) が成り立つとする．

(6.43) $$(P+\boldsymbol{a})+\boldsymbol{b}=P+(\boldsymbol{a}+\boldsymbol{b})\qquad (P\in S,\ \boldsymbol{a},\boldsymbol{b}\in\boldsymbol{L}).$$

(6.44) 任意の $P, Q\in S$ に対して， $Q=P+\boldsymbol{a}$ をみたすベクトル $\boldsymbol{a}\in\boldsymbol{L}$ がただ1つ存在する．これを $\boldsymbol{a}=\overrightarrow{PQ}$ と書き表わす．

このとき， $S=(S,\boldsymbol{L})$ を**アフィン空間**， $\boldsymbol{L}$ をその**基準ベクトル空間**とよぶ． $\boldsymbol{L}$ が $n$ 次元のとき， $S$ の**次元**も $n$ であるといい， $\dim S=n$ と書き表わす．

**定理 6.35** 実数の集合の $n$ 個の直積 $\boldsymbol{R}^n$ と $n$ 次元数ベクトル空間 $\boldsymbol{R}^n$ において，点 $P=(p_1, \cdots, p_n)$ とベクトル $\boldsymbol{a}=(a_1, \cdots, a_n)$ の和 $P+\boldsymbol{a}$ を

$$P+\boldsymbol{a}=(p_1+a_1, \cdots, p_n+a_n)\in\boldsymbol{R}^n$$

と定義すれば，明らかに (6.43), (6.44) が成り立つ．従って $\boldsymbol{R}^n$ は数ベクトル空間 $\boldsymbol{R}^n$ を基準ベクトル空間とするアフィン空間である．

この $\boldsymbol{R}^n$ が普通の $n$ 次元アフィン空間である．

定理 3.1(ii) と同様な次の定理は (6.44) よりただちにえられる．

**定理 6.36** アフィン空間 $S$ の1点 $O$ を任意に固定するとき，全単射

$$\pi' : \boldsymbol{L}\rightleftarrows S, \qquad \pi'(\boldsymbol{a})=O+\boldsymbol{a} \qquad (\boldsymbol{a}\in\boldsymbol{L}),$$

がえられる．

この全単射とベクトル空間 $\boldsymbol{L}$ の線形性によって，3次元の場合と同様に，一般のアフィン空間 $S$ において線形性を考察することができる．

**補題 6.37** $$P+\boldsymbol{a}=P \Longleftrightarrow \boldsymbol{a}=\boldsymbol{o} \qquad (P\in S).$$

**証明** (⇒) 仮定と (6.43) より，$P=P+\boldsymbol{a}=(P+\boldsymbol{a})+\boldsymbol{a}=P+(\boldsymbol{a}+\boldsymbol{a})$ で，(6.44) の一意性より $\boldsymbol{a}=\boldsymbol{a}+\boldsymbol{a}$, 従って $\boldsymbol{a}=\boldsymbol{o}$ となる．(⇐) (6.44) より $P=P+\boldsymbol{a}$ となる $\boldsymbol{a}\in\boldsymbol{L}$ が存在し，上の証明より $\boldsymbol{a}=\boldsymbol{o}$. (証終)

アフィン空間 $S$ の空でない部分集合 $S'$ に対して，基準ベクトル空間 $\boldsymbol{L}$ の線形部分空間 $\boldsymbol{L}'$ が存在して，

$$(6.45) \qquad P\in S', \boldsymbol{a}\in\boldsymbol{L}' \Rightarrow P+\boldsymbol{a}\in S' ; \qquad P, Q\in S' \Rightarrow \overrightarrow{PQ}\in\boldsymbol{L}',$$

が成り立つとき，$S'=(S', \boldsymbol{L}')$ を $S$ の**部分空間**とよぶ．

このとき明らかに $S'=(S', \boldsymbol{L}')$ はアフィン空間である．

**定理 6.38** $S$ の任意の点 $P$ に対し，$\boldsymbol{L}$ の与えられた線形部分空間 $\boldsymbol{L}'$ を基準空間とする $S$ の部分空間 $S'$ で $P$ を含むものがただ1つ存在する．実際，$S'$ は次式で与えられる．

$$S'=\{P+\boldsymbol{a}|\boldsymbol{a}\in\boldsymbol{L}'\}=P+\boldsymbol{L}'.$$

**証明** 上式の $S'$ が (6.45) をみたすことは (6.43), (6.44) より明らかで，$P\in S'$ は上の補題よりわかる．逆に $S'(\ni P)$ が (6.45) をみたせば，容易に $S'=P+\boldsymbol{L}'$ が確かめられる． (証終)

アフィン空間の 0 次元部分空間は 1 点である．1 次元部分空間を**直線**とよび，$n$ 次元アフィン空間の $n-1$ 次元部分空間を**超平面**とよぶのが普通であ

る.

**定理 6.39** (i) アフィン空間 $S$ の異なる2点 $P, Q$ に対し, それらを含む $S$ の直線がただ1つ存在する. この直線を $l(P, Q)$ と書き表わす.

(ii) $S'$ が $S$ の部分空間であるためには, 任意の異なる2点 $P, Q \in S'$ に対し $l(P, Q) \subset S'$ となることが必要十分である.

(iii) (i) より一般に, $S$ の点 $P_1, \cdots, P_m$ を含む $S$ の $m-2$ 次元部分空間が存在しなければ, (このとき $P_1, \cdots, P_m$ は独立であるという), それらを含む $S$ の $m-1$ 次元部分空間がただ1つ存在する.

(iv) $n$ 次元アフィン空間 $S$ の2つの異なる超平面が交われば, 共通部分は $n-2$ 次元部分空間である.

**証明** (i) 補題 6.37 より $\boldsymbol{a}=\overrightarrow{PQ} \neq \boldsymbol{o}$ であり, $\boldsymbol{a}$ がはる1次元線形部分空間 $L(\boldsymbol{a})$ に対する上の定理の $P+L(\boldsymbol{a})$ が求める直線である. 逆に直線 $l \ni P, Q$ の基準ベクトル空間 $\boldsymbol{L}'$ は, (6.45) より $\boldsymbol{a} \in \boldsymbol{L}'$ だから, $\boldsymbol{L}'=L(\boldsymbol{a})$ で $l=P+L(\boldsymbol{a})$ がわかる.

(ii) (必要) (6.45) より $\boldsymbol{a}=\overrightarrow{PQ} \in \boldsymbol{L}'$, 従って $P+L(\boldsymbol{a}) \subset P+\boldsymbol{L}'=S'$.
(十分) $\boldsymbol{L}'=\{\overrightarrow{PQ} \mid P, Q \in S'\}$ とおけば, 仮定より容易に, $\boldsymbol{L}'$ は $\boldsymbol{L}$ の線形部分空間であることおよび (6.45) が確かめられる.

(iii) $\boldsymbol{a}_i=\overrightarrow{P_1 P_{i+1}} \in \boldsymbol{L}$ $(1 \leqq i \leqq m-1)$ とおけば, (i) の証明と全く同様に

$$S'=P_1+\boldsymbol{L}', \qquad \boldsymbol{L}'=L(\boldsymbol{a}_1, \cdots, \boldsymbol{a}_{m-1})$$

は $P_1, \cdots, P_m$ を含む最小の部分空間であることがわかる. 従って $\dim \boldsymbol{L}' \leqq m-2$ ならば仮定に反するから, $\dim \boldsymbol{L}'=m-1$ で求める結果が成り立つ.

(vi) 超平面 $S_1, S_2$ が点 $P$ を含めば, 上の定理より $\boldsymbol{L}$ の線形部分空間 $\boldsymbol{L}_i$ が存在して,

$$S_i=P+\boldsymbol{L}_i, \qquad \dim \boldsymbol{L}_i=n-1, \qquad (i=1,2)$$

となる. このとき, 仮定より $\boldsymbol{L}_1 \neq \boldsymbol{L}_2$ だから $\boldsymbol{L}_1+\boldsymbol{L}_2=\boldsymbol{L}$ であり, §6.2 問2 より $\dim(\boldsymbol{L}_1 \cap \boldsymbol{L}_2)=n-2$ がわかる. 従って $S_1 \cap S_2=P+(\boldsymbol{L}_1 \cap \boldsymbol{L}_2)$ は $n-2$ 次元部分空間である. (証終)

2つの部分空間 $S_1, S_2 \subset S$ は, 基準ベクトル空間の一方が他方に含まれると

き，たがいに**平行**であるという．

**定理 6.40**　( i )　部分空間 $S_1, S_2$ が平行ならば，その一方が他方に含まれるか，または交わらない．

(ii)　$S$ の $m$ 次元部分空間 $S_1$ と点 $P \in S$ に対し，$S_1$ と平行な $m$ 次元部分空間 $S_2$ で $P$ を含むものがただ1つ存在する．

**証明**　( i )　$S_i$ の基準空間を $\boldsymbol{L}_i$ とし，$\boldsymbol{L}_1 \subset \boldsymbol{L}_2$ とする．$S_1 \cap S_2 \ni P$ ならば，任意の $Q \in S_1$ に対し $\overrightarrow{PQ} \in \boldsymbol{L}_1 \subset \boldsymbol{L}_2$，従って $Q \in S_2$ で，$S_1 \subset S_2$ である．

(ii)　$S_1$ の基準空間 $\boldsymbol{L}_1$ に対し，$S_2 = P + \boldsymbol{L}_1$ が求める部分空間である．逆に $S_1$ と平行な部分空間 $S_2 \ni P$ の基準空間 $\boldsymbol{L}_2$ は，$\boldsymbol{L}_2 \subset \boldsymbol{L}_1$ または $\boldsymbol{L}_2 \supset \boldsymbol{L}_1$ であるが，$\dim \boldsymbol{L}_1 = m = \dim \boldsymbol{L}_2$ だから系 6.17 より $\boldsymbol{L}_2 = \boldsymbol{L}_1$ で，求める $S_2 = P + \boldsymbol{L}_1$ がわかる．　　　(証終)

$n$ 次元アフィン空間 $S$ の1点 $O$ とその基準ベクトル空間 $\boldsymbol{L}^n$ の基底 $\boldsymbol{e}_1, \cdots, \boldsymbol{e}_n$ を任意に与えれば，$S$ の任意の点 $P$ は

$$P = O + \boldsymbol{a} = O + \sum_{i=1}^{n} a_i \boldsymbol{e}_i \qquad (\boldsymbol{a} \in \boldsymbol{L}^n,\ a_i \in \boldsymbol{R})$$

の形に一意に表わされる．この成分 $(a_1, \cdots, a_n)$ を $S$ の**アフィン座標系** $(O; \boldsymbol{e}_1, \cdots, \boldsymbol{e}_n)$ に関する点 $P \in S$ の**座標**とよび，$P = P(a_1, \cdots, a_n)$ と書き表わす．座標系の**原点** $O$ は $O(0, \cdots, 0)$ である．

アフィン空間 $S = (S, \boldsymbol{L})$ から $S' = (S', \boldsymbol{L}')$ への**アフィン写像**は，写像

$$f : S \to S', \qquad \boldsymbol{f} : \boldsymbol{L} \to \boldsymbol{L}'$$

の組 $f = (f, \boldsymbol{f})$ で，$\boldsymbol{f}$ が線形写像で，さらに次が成り立つものと定義される．

$$f(P + \boldsymbol{a}) = f(P) + \boldsymbol{f}(\boldsymbol{a}) \qquad (P \in S,\ \boldsymbol{a} \in \boldsymbol{L}). \tag{6.46}$$

**補題 6.41**　$f$ が全単射であることと $\boldsymbol{f}$ が全単射，従って同形写像，であることは同値である．

**証明**　(6.46) と補題 6.37 より，‘$f(P) = f(P + \boldsymbol{a}) \Longleftrightarrow \boldsymbol{f}(\boldsymbol{a}) = \boldsymbol{o}$’ であり，定理 6.5(ii) より ‘($f$ が単射) $\Longleftrightarrow$ ($\boldsymbol{f}$ が単射)’ がわかる．全射であることについても，(6.46), (6.44) より容易にわかる．　　　(証終)

この補題の条件をみたすアフィン写像 $f$ を(**正則**)**アフィン変換**とよび，そ

のような $f$ が存在するとき，アフィン空間 $S, S'$ は**同形**であるという．

**定理 6.42** 任意の $n$ 次元アフィン空間 $S$ は，定理 6.35 のアフィン空間 $\boldsymbol{R}^n$ と同形である．

**証明** $S$ のアフィン座標系 $(O;\ \boldsymbol{e}_1, \cdots, \boldsymbol{e}_n)$ と $\boldsymbol{R}^n$ の $((0, \cdots, 0);\ \boldsymbol{1}_1, \cdots, \boldsymbol{1}_n)$ に関して同じ座標(成分)の点(ベクトル)を対応させればよい．（証終）

上にのべたことから，第2章における3次元の場合の考察は $n$ 次元アフィン空間において同様に一般化できることがわかる．

$n$ 次元アフィン空間 $S=(S, \boldsymbol{L})$ は，$\boldsymbol{L}$ がさらに計量ベクトル空間のとき，**$\boldsymbol{n}$ 次元ユークリッド空間**とよばれる．定理 6.35 の $\boldsymbol{R}^n$ は普通のユークリッド空間である．§4.1 における3次元の場合の考察は同様に一般化できることを簡単にのべよう．

ユークリッド空間 $S$ の2点 $P, Q$ に対して，ベクトル $\overrightarrow{PQ} \in \boldsymbol{L}$ の長さを $P, Q$ の**距離**とよび，

$$d(P, Q)=|\overrightarrow{PQ}| \in \boldsymbol{R} \tag{6.47}$$

と書き表わす．また異なる3点 $P, Q, R$ に対して，定理 6.19(iii) による

$$\cos\theta=(\boldsymbol{a}, \boldsymbol{b})/|\boldsymbol{a}||\boldsymbol{b}|, \qquad \boldsymbol{a}=\overrightarrow{PQ}, \quad \boldsymbol{b}=\overrightarrow{PR}, \tag{6.48}$$

で定まる $\theta\ (0 \leqq \theta \leqq \pi)$ を**角** $\angle QPR$ と定義する．さらに

$$\angle QPR=\pi/2, \text{ すなわち } (\overrightarrow{PQ}, \overrightarrow{PR})=0, \tag{6.49}$$

のとき，2直線 $l(P, Q), l(P, R)$ は**垂直**であると定義する．

**定理 6.43** ( i ) $d(P, Q) \geqq 0$ ; $\quad d(P, Q)=0 \Longleftrightarrow P=Q$.

(ii) $\quad d(P, Q) \leqq d(P, R)+d(R, Q)$. **（三角不等式）**

(iii) $\quad \angle QPR=\angle RPQ$.

**証明** (6.47), 定理 6.19( i ), (iv) および (6.47), (6.19) より明らか．

（証終）

**定理 6.44** $n$ 次元ユークリッド空間 $S$ の $m$ 次元部分空間 $T$ と点 $P \in S$ に対し，$P$ を含む $n-m$ 次元部分空間 $T^{\perp}$ で，$T, T^{\perp}$ はただ1点 $Q$ で交わり，各点 $R \in T-\{Q\}, R' \in T^{\perp}-\{Q\}$ に対し2直線 $l(Q, R), l(Q, R')$ は垂直

であるもの，がただ1つ存在する.

**証明**　$S=(S,\boldsymbol{L})$, $T=(T,\boldsymbol{M})$ とし，§6.3 例題4の $\boldsymbol{M}$ の直交補空間 $\boldsymbol{M}^{\perp}$ を考える．1点 $R\in T$ をとり，

$$Q=P+\boldsymbol{c},\quad \overrightarrow{PR}=\boldsymbol{b}+\boldsymbol{c},\quad \boldsymbol{b}\in\boldsymbol{M},\quad \boldsymbol{c}\in\boldsymbol{M}^{\perp},$$

として $T^{\perp}=Q+\boldsymbol{M}^{\perp}$ とおけば，容易に $P\in T^{\perp}, Q\in T\cap T^{\perp}$ がわかる．さらに $Q'\in T\cap T^{\perp}$ ならば $\overrightarrow{QQ'}\in\boldsymbol{M}\cap\boldsymbol{M}^{\perp}=\{\boldsymbol{o}\}$，従って $Q=Q'$ である．$\boldsymbol{M}^{\perp}$ の定義より最後の条件も明らかで，$T^{\perp}$ は求めるものである．逆に $T'=Q+\boldsymbol{M}'$ が条件をみたせば $\boldsymbol{M}'\subset\boldsymbol{M}^{\perp}$ であり，次元が等しいから $\boldsymbol{M}'=\boldsymbol{M}^{\perp}$ である.

（証終）

$n$ 次元ユークリッド空間 $S$ のアフィン座標系 $(O;\ \boldsymbol{e}_1,\cdots,\boldsymbol{e}_n)$ で $\boldsymbol{e}_1,\cdots,\boldsymbol{e}_n$ は基準ベクトル空間 $\boldsymbol{L}^n$ の正規直交基底であるものを，$S$ の**直交座標系**とよぶ.

ユークリッド空間の間のアフィン写像

$$f:S\to S',\qquad \boldsymbol{f}:\boldsymbol{L}\to\boldsymbol{L}'$$

は，$\boldsymbol{f}$ が計量同形写像のとき，**(計量)同形写像**とよばれる．さらに，そのような $f=(f,\boldsymbol{f})$ が存在するとき，2つのユークリッド空間 $S=(S,\boldsymbol{L}), S'=(S',\boldsymbol{L}')$ は**(計量)同形**であるという.

このとき定理 6.42 と同様に次の定理が成り立つ.

**定理 6.45**　任意の $n$ 次元ユークリッド空間 $S$ は普通の $n$ 次元ユークリッド空間 $\boldsymbol{R}^n$ と同形である.

**例題 1**　$\boldsymbol{R}^n$ の任意の直線上の点 $\boldsymbol{x}=(x_1,\cdots,x_n)$ の方程式は，$t\in\boldsymbol{R}$ を助変数とする

$$\boldsymbol{x}=\boldsymbol{a}+t\boldsymbol{u},\qquad \boldsymbol{a}=(a_1,\cdots,a_n),\quad \boldsymbol{u}=(u_1,\cdots,u_n),\quad |\boldsymbol{u}|=1,$$

で与えられる.

［解］　任意の直線は定理 6.38 より $(a_1,\cdots,a_n)+L(\boldsymbol{u})$, $|\boldsymbol{u}|=1$, の形である.

（以上）

**例題 2**　$\boldsymbol{R}^n$ の任意の超平面上の点 $\boldsymbol{x}=(x_1,\cdots,x_n)$ の方程式は，座標の1次方程式

$$(\boldsymbol{p}, \boldsymbol{x}) = p, \qquad \boldsymbol{p} = (p_1, \cdots, p_n), \quad |\boldsymbol{p}| = 1, \quad p \geqq 0,$$

で与えられる[1)].

［解］ 定理 6.44 より任意の超平面は $\boldsymbol{a}+L(\boldsymbol{u})^{\perp}, |\boldsymbol{u}|=1,$ の形で，$\boldsymbol{x}\in\boldsymbol{a}+L(\boldsymbol{u})^{\perp}$ は $\boldsymbol{x}-\boldsymbol{a}\in L(\boldsymbol{u})^{\perp}$，すなわち $(\boldsymbol{u}, \boldsymbol{x}-\boldsymbol{a})=0$，と同値であり，必要ならば符号をかえて求める方程式がえられる．　（以上）

**問 1**　アフィン空間 $S$ の $m$ 次元部分空間 $S'$ とそれに含まれない点 $P$ に対し，$S'$ と $P$ を含む $m+1$ 次元部分空間がただ 1 つ存在する．

**問 2**　$n$ 次元ユークリッド空間において，余弦定理

$$d(Q,R)^2 = d(P,Q)^2 + d(P,R)^2 - 2d(P,Q)\,d(P,R)\cos(\angle QPR),$$

従ってピタゴラスの定理が成り立つ．

**問 3**　$\boldsymbol{R}^n$ の超平面 $(\boldsymbol{p},\boldsymbol{x})=p, (\boldsymbol{q},\boldsymbol{x})=q$ が平行である条件は $\boldsymbol{p}=\pm\boldsymbol{q}$ である．

**問 4**　$\boldsymbol{R}^n$ の超平面 $(\boldsymbol{p},\boldsymbol{x})=p$ と直線 $\boldsymbol{x}=\boldsymbol{a}+t\boldsymbol{u}$ が平行である条件は $(\boldsymbol{p},\boldsymbol{u})=0$ である．

## 附録　無限次元ベクトル空間の基底・次元

基底の存在と次元の一意性の定理 6.10 は，無限次元ベクトル空間に対しても一般化されることに簡単に注意しておこう[2)].

ベクトル空間 $\boldsymbol{L}$ の部分集合 $A$ に対し，$A$ の任意の有限個のベクトルの線形結合を $A$ の**線形結合**とよびその全体を

$$L(A) = \{\sum_{\boldsymbol{a}\in A} x_{\boldsymbol{a}}\boldsymbol{a} \mid x_{\boldsymbol{a}}\in\boldsymbol{R},\ x_{\boldsymbol{a}}\neq 0 \text{ である } \boldsymbol{a} \text{ は有限個}\}$$

と書き表わす．このとき定理 6.6(ii) と全く同様に $L(A)$ は $A$ を含む最小の $\boldsymbol{L}$ の線形部分空間であることがわかり，$L(A)$ を $A$ によって**はられる**線形部分空間とよぶ．

$A(\subset\boldsymbol{L})$ の任意の有限個のベクトルが独立のとき，$A$ は**(線形)独立**であるという．ベクトル空間 $\boldsymbol{L}$ に対し，$\boldsymbol{L}$ をはる独立な部分集合 $E$ が存在すると

---

1)　この結果はアフィン空間 $\boldsymbol{R}^n$ においても成り立つが，ここにのべる解は計量性を用いているので適用できず，行列式による連立方程式の解法を用いる必要がある．

2)　以下の証明において，集合論におけるツォルン(Zorn)の**補題**および**濃度**とその演算の性質を用いる．ここでそれらを詳しくのべる余裕がないので，必要に応じて，松村英之著 ‘集合論入門’（基礎数学シリーズ 5）を引用することとする．

き，$E$ を $\boldsymbol{L}$ の基底とよぶ．次の定理は定理 6.11 と全く同様に示される．

**定理 1**　$E$ が $\boldsymbol{L}$ の基底であるためには，任意の $\boldsymbol{a}\in\boldsymbol{L}$ は $E$ の線形結合として一意に表わされること，すなわち

$$\boldsymbol{a}=\sum_{e\in E}a_e\boldsymbol{e},\quad a_e\in\boldsymbol{R},\quad a_e\neq 0 \text{ である } \boldsymbol{e} \text{ は有限個},$$

となり，さらに係数 $\{a_e|\boldsymbol{e}\in E\}$ は $\boldsymbol{a}$ に対し一意に定まること，が必要十分である．

**定理 2**　任意の集合 $I$ が与えられたとき，§6.1 例題 2 のベクトル空間 $F(I,\boldsymbol{R})$ において，その部分集合

$$\boldsymbol{R}^I=\{f:I\to\boldsymbol{R}|f(t)\neq 0 \text{ である } t\in I \text{ は有限個}\}$$

は線形部分空間である．さらに各 $t\in I$ に対し

$$1_t:I\to\boldsymbol{R},\quad 1_t(t)=1,\quad 1_t(s)=0\ \ (s\in I,s\neq t),$$

を考えれば，$\boldsymbol{R}^I$ は $\{1_t|t\in I\}$ を基底にもつ．$\boldsymbol{R}^{\{1,\cdots,n\}}=\boldsymbol{R}^n$ であり，$\boldsymbol{R}^I$ は一般な次元の**数ベクトル空間**と考えられる．

**定理 3**　任意のベクトル空間 $\boldsymbol{L}$ は基底をもつ．実際 $\boldsymbol{L}$ の独立な部分集合のうちで包含関係に関し極大な集合 $E$，すなわち $E$ は独立で $E\subsetneq A\subset\boldsymbol{L}$ であるどんな $A$ も独立ではないもの，が基底である．

**証明**　ツォルンの補題より独立な極大集合 $E$ の存在が示される[1]．このとき任意の $\boldsymbol{a}\in\boldsymbol{L}$ は $\boldsymbol{a}\in E$ ならば明らかに $\boldsymbol{a}\in L(E)$ で，$\boldsymbol{a}\notin E$ ならば極大性より $E\cup\{\boldsymbol{a}\}$ は独立でなく，補題 6.8(ii) と同様に $\boldsymbol{a}\in L(E)$ が示され，$\boldsymbol{L}=L(E)$ がわかる．　(証終)

**定理 4**　ベクトル空間 $\boldsymbol{L}$ の 2 つの基底 $E,D$ は対等である．すなわち集合の濃度を card で表わすとき，$\mathrm{card}(E)=\mathrm{card}(D)$[2]．この基底の濃度をベクトル空間 $\boldsymbol{L}$ の**次元**とよぶ．

**証明**　$E$ が有限集合のときは定理 6.10 である．$E$ は無限集合とすれば，$D$ もそうである．各 $\boldsymbol{d}\in D$ を定理 1 により $\boldsymbol{d}=\sum_{e\in E}d_e\boldsymbol{e}$ と表わし，$E$ の有限部分

1)　前出 '集合論入門'，pp. 87～88 の §3.2 例題 1 参照．

2)　濃度は集合の対等を表わし，有限集合の元の個数の一般化である．濃度とここで用いられるその演算の性質については，前出 '集合論入門' 第 2 章参照．

集合 $E_{\boldsymbol{d}}=\{\boldsymbol{e}|d_{\boldsymbol{e}}\neq 0\}$ を考えれば，$\boldsymbol{L}=L(D)$ だから $E=\bigcup\{E_{\boldsymbol{d}}|\boldsymbol{d}\in D\}$．従って

$$\mathrm{card}(E)\leqq\sum_{\boldsymbol{d}\in D}\mathrm{card}(E_{\boldsymbol{d}})\leqq\sum_{\boldsymbol{d}\in D}\mathfrak{a}=\mathrm{card}(D)\cdot\mathfrak{a}=\mathrm{card}(D).$$ [1)]

同様に $\mathrm{card}(D)\leqq\mathrm{card}(E)$ であり，あわせて求める等式がえられる．（証終）

**定理 5**　2つのベクトル空間 $\boldsymbol{L}$, $\boldsymbol{L}'$ が同形であるためには，それらの次元が一致すること，すなわちそれぞれの基底 $E, E'$ は対等であること，が必要十分である．とくに $\boldsymbol{L}$ は定理2の数ベクトル空間 $\boldsymbol{R}^E$ と同形である．

**証明**　同形写像 $\boldsymbol{f}:\boldsymbol{L}\approx\boldsymbol{L}'$ が存在すれば，補題 6.13 が一般な独立に対しても同様に示されるから，$E$ と対等な $\boldsymbol{f}(E)$ は $\boldsymbol{L}'$ の基底であることがわかり，上の定理より $\boldsymbol{f}(E)$ は $E'$ と対等で，必要性が示された．逆に全単射 $f:E\sim E'$ が存在すれば，写像

$$\boldsymbol{f}:\boldsymbol{L}\to\boldsymbol{L}',\qquad \boldsymbol{f}\Big(\sum_{\boldsymbol{e}\in E}a_{\boldsymbol{e}}\boldsymbol{e}\Big)=\sum_{\boldsymbol{e}\in E}a_{\boldsymbol{e}}f(\boldsymbol{e}),$$

が同形写像であることは定理 6.14 と同様に定理1より示される．　（証終）

1)　$\mathfrak{a}$ は可算集合の濃度，すなわち最小の無限の濃度で，最後の等号は‘集合論入門’の定理 3.13 ii）である．

# 7. 体上のベクトル空間

いままで考えられたベクトル空間はすべて実数をスカラーとするものであったが，複素数などのいわゆる体の元をスカラーとする体上のベクトル空間を考察することができ，殆んど同様な線形性が成り立つ．また複素数体上のベクトル空間については計量性を考察することができて，直交変換に対応してユニタリ変換の概念を考えることができる．本書の最後に，これらについて簡単にふれておこう．

## 7.1 体，複素数体，有限体

§1.2 においてのべられた実数の和・積のもつ代数的性質を一般化して，次のように体が定義される．

与えられた集合 $K$ において，写像

$$+ : K\times K\to K, \qquad +(x, y)=x+y, \qquad (x, y\in K),$$

$$\cdot : K\times K\to K, \qquad \cdot(x, y)=xy, \qquad (x, y\in K),$$

が与えられて，性質 (1.6)〜(1.13) と同様な次の性質 (7.1)〜(7.4) が成り立つとする．

(7.1) 任意の $x, y, z\in K$ に対して

$$(x+y)+z=x+(y+z), \qquad (xy)z=x(yz), \qquad \text{(結合律)}$$

$$(x+y)z=xz+yz, \qquad x(y+z)=xy+xz, \qquad \text{(配分律)}$$

$$x+y=y+x. \qquad \text{(和の可換律)}$$

(7.2) 元 $0, 1\in K$ が存在して，任意の $x\in K$ に対し

$$x+0=0+x=x, \qquad x1=1x=x. \qquad \text{(零元，単位元の存在)}$$

(7.3) 任意の元 $x\in K$ に対して元 $-x\in K$ が存在し

$$x+(-x)=(-x)+x=0. \qquad \text{(和の逆元の存在)}$$

(7.4) 任意の元 $x\in K$, $x\neq 0$, に対して元 $x^{-1}\in K$ が存在し

$$xx^{-1}=x^{-1}x=1. \qquad \text{(積の逆元の存在)}$$

このとき，$K$ は $x+y$ を**和**，$xy$ を**積**として**体**をなすという．さらに次の(7.5) が成り立つとき，$K$ を**可換体**とよぶ．

(7.5)　任意の $x, y \in K$ に対し $xy=yx$.　（積の**可換律**）

定理 1.4 と同様に次の定理が成り立つ．

**定理 7.1**　任意の体 $K$ に対して次が成り立つ．

（i）(7.2)の元 $0, 1 \in K$ は一意に定まる．これらをそれぞれ体 $K$ の**零元**，**単位元**とよぶ．

（ii）任意の $x \in K$ に対し (7.3)の元 $-x$，任意の $x \in K, x \neq 0$, に対し (7.4) の元 $x^{-1}$，はそれぞれ一意に定まる．これらを $x$ のそれぞれ和，積に関する**逆元**とよぶ．

（iii）$x, y \in K$ に対し $x=z+y$ をみたす $z \in K$ が一意に存在し，$z=x+(-y)$ である．これは $x-y$ と書き表わされる．とくにある $y \in K$ に対し $y=z+y$ ならば $z=0$ である．

（iv）$x, y \in K$，$y \neq 0$ に対し $x=zy$，$x=yw$ をみたす $z, w \in K$ が一意に存在し，$z=xy^{-1}, w=y^{-1}x$ である．とくにある $y \neq 0$ に対し $y=zy$ または $y=yz$ ならば $z=1$.

（v）
$$xy=0 \Longleftrightarrow (x=0 \text{ または } y=0).$$

**証明**　（i）もう 1 つの元 $0'$ が (7.2)の第 1 式をみたせば，$0'=0'+0=0$. もう 1 つの元 $1'$ が (7.2) の第 2 式をみたせば，$1'=1'1=1$.

（ii）もう 1 つの元 $x'$ が (7.3) をみたせば，(7.1), (7.2) を用いて
$$x'=x'+0=x'+(x+(-x))=(x'+x)+(-x)=0+(-x)=-x.$$
$x^{-1}$ についても全く同様である．

(iii), (iv)　(iv) の第 1 式について示そう．他も全く同様である．(7.1), (7.2), (7.4) より $(xy^{-1})y=x(y^{-1}y)=x1=x$. 逆に $x=zy$ ならば $z=z1=z(yy^{-1})=(zy)y^{-1}=xy^{-1}$ で，（ii）よりこれは一意に定まる．とくに $y=y1$ だから，一意性より $y=yz$ ならば $z=1$.

（v）$x0=x(0+0)=x0+x0$ だから，(iii) の後半より $x0=0$ で，同様に $0y=0$ がわかる．逆に $xy=0$，$y \neq 0$，ならば，前半より $0y=0$ だから (iv)

の一意性より $x=0$. $x \neq 0$ ならば $y=0$ となることも同様である.　(証終)

§1.2 で実数の和・積としてまとめたことは次の定理を意味している.

**定理 7.2**　実数の集合 $\boldsymbol{R}$ は普通の和・積により可換体をなす.

$\boldsymbol{R}$ は普通**実数体**とよばれている.

**例題 1**　整数の集合 $\boldsymbol{Z}$ における実数と同じ和・積は (7.1)～(7.3), (7.5)をみたしている. このようなものは**単位可換環**とよばれており, $\boldsymbol{Z}$ は普通**有理整数環**とよばれる. 単位可換環においても定理 7.1(i), $x^{-1}$ を除く(ii)および(iii)が成り立ち, $\boldsymbol{Z}$ に対してはその(v)も成り立つ.

**例題 2**　有理数の集合 $\boldsymbol{Q}$ は実数と同じ和・積によって可換体をなし, **有理数体**とよばれる.

体のもう1つの重要な例は次の複素数体である.

実数体 $\boldsymbol{R}$ の直積

$$\boldsymbol{C}=\boldsymbol{R}\times\boldsymbol{R}$$

において, 和と積を次式で定義する.

$$(7.6)\qquad \begin{cases} (x_1, x_2)+(y_1, y_2)=(x_1+y_1, x_2+y_2), \\ (x_1, x_2)(y_1, y_2)=(x_1y_1-x_2y_2, x_1y_2+x_2y_1). \end{cases}$$

ここに $(x_1, x_2), (y_1, y_2)\in\boldsymbol{C}$ で右辺の演算は実数体の演算である.

このとき次の定理は容易に確かめることができる.

**定理 7.3**　$\boldsymbol{C}$ は (7.6)の和・積により可換体をなす. とくに(7.2)の零元, 単位元は $0=(0,0), 1=(1,0)$ で, (7.3), (7.4) の逆元はそれぞれ次式で与えられる.

$$-(x_1, x_2)=(-x_1, -x_2),\quad (x_1, x_2)^{-1}=(x_1/(x_1{}^2+x_2{}^2)^{1/2}, -x_2/(x_1{}^2+x_2{}^2)^{1/2}).$$

$\boldsymbol{C}$ を**複素数体**, その元 $(x_1, x_2)$ を**複素数**とよぶ.

$$(7.7)\qquad i=(0,1),\qquad i^2=-1,$$

を**虚数単位**とよぶが, (7.6) より

$$(x_1, x_2)=x_1+ix_2$$

と表わされ, (7.6) は $i$ の1次式を和・積の結合律, 可換律, 配分律と (7.7) の第2式によって整理したものであり, 複素数を上式の右辺で書き表わすのが

普通である.

**例題 3** 複素数 $x=x_1+ix_2$ に対し,

$$\bar{x}=x_1-ix_2\in \boldsymbol{C}, \qquad |x|=(x_1{}^2+x_2{}^2)^{1/2}=(x\bar{x})^{1/2}\in \boldsymbol{R},$$

をそれぞれ $x$ の**共役複素数**, **絶対値**とよぶ. このとき

$$|x|=0 \Longleftrightarrow x=0; \qquad x^{-1}=x_1/|x|-ix_2/|x|=\bar{x}/|x|.$$

$$\overline{x+y}=\bar{x}+\bar{y}, \qquad \overline{xy}=\bar{x}\bar{y}.$$

次に**有限体**(有限個の元からなる体)にふれておこう.

$p$ を自然数とし, 0 から $p-1$ までの $p$ 個の整数からなる集合

$$\boldsymbol{Z}_p=\{0, 1, 2, \cdots, p-1\} \qquad (\subset \boldsymbol{Z})$$

において, 和・積を次式で定義する.

$$(7.8) \qquad m+n=[m+n], \qquad mn=[mn].$$

ここに $m, n\in \boldsymbol{Z}_p$ で, 右辺の $m+n, mn$ は整数の和・積であり, 任意の整数 $k$ に対して $[k]$ は $k$ を $p$ で割ったときの余り, すなわち

$$(7.9) \qquad k=pk'+[k], \qquad k'\in \boldsymbol{Z}, \ 0\leqq [k]\leqq p-1,$$

をみたす整数 $[k]$, を表わすものとする.

**定理 7.4** $p$ は素数とする. このとき $\boldsymbol{Z}_p$ は (7.8) の和・積により可換体をなす. とくに (7.2) の零元, 単位元は 0, 1 で, (7.3) の逆元は $-0=0$,

$$-m=[-m]=p-m \qquad (m\neq 0 \text{ のとき}).$$

さらに各 $m\in \boldsymbol{Z}_p-\{0\}$ に対し $[mn]=1$ をみたす $n\in \boldsymbol{Z}_p-\{0\}$ が存在し, このとき $n=m^{-1}$ が (7.4) の逆元である.

**証明** 任意の整数 $k, k'$ に対し (7.9) より $[k+pk']=[k]$ であることに注意すれば, 任意の整数 $k, l$ に対して

$$[k+l]=[[k]+[l]], \qquad [kl]=[[k][l]]$$

であることが容易にわかる. これらと $k\in \boldsymbol{Z}_p$ ならば $[k]=k$ であることを用いれば, (7.1)～(7.3), (7.5)は簡単な計算で確かめることができる. たとえば

$$[[m+n][k]]=[(m+n)k]=[mk+nk]=[[mk]+[nk]]$$

であり, これは配分律の第1式を示している.

最後の $n\in \boldsymbol{Z}_p$ の存在を示すために, $\boldsymbol{Z}_p$ の部分集合

$$M=\{[mn]|n=1,2,\cdots,p-1\}$$

を考えよう．もし $0\in M$ ならば，$[mn]=0$，$1\leqq n<p$, をみたす整数 $n$ が存在する．定義より $mn$ は $p$ の倍数で，$p$ は素数だから $m,n$ のどちらか一方は $p$ の倍数であり，これは $1\leqq m<p$，$1\leqq n<p$ と矛盾する．また，もし $[mn]=[mn']$，$1\leqq n<n'<p$ をみたす $n,n'$ が存在すれば，$[m(n'-n)]=[[mn']-[mn]]=0$ となり，$1\leqq n'-n<p$ だから上のことより矛盾である．

従って，$M\subset \boldsymbol{Z}_p-\{0\}$ で $M$ の元の数は $p-1$ である．ところが $\boldsymbol{Z}_p-\{0\}$ も $p-1$ 個からなるから，$M=\boldsymbol{Z}_p-\{0\}$ である．故に $1\in M$, すなわち $[mn]=1$ をみたす $m\in \boldsymbol{Z}_p-\{0\}$ の存在，がわかった．　(証終)

この定理の有限体 $\boldsymbol{Z}_p$ は素数 $p$ の**剰余類体**とよばれる．

**例題 4**　一般に集合 $\boldsymbol{Z}_p$ は (7.8) の和・積により単位可換環をなし，$p$ の**剰余類環**とよばれる．例題1の有理整数環 $\boldsymbol{Z}$ とは異なり，定理 7.1(v) は成り立つとは限らない．

［解］　前半は上の定理の証明の前半で示したことである．$p$ が素数でなければ，$p=mn$，$1<m,n<p$ をみたす整数 $m,n$ が存在し，$\boldsymbol{Z}_p$ において $m\neq 0$, $n\neq 0$ であるが，$mn=[p]=0$ である．　(以上)

**問 1**　複素数の絶対値について次式が成り立つ．

$$||x|-|y||\leqq|x\pm y|\leqq|x|+|y|,\qquad |xy|=|x||y|.$$

**問 2**　任意の複素数は $x=r(\cos\theta+i\sin\theta), |x|=r$, と表わすことができる．このとき

$$(r(\cos\theta+i\sin\theta))(s(\cos\varphi+i\sin\varphi))=rs(\cos(\theta+\varphi)+i\sin(\theta+\varphi)).$$

## 7.2 体上のベクトル空間，複素計量ベクトル空間

さて，§6.1 で定義したベクトル空間を一般化して，任意の体 $K$ 上のベクトル空間を考えることができる．

体 $K$ が与えられたとする．集合 $\boldsymbol{L}$ において，写像

$$+:\boldsymbol{L}\times\boldsymbol{L},\quad +(\boldsymbol{a},\boldsymbol{b})=\boldsymbol{a}+\boldsymbol{b}\qquad(\boldsymbol{a},\boldsymbol{b}\in\boldsymbol{L}),$$

$$\cdot:K\times\boldsymbol{L},\quad \cdot(x,\boldsymbol{a})=x\boldsymbol{a}\qquad(x\in K,\boldsymbol{a}\in\boldsymbol{L}),$$

が与えられて，$\boldsymbol{R}$ のかわりに $K$ とおいた (6.1)〜(6.6) である次の性質 (7.10)〜(7.12) が成り立つとする．

(7.10) 任意の $\boldsymbol{a}, \boldsymbol{b}, \boldsymbol{c} \in \boldsymbol{L}$，$x, y \in K$ に対し

$$(\boldsymbol{a}+\boldsymbol{b})+\boldsymbol{c}=\boldsymbol{a}+(\boldsymbol{b}+\boldsymbol{c}), \quad \boldsymbol{a}+\boldsymbol{b}=\boldsymbol{b}+\boldsymbol{a}, \quad 1\boldsymbol{a}=\boldsymbol{a},$$
$$(xy)\boldsymbol{a}=x(y\boldsymbol{a}), \quad (x+y)\boldsymbol{a}=x\boldsymbol{a}+y\boldsymbol{a}, \quad x(\boldsymbol{a}+\boldsymbol{b})=x\boldsymbol{a}+x\boldsymbol{b}.$$

ここに第3式の $1 \in K$ は体 $K$ の単位元，第 4,5 式の $xy, x+y$ は $K$ の積，和である．

(7.11) 元 $\boldsymbol{o} \in \boldsymbol{L}$ が存在して，任意の $\boldsymbol{a} \in \boldsymbol{L}$ に対し $\boldsymbol{a}+\boldsymbol{o}=\boldsymbol{a}$.

(7.12) 任意の元 $\boldsymbol{a} \in \boldsymbol{L}$ に対し，元 $-\boldsymbol{a} \in \boldsymbol{L}$ が存在して $\boldsymbol{a}+(-\boldsymbol{a})=\boldsymbol{o}$.

このとき，$\boldsymbol{L}$ は**体** $K$ **上のベクトル空間**または**線形空間**とよばれる．$\boldsymbol{L}$ の元を $K$ 上の**ベクトル**，体 $K$ の元を**スカラー**とよび，$\boldsymbol{a}+\boldsymbol{b}, x\boldsymbol{a} \in \boldsymbol{L}$ をそれぞれベクトルの**和**，**スカラー倍**とよぶ．定理 6.1 と全く同様に，(7.11) の $\boldsymbol{o} \in \boldsymbol{L}$，および $\boldsymbol{a} \in \boldsymbol{L}$ に対する (7.12) の $-\boldsymbol{a} \in \boldsymbol{L}$，は一意に定まることがわかり，$\boldsymbol{o}$ は**零ベクトル**，$-\boldsymbol{a}$ はベクトル $\boldsymbol{a}$ の**逆元**とよばれる．

前章までのベクトル空間は実数体 $\boldsymbol{R}$ 上のベクトル空間であり，**実ベクトル空間**とよばれるのが普通である．同様に複素数体 $\boldsymbol{C}$ 上のベクトル空間は**複素ベクトル空間**とよばれる．

体 $K$ の和・積の演算は実数体 $\boldsymbol{R}$ の和・積の演算と同様の性質をもつから，前章でのべたことのうち計量ベクトル空間に関係しないものは，$\boldsymbol{R}$ を $K$ でおきかえて体 $K$ 上のベクトル空間に対して成り立つことが全く同様の証明で示される．すなわち与えられた体 $K$ 上のベクトル空間について，$\boldsymbol{R}^n$ の一般化としてベクトル空間 $K^n$ が定義され，**線形部分空間**，**線形写像**，**同形写像**，**線形結合**，**有限生成**，**(線形)独立・従属**，**基底・次元**などの概念を定義することができて，§§ 6.1, 6.2 の結果は $\boldsymbol{R}$ を $K$ でおきかえて成り立つ．さらに $K$ の元からなる**行列**，$K$ 上の**アフィン空間**なども考察することができて，§ 6.4 の定理 6.31 までおよび § 6.5 の定理 6.42 までの結果についても同様である[1]．

**例題 1** 素数 $p$ に対する定理 7.4 の剰余類体 $\boldsymbol{Z}_p$ 上のベクトル空間 $\boldsymbol{L}$ が $n$ 次元であるためには，$\boldsymbol{L}$ のベクトルの個数は $np$ であることが必要十分で

1) 一般の体では積の可換性を仮定していないが，前章のこれらの結果は実数の積の可換性を用いていないことに注意しておこう．さらに前章の附録でのべた無限次元の場合も同様に一般化できる．なお計量性は (6.20) で実数の大小を用いており，そのままの形では一般化できない．

ある．従って $\boldsymbol{Z}_p$ 上の2つの有限生成ベクトル空間が同形であるためには，それらのベクトルの個数は等しいことが必要十分である．

［解］ $\boldsymbol{Z}_p$ は定義より $p$ 個の元からなるから，その $n$ 個の直積 $(\boldsymbol{Z}_p)^n$ は $np$ 個の元からなる．従って，求める結果は $\boldsymbol{Z}_p$ 上のベクトル空間に対する定理 6.14 よりただちにわかる．（以上）

**例題 2** 実ベクトル空間 $\boldsymbol{L}$ が与えられたとき，直積 $\boldsymbol{L}\times\boldsymbol{L}$ において

$$(7.13)\quad \begin{aligned}&(\boldsymbol{a}_1, \boldsymbol{a}_2)+(\boldsymbol{b}_1, \boldsymbol{b}_2)=(\boldsymbol{a}_1+\boldsymbol{a}_2, \boldsymbol{b}_1+\boldsymbol{b}_2),\\ &(x_1+ix_2)(\boldsymbol{a}_1, \boldsymbol{a}_2)=(x_1\boldsymbol{a}_1-x_2\boldsymbol{a}_2, x_2\boldsymbol{a}_1+x_1\boldsymbol{a}_2),\end{aligned}$$

$(\boldsymbol{a}_i, \boldsymbol{b}_i\in\boldsymbol{L}, x_1+ix_2\in\boldsymbol{C})$ と定義すれば，$\boldsymbol{L}_C=\boldsymbol{L}\times\boldsymbol{L}$ はこれらを和・複素数倍として複素ベクトル空間をなす．$\boldsymbol{L}_C$ は $\boldsymbol{L}$ の**複素化**とよばれる．さらに $\boldsymbol{L}$ が $n$ 次元実ベクトル空間ならば $\boldsymbol{L}_C$ は $n$ 次元複素ベクトル空間である．実際 $\boldsymbol{L}$ の基底 $\boldsymbol{e}_1, \cdots, \boldsymbol{e}_n$ が与えられたとき，$(\boldsymbol{e}_1, \boldsymbol{e}_1), \cdots, (\boldsymbol{e}_n, \boldsymbol{e}_n)$ は $\boldsymbol{L}_C$ の基底となる．

［解］ $\boldsymbol{L}_C$ が複素ベクトル空間をなすことは，定理 7.3 と全く同様に容易に確かめられる．任意の $(\boldsymbol{a}_1, \boldsymbol{a}_2)\in\boldsymbol{L}_C$ に対し，$\sum=\sum_{j=1}^{n}$ として

$$\boldsymbol{a}_1=\sum a_{1j}\boldsymbol{e}_j, \qquad \boldsymbol{a}_2=\sum a_{2j}\boldsymbol{e}_j \qquad (a_{1j}, a_{2j}\in\boldsymbol{R}),$$

$$x_{1j}=(a_{1j}+a_{2j})/2, \qquad x_{2j}=(a_{2j}-a_{1j})/2\in\boldsymbol{R},$$

とおけば，(7.13) より容易に

$$\sum(x_{1j}+ix_{2j})(\boldsymbol{e}_j, \boldsymbol{e}_j)=(\sum a_{1j}\boldsymbol{e}_j, \sum a_{2j}\boldsymbol{e}_j)=(\boldsymbol{a}_1, \boldsymbol{a}_2)$$

がわかり，$\boldsymbol{L}_C$ は $(\boldsymbol{e}_j, \boldsymbol{e}_j)\,(1\leqq j\leqq n)$ ではられる．またこの第1項が $\boldsymbol{o}=(\boldsymbol{o}, \boldsymbol{o})$ ならば $a_{1j}=a_{2j}=0$，従って $x_{1j}=x_{2j}=0\ (1\leqq j\leqq n)$ となり，$(\boldsymbol{e}_j, \boldsymbol{e}_j)\,(1\leqq j\leqq n)$ は独立である．（以上）

以後，複素数体 $\boldsymbol{C}$ 上のベクトル空間，すなわち複素ベクトル空間，についてさらに考察しよう．

複素ベクトル空間に対しては，§6.3 の計量性の考察を次のように一般化できる．

複素ベクトル空間 $\boldsymbol{L}$ において，$\boldsymbol{a}, \boldsymbol{b}\in\boldsymbol{L}$ に対してスカラー $(\boldsymbol{a}, \boldsymbol{b})\in\boldsymbol{C}$ が一意に定まり，次の性質 (7.14), (7.15) が成り立つとする[1]．

---

1)　(6.18)～(6.20) とは一部が共役複素数となっている点が異なっている．

$$(x\boldsymbol{a}+y\boldsymbol{b},\boldsymbol{c})=x(\boldsymbol{a},\boldsymbol{c})+y(\boldsymbol{b},\boldsymbol{c}),$$

(7.14) $$(\boldsymbol{c},x\boldsymbol{a}+y\boldsymbol{b})=\bar{x}(\boldsymbol{c},\boldsymbol{a})+\bar{y}(\boldsymbol{c},\boldsymbol{b}).$$ (共役線形性)

$$(\boldsymbol{a},\boldsymbol{b})=\overline{(\boldsymbol{b},\boldsymbol{a})}.$$

(7.15) $$(\boldsymbol{a},\boldsymbol{a})\geqq 0;\qquad (\boldsymbol{a},\boldsymbol{a})=0 \Longleftrightarrow \boldsymbol{a}=\boldsymbol{o}.$$ (正値性)

ここに $\boldsymbol{a},\boldsymbol{b},\boldsymbol{c}\in\boldsymbol{L}$, $x,y\in\boldsymbol{C}$ であり, $\bar{x}$ は $x$ の共役複素数である. なお (7.15) で $(\boldsymbol{a},\boldsymbol{a})$ が実数であることは (7.14) の $(\boldsymbol{a},\boldsymbol{a})=\overline{(\boldsymbol{a},\boldsymbol{a})}$ よりわかる.

このとき, $\boldsymbol{L}$ を $(\boldsymbol{a},\boldsymbol{b})$ を内積とする**複素計量ベクトル空間**とよぶ. 実計量ベクトル空間の場合と区別するために, 複素ベクトルの内積を**エルミート**(Hermite)(**内**)**積**とよぶことも多い.

複素数体 $\boldsymbol{C}$ に対して定理 6.2 の $\boldsymbol{R}^n$ と同様に定義される **$n$ 次元複素数ベクトル空間** $\boldsymbol{C}^n$ において, $\boldsymbol{a}=(a_1,\cdots,a_n)$, $\boldsymbol{b}=(b_1,\cdots,b_n)\in\boldsymbol{C}^n$ に対し

(7.16) $$(\boldsymbol{a},\boldsymbol{b})=\sum_{i=1}^{n}a_i\bar{b}_i\in\boldsymbol{C}$$

と定義する. このとき, 定理 6.18 と同様な次の定理が成り立つ.

**定理 7.5** $\boldsymbol{C}^n$ は (7.16) の $(\boldsymbol{a},\boldsymbol{b})$ を内積として複素計量ベクトル空間となる.

**証明** 複素数の和・積の性質および共役複素数の前節例題3の性質より容易に確かめられる. (証終)

複素計量ベクトル空間 $\boldsymbol{L}$ において (7.15) による実数

(7.17) $$|\boldsymbol{a}|=(\boldsymbol{a},\boldsymbol{a})^{1/2}\geqq 0 \qquad (\boldsymbol{a}\in\boldsymbol{L})$$

をベクトル $\boldsymbol{a}$ の**長さ**または**ノルム**とよぶ. このとき, 定理 6.19 と同様に次の定理が成り立つ.

**定理 7.6** (i) $|\boldsymbol{a}|=0\Longleftrightarrow\boldsymbol{a}=\boldsymbol{o};\qquad |x\boldsymbol{a}|=|x||\boldsymbol{a}| \qquad (\boldsymbol{a}\in\boldsymbol{L},x\in\boldsymbol{C}).$

(ii) $$|(\boldsymbol{a},\boldsymbol{b})|\leqq|\boldsymbol{a}||\boldsymbol{b}| \qquad (\boldsymbol{a},\boldsymbol{b}\in\boldsymbol{L})$$

であり, $\boldsymbol{a},\boldsymbol{b}$ が従属のときに限り等号が成り立つ.

(iii) $$|\boldsymbol{a}+\boldsymbol{b}|\leqq|\boldsymbol{a}|+|\boldsymbol{b}| \qquad (\boldsymbol{a},\boldsymbol{b}\in\boldsymbol{L}).$$ (三角不等式)

**証明** (i) はじめの同値は (7.15) である. また (7.14) より $(x\boldsymbol{a},x\boldsymbol{a})=x\bar{x}(\boldsymbol{a},\boldsymbol{a})=|x|^2(\boldsymbol{a},\boldsymbol{a})$.

（ii） $\boldsymbol{b}=\boldsymbol{o}$ ならば両辺は0で成り立つ．任意の $x, y\in \boldsymbol{C}$ に対し (7.15), (7.14)より

$$0\leqq |x\boldsymbol{a}+y\boldsymbol{b}|^2=|x|^2|\boldsymbol{a}|^2+x\bar{y}(\boldsymbol{a},\boldsymbol{b})+y\bar{x}\overline{(\boldsymbol{a},\boldsymbol{b})}+|y|^2|\boldsymbol{b}|^2.$$

ここで $x=|\boldsymbol{b}|^2,\ y=-(\boldsymbol{a},\boldsymbol{b})$ とおけば，最後は

$$x^2|\boldsymbol{a}|^2-x|y|^2-x|y|^2+x|y|^2=x(|\boldsymbol{a}|^2|\boldsymbol{b}|^2-|(\boldsymbol{a},\boldsymbol{b})|^2)$$

となり，$x>0$ だから求める結果がえられる．

（iii） （ii）を用いて次のように示される．

$$|\boldsymbol{a}+\boldsymbol{b}|^2=|\boldsymbol{a}|^2+(\boldsymbol{a},\boldsymbol{b})+\overline{(\boldsymbol{a},\boldsymbol{b})}+|\boldsymbol{b}|^2\leqq|\boldsymbol{a}|^2+2|(\boldsymbol{a},\boldsymbol{b})|+|\boldsymbol{b}|^2$$
$$\leqq|\boldsymbol{a}|^2+2|\boldsymbol{a}||\boldsymbol{b}|+|\boldsymbol{b}|^2=(|\boldsymbol{a}|+|\boldsymbol{b}|)^2.$$

（証終）

ベクトル $\boldsymbol{a},\boldsymbol{b}\in\boldsymbol{L}$ に対して

(7.18) $$\boldsymbol{a}\perp\boldsymbol{b}\Longleftrightarrow(\boldsymbol{a},\boldsymbol{b})=0$$

と定義し，このとき $\boldsymbol{a},\boldsymbol{b}$ は**垂直**であるという．また $\boldsymbol{L}$ の $\boldsymbol{o}$ でないベクトル $\boldsymbol{a}_1,\cdots,\boldsymbol{a}_n$ はその任意の2つが垂直のとき**直交系**をなすという．さらにそれらがすべて**単位ベクトル**(長さが1のベクトル)のとき，**正規直交系**をなすという．

次の補題は実ベクトル空間の補題 6.20（補題 4.22）と全く同様に示される．

**補題 7.7** （i） $\boldsymbol{a}\perp\boldsymbol{b},\ \boldsymbol{a}\perp\boldsymbol{c}$ ならば，任意の $x,y\in\boldsymbol{C}$ に対し

$$\boldsymbol{b}\perp\boldsymbol{a},\ x\boldsymbol{a}\perp y\boldsymbol{b},\ \boldsymbol{a}\perp(x\boldsymbol{b}+y\boldsymbol{c}).$$

（ii） $\boldsymbol{L}$ の直交系 $\boldsymbol{a}_1,\cdots,\boldsymbol{a}_n$ は独立で，またこのとき $\boldsymbol{a}_1/|\boldsymbol{a}_1|,\cdots,\boldsymbol{a}_n/|\boldsymbol{a}_n|$ は正規直交系をなす．このように直交系から正規直交系をつくることを**正規化**とよぶ．

さて，$\boldsymbol{L}$ が有限生成複素計量ベクトル空間の場合を考えよう．$\boldsymbol{L}$ の基底 $\boldsymbol{e}_1,\cdots,\boldsymbol{e}_n(n=\dim\boldsymbol{L})$ で(正規)直交系をなすものを $\boldsymbol{L}$ の**(正規)直交基底**とよぶ．このとき，定理 6.22 と同様な次の定理は定義と複素ベクトル空間に対する定理 6.11 より証明できる．

**定理 7.8** $n$ 次元複素計量ベクトル空間 $\boldsymbol{L}^n$ において，$\boldsymbol{e}_1,\cdots,\boldsymbol{e}_n$ が $\boldsymbol{L}^n$ の正規直交基底であるためには，内積に関する次式が必要十分である．

(7.19) $$(\boldsymbol{e}_i,\boldsymbol{e}_j)=\delta_{ij}\qquad(1\leqq i,j\leqq n).$$

さらに，このとき任意の $\boldsymbol{a}\in\boldsymbol{L}^n$ は一意に $\boldsymbol{a}=\sum_{i=1}^{n}a_i\boldsymbol{e}_i\,(a_i\in\boldsymbol{C})$ と表わされるが，

(7.20) $a_i=(\boldsymbol{a}, \boldsymbol{e}_i) \quad (1\leqq i\leqq n), \qquad |\boldsymbol{a}|=(\sum_{i=1}^{n}|\boldsymbol{a}_i|^2)^{1/2}.$

さらに，内積は次式で与えられる．

(7.21) $(\sum_{i=1}^{n}a_i\boldsymbol{e}_i, \sum_{i=1}^{n}b_i\boldsymbol{e}_i)=\sum_{i=1}^{n}a_i\bar{b}_i.$

**定理 7.9** 定理 7.5 の複素計量ベクトル空間 $\boldsymbol{C}^n$ は $n$ 個のベクトル

$$\mathbf{1}_i=(\delta_{i1}, \cdots, \delta_{ii}, \cdots, \delta_{in})\in\boldsymbol{C}^n, \qquad 1\leqq i\leqq n,$$

を正規直交基底としてもつ．

次の**シュミットの直交化法**は定理 6.24 と同じ証明で示される．

**定理 7.10** $n$ 次元複素計量ベクトル空間 $\boldsymbol{L}^n$ の基底 $\boldsymbol{e}_1, \cdots, \boldsymbol{e}_n$ が与えられたとき，$\boldsymbol{L}^n$ の正規直交基底 $\boldsymbol{e}_1', \cdots, \boldsymbol{e}_n'$ で $\boldsymbol{e}_i'\in L(\boldsymbol{e}_1, \cdots, \boldsymbol{e}_i)$ $(1\leqq i\leqq n)$ をみたすものが存在する．

複素計量ベクトル空間 $\boldsymbol{L}, \boldsymbol{M}$ に対して，内積をかえない同形写像

$$\boldsymbol{f}:\boldsymbol{L}\approx\boldsymbol{M},$$

$$\boldsymbol{f}(\sum_{i=1}^{n}x_i\boldsymbol{a}_i)=\sum_{i=1}^{n}x_i\boldsymbol{f}(\boldsymbol{a}_i), \qquad (\boldsymbol{f}(\boldsymbol{a}), \boldsymbol{f}(\boldsymbol{b}))=(\boldsymbol{a}, \boldsymbol{b}),$$

$(\boldsymbol{a}_i, \boldsymbol{a}, \boldsymbol{b}\in\boldsymbol{L}, x_i\in\boldsymbol{C})$ を**計量同形写像**とよび，そのような $\boldsymbol{f}$ が存在するとき $\boldsymbol{L}, \boldsymbol{M}$ は**計量同形**であるという．このとき，定理 7.5, 7.8～7.10 より次の定理が成り立つ．

**定理 7.11** (i) 任意の $n$ 次元複素計量ベクトル空間 $\boldsymbol{L}^n$ とその正規直交基底 $\boldsymbol{e}_1, \cdots, \boldsymbol{e}_n$ が与えられたとき，

(7.22) $\varphi:\boldsymbol{C}^n\approx\boldsymbol{L}^n, \qquad \varphi(a_1, \cdots, a_n)=\sum_{i=1}^{n}a_i\boldsymbol{e}_i \quad (a_i\in\boldsymbol{C}),$

は定理 7.5 の $\boldsymbol{C}^n$ から $\boldsymbol{L}^n$ への計量同形写像である．逆に任意の計量同形写像 $\varphi:\boldsymbol{C}^n\approx\boldsymbol{L}$ が与えられたとき，定理 7.9 の正規直交基底 $\mathbf{1}_i\in\boldsymbol{C}^n (1\leqq i\leqq n)$ の像 $\varphi(\mathbf{1}_i) (1\leqq i\leqq n)$ は $\boldsymbol{L}$ の正規直交基底である．

(ii) 2つの有限生成複素計量ベクトル空間 $\boldsymbol{L}, \boldsymbol{M}$ が計量同形であるためには，次元が等しいこと $\dim\boldsymbol{L}=\dim\boldsymbol{M}$ が必要十分である．

**例題 3** §6.3 例題 4 は複素計量ベクトル空間に対しても成り立ち，**直交補**

空間が考えられる．

**問 1**　複素ベクトル空間 $\boldsymbol{L}$ が与えられたとき，同じ和 $\boldsymbol{a}+\boldsymbol{b}$ および実数 $x$ を複素数 $x=x+i0\in\boldsymbol{C}$ とみたスカラー倍 $x\boldsymbol{a}$ $(x\in\boldsymbol{R})$ によって，$\boldsymbol{L}$ は実ベクトル空間となる．

**問 2**　$n$ 次元複素ベクトル空間 $\boldsymbol{L}$ に対し，上の問の実ベクトル空間 $\boldsymbol{L}$ は $2n$ 次元である．実際前者の基底 $\boldsymbol{e}_1,\cdots,\boldsymbol{e}_n$ が与えられたとき，$\boldsymbol{e}_1,i\boldsymbol{e}_1,\cdots,\boldsymbol{e}_n,i\boldsymbol{e}_n$ は後者の基底となる．

**問 3**　実計量ベクトル空間 $\boldsymbol{L}$ の例題2の複素化 $\boldsymbol{L}_C$ は，ベクトル $\boldsymbol{a}=(\boldsymbol{a}_1,\boldsymbol{a}_2)$，$\boldsymbol{b}=(\boldsymbol{b}_1,\boldsymbol{b}_2)\in\boldsymbol{L}_C$ の内積 $(\boldsymbol{a},\boldsymbol{b})\in\boldsymbol{C}$ を

$$(\boldsymbol{a},\boldsymbol{b})=(\boldsymbol{a}_1,\boldsymbol{b}_1)+(\boldsymbol{a}_2,\boldsymbol{b}_2)+i((\boldsymbol{a}_2,\boldsymbol{b}_1)-(\boldsymbol{a}_1,\boldsymbol{b}_2))$$

(右辺の $(\ ,\ )\in\boldsymbol{R}$ は $\boldsymbol{L}$ の内積)と定義すれば，複素計量ベクトル空間となる．

## 7.3　ユニタリ変換，直交変換(つづき)

実計量ベクトル空間の直交変換に対応して，複素計量ベクトル空間 $\boldsymbol{L}$ からそれ自身への計量同形写像 $\boldsymbol{f}:\boldsymbol{L}\approx\boldsymbol{L}$ を $\boldsymbol{L}$ の**ユニタリ**(unitary)**変換**とよぶ．

**定理 7.12**　$\boldsymbol{L}$ のユニタリ変換全体の集合 $U(\boldsymbol{L})$ は定理 6.32 と同様に写像の合成を積として群をなす．これは $\boldsymbol{L}$ の**ユニタリ変換群**とよばれる．$\dim\boldsymbol{L}=n$ のとき $U(\boldsymbol{L})$ は定理 7.5 の $n$ 次元複素計量数ベクトル空間 $\boldsymbol{C}^n$ のユニタリ変換群 $U(\boldsymbol{C}^n)$ と同一視でき，後者は $U(n)$ と書き表わされ，$\boldsymbol{n}$ **次ユニタリ群**とよばれる．

定理 6.33 と同様に次の定理が成り立つ．

**定理 7.13**　$n$ 次元複素計量ベクトル空間 $\boldsymbol{L}^n$ の定理 7.10 による正規直交基底を $\boldsymbol{e}_1,\cdots,\boldsymbol{e}_n$ とする．

(i)　線形写像 $\boldsymbol{f}:\boldsymbol{L}^n\to\boldsymbol{L}^n$ が

$$\boldsymbol{f}(\boldsymbol{e}_i)=\sum_{j=1}^{n}f_{ji}\boldsymbol{e}_j,\qquad f_{ji}\in\boldsymbol{C},\qquad (1\leqq i\leqq n),\tag{7.23}$$

で与えられるとき，$\boldsymbol{f}$ がユニタリ変換であるためには，(7.23) の $n$ 個のベクトルが $\boldsymbol{L}$ の正規直交基底であること，すなわち

$$(\boldsymbol{f}(\boldsymbol{e}_i),\boldsymbol{f}(\boldsymbol{e}_j))=\sum_{k=1}^{n}f_{ki}\bar{f}_{kj}=\delta_{ij}\qquad(1\leqq i,j\leqq n),\tag{7.24}$$

が必要十分である．

(ii)　(i)のとき $\boldsymbol{f}$ の逆写像であるユニタリ変換 $\boldsymbol{f}^{-1}:\boldsymbol{L}^n\to\boldsymbol{L}^n$ は

(7.25) $$\boldsymbol{f}^{-1}(\boldsymbol{e}_i)=\sum_{j=1}^{n}\bar{f}_{ij}\boldsymbol{e}_j \qquad (1\leqq i\leqq n)$$

で与えられ，従って次式も成り立つ．

(7.26) $$(\boldsymbol{f}^{-1}(\boldsymbol{e}_i),\boldsymbol{f}^{-1}(\boldsymbol{e}_j))=\sum_{k=1}^{n}\bar{f}_{ik}f_{jk}=\delta_{ij} \qquad (1\leqq i,j\leqq n).$$

**証明** (i) $\boldsymbol{f}$ がユニタリ変換ならば，内積をかえないから (7.19), (7.21) より (7.24) がわかる．逆に (7.24) ならば $(\boldsymbol{e}_i,\boldsymbol{e}_j)=(\boldsymbol{f}(\boldsymbol{e}_i),\boldsymbol{f}(\boldsymbol{e}_j))$ で (7.13) より $\boldsymbol{f}$ は内積をかえないことがわかる．

(ii) (7.25) の $\boldsymbol{f}^{-1}$ は (7.24) より

$$\boldsymbol{f}^{-1}(\boldsymbol{f}(\boldsymbol{e}_i))=\sum_{j=1}^{n}f_{ji}\sum_{k=1}^{n}\bar{f}_{jk}\boldsymbol{e}_k=\sum_{k=1}^{n}(\sum_{j=1}^{n}f_{ji}\bar{f}_{jk})\boldsymbol{e}_k=\boldsymbol{e}_i,$$

従って $\boldsymbol{f}^{-1}\circ\boldsymbol{f}=1_L$ であり，$\boldsymbol{f}^{-1}$ は全単射 $\boldsymbol{f}$ の逆写像であるユニタリ変換であることがわかる． （証終）

線形写像 $\boldsymbol{f}:\boldsymbol{L}^n\to\boldsymbol{L}^n$ に対し，(7.23) により対応する**複素行列** $F=(f_{ji})$ の各要素の共役複素数をとった**共役行列** $\bar{F}=(\bar{f}_{ji})$ をつくり，さらにその転置行列 ${}^t\bar{F}=(\bar{f}_{ij})$ を $F^*$ で表わして $F$ の**随伴行列**とよぶ．さらに $F^*$ に対応する線形写像

$$\boldsymbol{f}^*:\boldsymbol{L}^n\to\boldsymbol{L}^n, \qquad \boldsymbol{f}^*(\boldsymbol{e}_i)=\sum_{i=1}^{n}\bar{f}_{ij}\boldsymbol{e}_j \qquad (1\leqq i\leqq n),$$

を $\boldsymbol{f}$ の**随伴写像**とよぶが，(7.25) および (7.24), (7.26) は

(7.27) $$\boldsymbol{f}^{-1}=\boldsymbol{f}^*, \qquad \boldsymbol{f}^*\circ\boldsymbol{f}=1_{L^n}=\boldsymbol{f}\circ\boldsymbol{f}^*,$$

を意味しており，この第 2 式をみたす線形写像 $\boldsymbol{f}$ がユニタリ変換であると定義してもよい．またユニタリ変換 $\boldsymbol{f}$ に対応する複素行列 $F=(f_{ji})$ を $n$ 次**ユニタリ行列**とよぶが，これは

$$F^*F=E=FF^* \quad \text{すなわち} \quad F^*=F^{-1}$$

($E=(\delta_{ji})$ は単位行列)であるものと定義できる．

さらに定理 6.34 と同様に次の定理がえられる．

**定理 7.14** $n$ 次元複素計量ベクトル空間 $\boldsymbol{L}^n$ の 2 つの正規直交基底 $\boldsymbol{e}_1,\cdots,\boldsymbol{e}_n$ および $\boldsymbol{e}_1',\cdots,\boldsymbol{e}_n'$，すなわち定理 7.11 の 2 つの計量同形写像

$$\varphi, \varphi' : \boldsymbol{C}^n \to \boldsymbol{L}^n, \quad \varphi(\mathbf{1}_i) = \boldsymbol{e}_i, \quad \varphi'(\mathbf{1}_i) = \boldsymbol{e}_i' \quad (1 \leqq i \leqq n),$$

が与えられたとする.

（i） 基底の取り替えの**座標変換** $T = \varphi'^{-1} \circ \varphi$ は $\boldsymbol{C}^n$ のユニタリ変換である.

（ii） 線形写像 $\boldsymbol{f} : \boldsymbol{L}^n \to \boldsymbol{L}^n$ に第1の基底により対応する $F = \varphi^{-1} \circ \boldsymbol{f} \circ \varphi$ を $T$ で変換した第2の基底による $F' = \varphi'^{-1} \circ \boldsymbol{f} \circ \varphi'$ は次式で与えられる.

$$F' = T \circ F \circ T^{-1} = T \circ F \circ T^*.$$

さて，ユニタリ変換についてさらに調べるために，§5.5 の固有値の概念を一般化しよう.

線形写像 $\boldsymbol{f} : \boldsymbol{L}^n \to \boldsymbol{L}^n$ に対して，(5.43) と同様に，

$$\boldsymbol{f}(\boldsymbol{u}) = \lambda \boldsymbol{u}, \quad \boldsymbol{u} \neq \boldsymbol{o}, \tag{7.28}$$

をみたすベクトル $\boldsymbol{u} \in \boldsymbol{L}^n$ が存在するようなスカラー $\lambda \in \boldsymbol{C}$ を $\boldsymbol{f}$ の**固有値**とよび，そのような $\boldsymbol{u}$ を固有値 $\lambda$ に属する**固有ベクトル**とよぶ.

このとき，定理 5.36 と同様な次の定理が成り立つが，これを証明なしに引用しよう.

**定理 7.15** 複素ベクトル空間 $\boldsymbol{L}^n$ からそれ自身への任意の線形写像 $\boldsymbol{f} : \boldsymbol{L}^n \to \boldsymbol{L}^n$ は固有値をもつ[1)].

この定理を用いれば，直交変換に対する定理 5.32 に対応して，ユニタリ変換に対する次の定理が証明できる.

**定理 7.16** $n$ 次元複素計量ベクトル空間 $\boldsymbol{L}^n$ の任意のユニタリ変換 $\boldsymbol{f} : \boldsymbol{L}^n \to \boldsymbol{L}^n$ は，$\boldsymbol{L}^n$ の適当な正規直交基底 $\boldsymbol{u}_1, \cdots, \boldsymbol{u}_n$ を選んで次の形に表わすことができる.

$$\boldsymbol{f}(\boldsymbol{u}_i) = \lambda_i \boldsymbol{u}_i, \quad \lambda_i \in \boldsymbol{C}, \quad |\lambda_i| = 1, \quad (1 \leqq i \leqq n). \tag{7.29}$$

ここに $\lambda_1, \cdots, \lambda_n$ は $\boldsymbol{f}$ の固有値である.

---

1) 実際，$\boldsymbol{f}$ を (7.23) で表わすとき，(7.28) は (5.45) と同様に連立方程式

$$\sum_{i=1}^{n} (f_{ji} - \lambda \delta_{ji}) u_i = 0 \quad (1 \leqq j \leqq n)$$

となり，これが $u_i = 0 (1 \leqq i \leqq n)$ 以外の解をもつのはその係数のつくる複素行列 $(f_{ji} - \lambda \delta_{ji})$ の行列式である $\lambda$ の複素係数 $n$ 次式が 0 のときであり，p. 124 の脚注よりそのような $\lambda \in \boldsymbol{C}$ は存在する.詳細は 奥川光太郎著‘線形代数学入門’(基礎数学シリーズ7)の p. 149 を参照されたい.

**証明** まず (7.28) の固有ベクトル $\boldsymbol{u}$ は，必要ならば $\boldsymbol{u}/|\boldsymbol{u}|$ でおきかえて，単位ベクトルととれることに注意しよう．またユニタリ変換 $\boldsymbol{f}$ の固有値 $\lambda$ は，(7.28) ならば

$$(\boldsymbol{u},\boldsymbol{u})=(\boldsymbol{f}(\boldsymbol{u}),\boldsymbol{f}(\boldsymbol{u}))=(\lambda\boldsymbol{u},\lambda\boldsymbol{u})=\lambda\bar{\lambda}(\boldsymbol{u},\boldsymbol{u})$$

だから，$|\lambda|=1$ であり，(7.29) の最後の等式が成り立つ．

定理を $n$ に関する帰納法で証明しよう．$\boldsymbol{f}$ の上の定理による 1つの固有値 $\lambda_1$，それに属する長さ 1 の固有ベクトル $\boldsymbol{u}_1$:

$$(*)\qquad \boldsymbol{f}(\boldsymbol{u}_1)=\lambda_1\boldsymbol{u}_1,\qquad |\boldsymbol{u}_1|=1,$$

および $\boldsymbol{u}_1$ を含む $\boldsymbol{L}^n$ の正規直交基底 $\boldsymbol{u}_1,\boldsymbol{e}_2,\cdots,\boldsymbol{e}_n$ を選ぶ．($\boldsymbol{u}_1$ を含む $\boldsymbol{L}^n$ の基底に定理 7.10 を適用すればよい．) $\boldsymbol{L}^n$ の $n-1$ 次元線形部分空間 $\boldsymbol{L}^{n-1}=L(\boldsymbol{e}_2,\cdots,\boldsymbol{e}_n)$ ($L(\boldsymbol{u}_1)$ の直交補空間である)を考えれば，

$$(\boldsymbol{u}_1,\boldsymbol{f}(\boldsymbol{e}_i))=\lambda^{-1}(\boldsymbol{f}(\boldsymbol{u}_1),\boldsymbol{f}(\boldsymbol{e}_i))=\lambda^{-1}(\boldsymbol{u}_1,\boldsymbol{e}_i)=0\qquad(2\leqq i\leqq n)$$

だから，$\boldsymbol{f}(\boldsymbol{e}_i)\in\boldsymbol{L}^{n-1}$ すなわち $\boldsymbol{f}(\boldsymbol{L}^{n-1})\subset\boldsymbol{L}^{n-1}$ である．従って $\boldsymbol{f}$ の制限

$$\boldsymbol{f}'=\boldsymbol{f}|\boldsymbol{L}^{n-1}:\boldsymbol{L}^{n-1}\to\boldsymbol{L}^{n-1}$$

が考えられ，これは線形写像で内積をかえないから $\boldsymbol{L}^{n-1}$ のユニタリ変換である．いま帰納法により $\boldsymbol{L}^{n-1}$ の適当な正規直交基底 $\boldsymbol{u}_2,\cdots,\boldsymbol{u}_n$ を選んで

$$\boldsymbol{f}'(\boldsymbol{u}_i)=\lambda_i\boldsymbol{u}_i,\qquad \lambda_i\in\boldsymbol{C},\qquad(2\leqq i\leqq n)$$

と表わせば，$\boldsymbol{f}(\boldsymbol{u}_i)=\boldsymbol{f}'(\boldsymbol{u}_i)$ だから (＊) とあわせて $\boldsymbol{f}$ に対する求める形がえられる． (証終)

対応する行列の言葉でいえば，定理 7.14 より，上の定理は次の形となる．

**系 7.17** 任意の $n$ 次ユニタリ行列 $F$ は適当な $n$ 次ユニタリ行列 $T$ で変換して**対角化**できる．すなわち

$$TFT^*=(\lambda_i\delta_{ji})=\begin{bmatrix}\lambda_1 & & & 0\\ & \lambda_2 & & \\ & & \ddots & \\ 0 & & & \lambda_n\end{bmatrix},\qquad \lambda_i\in\boldsymbol{C},\ |\lambda_i|=1\quad(1\leqq i\leqq n),$$

と変形できる．この対角線上の数以外はすべて 0 である正方行列を**対角行列**とよぶ．

さて，定理 7.16 を応用して，直交変換に関する定理 5.32 の一般化を考えよう．

$n$ 次元ユークリッドベクトル空間 $\boldsymbol{R}^n$ の直交変換

$$\boldsymbol{f}:\boldsymbol{R}^n\approx\boldsymbol{R}^n,\ \ \boldsymbol{f}(\boldsymbol{1}_i)=\sum_{j=1}^{n}f_{ji}\boldsymbol{1}_j,\ \ f_{ji}\in\boldsymbol{R}\qquad(1\leqq i,j\leqq n),$$

が与えられたとし，定理 7.5 の $n$ 次元複素数ベクトル空間 $\boldsymbol{C}^n$ の同じ行列で表わされる線形写像

$$\boldsymbol{f_C}:\boldsymbol{C}^n\to\boldsymbol{C}^n,\quad \boldsymbol{f_C}(\boldsymbol{1}_i)=\sum_{j=1}^{n}f_{ji}\boldsymbol{1}_j\qquad(1\leqq i\leqq j),$$

を考える．

このとき $f_{ji}\in\boldsymbol{R}$ で (6.39) が成り立つから，明らかに (7.24) も成り立ち，$\boldsymbol{f_C}$ はユニタリ変換である[1)]．従って定理 7.16 より，$\boldsymbol{C}^n$ の適当な正規直交基底 $\boldsymbol{u}_1,\cdots,\boldsymbol{u}_n$ が在存して

(7.30)　　$\boldsymbol{f_C}(\boldsymbol{u}_i)=\lambda_i\boldsymbol{u}_i,\quad \lambda_i\in\boldsymbol{C},\quad |\lambda_i|=1,\quad (1\leqq i\leqq n),$

と表わされる．ここに $\lambda_1,\cdots,\lambda_n$ は $\boldsymbol{f_C}$ の固有値であり，$f_{ji}\in\boldsymbol{R}$ だからこれらの中に複素数とその共役複素数が対で在存し[2)]，添数を

$$\lambda_{2j}=\bar{\lambda}_{2j-1}\notin\boldsymbol{R}\quad(1\leqq j\leqq m),\qquad \lambda_i\in\boldsymbol{R}\quad(2m+1\leqq i\leqq n),$$

であるようにつけておく．さらに $\boldsymbol{u}=(u_1,\cdots,u_n)\in\boldsymbol{C}^n$ に対し $\bar{\boldsymbol{u}}=(\bar{u}_1,\cdots,\bar{u}_n)\in\boldsymbol{C}^n$ とおけば，$f_{ji}\in\boldsymbol{R}$ だから，$\boldsymbol{f_C}(\boldsymbol{u})=\lambda\boldsymbol{u}$ ならば $\boldsymbol{f_C}(\bar{\boldsymbol{u}})=\bar{\lambda}\bar{\boldsymbol{u}}$ であることが容易に確かめられ，さらに $\lambda\in\boldsymbol{R}$ ならば $\boldsymbol{f_C}(\boldsymbol{u}+\bar{\boldsymbol{u}})=\lambda(\boldsymbol{u}+\bar{\boldsymbol{u}})$ がわかる．また，定理 7.16 の証明からわかるように，$\boldsymbol{u}_i$ は固有値 $\lambda_i$ に属する任意の長さ 1 の固有ベクトルを選ぶことができるから，次式のように選んでおく．

$$\boldsymbol{u}_{2j}=\bar{\boldsymbol{u}}_{2j-1}\quad(1\leqq j\leqq m),\qquad \bar{\boldsymbol{u}}_i=\boldsymbol{u}_i\quad(2m+1\leqq i\leqq n).$$

このとき，

$$\boldsymbol{v}_{2j-1}=(\boldsymbol{u}_{2j-1}+\boldsymbol{u}_{2j})/\sqrt{2},\qquad \boldsymbol{v}_{2j}=(\boldsymbol{u}_{2j-1}-\boldsymbol{u}_{2j})/\sqrt{2}i\qquad(1\leqq j\leqq m),$$

$$\boldsymbol{v}_i=\boldsymbol{u}_i\qquad(2m+1\leqq i\leqq n)$$

とおけば，明らかに $\boldsymbol{v}_i\in\boldsymbol{R}^n(1\leqq i\leqq n)$ であるが，さらにこれは $\boldsymbol{R}^n$ の正規直交基底である．実際，(7.16) の内積 $(\boldsymbol{a},\boldsymbol{b})$ は $\boldsymbol{a},\boldsymbol{b}\in\boldsymbol{R}^n$ のとき $\boldsymbol{R}^n$ の内積

---

1)　直交行列はユニタリ行列であることを意味する．

2)　定理 7.15 の脚注のように，固有値 $\lambda_1,\cdots,\lambda_n$ は $\lambda$ の $n$ 次方程式の根であるが，この場合は実係数 $n$ 次方程式であり，虚根として共役複素数が対で存在しなければならない．

と一致するから，$(\boldsymbol{u}_i, \boldsymbol{u}_j)=\delta_{ij}$ を用いて容易に $(\boldsymbol{v}_i, \boldsymbol{v}_j)=\delta_{ij}$ が確かめられる．

いま $|\lambda_i|=1$ だから $\lambda_i=\pm 1\ (2m+1\leqq i\leqq n)$ で，$\lambda_{2j-1}=\cos\theta_j-i\sin\theta_j=\bar{\lambda}_{2j}$ $(1\leqq j\leqq m)$ とおけば，定義より $\boldsymbol{f}_C|\boldsymbol{R}^n=\boldsymbol{f}$ であることと (7.30) および $\boldsymbol{v}_i$ の定義より，容易に次式が示される．

$$(7.31)\quad \begin{cases} \boldsymbol{f}(\boldsymbol{v}_{2j-1})=\boldsymbol{v}_{2j-1}\cos\theta_j+\boldsymbol{v}_{2j}\sin\theta_j, \\ \boldsymbol{f}(\boldsymbol{v}_{2j})=-\boldsymbol{v}_{2j-1}\sin\theta_j+\boldsymbol{v}_{2j}\cos\theta_j, \end{cases} \quad (1\leqq j\leqq m), \\ \quad\ \boldsymbol{f}(\boldsymbol{v}_i)=\lambda_i\boldsymbol{v}_i, \quad \lambda_i=\pm 1, \quad (2m+1\leqq i\leqq n).$$

以上で，定理 5.32 の一般化である次の定理がえられた．

**定理 7.18**　$\boldsymbol{R}^n$ または一般の $n$ 次元実計量ベクトル空間 $\boldsymbol{L}^n$ の任意の直交変換 $\boldsymbol{f}$ は，その適当な正規直交基底 $\boldsymbol{v}_1, \cdots, \boldsymbol{v}_n$ を選んで (7.31) の形に表わすことができる．ここに $\lambda_{2j-1}=\cos\theta_j-i\sin\theta_j, \lambda_{2j}=\bar{\lambda}_{2j-1}\ (1\leqq j\leqq m), \lambda_i\ (2m+1\leqq i\leqq n)$ は $\boldsymbol{f}$ の(複素数体上での)固有値である．

対応する行列の言葉でいえば，定理 6.34 より，上の定理は次の形となる．

**系 7.19**　任意の $n$ 次直交行列 $F$ は適当な $n$ 次直交行列 $T$ で変換して

$$TF{}^tT=\begin{bmatrix} \begin{matrix}\cos\theta_1 & -\sin\theta_1\\ \sin\theta_1 & \cos\theta_1\end{matrix} & & & & 0 \\ & \ddots & & & \\ & & \begin{matrix}\cos\theta_m & -\sin\theta_m\\ \sin\theta_m & \cos\theta_m\end{matrix} & & \\ & 0 & & \lambda_{2m+1} & \\ & & & & \ddots \\ & & & & & \lambda_n \end{bmatrix},$$

$\lambda_i=\pm 1\ (2m+1\leqq i\leqq n)$，と変形できる．

定理 7.18 において，$\boldsymbol{R}^n$ (または $\boldsymbol{L}^n$) の線形部分空間 $\{\boldsymbol{a}|\boldsymbol{f}(\boldsymbol{a})=-\boldsymbol{a}\}$ は $\lambda_i=-1$ である $\boldsymbol{v}_i$ ではられる．従ってその次元は $\lambda_i=-1$ である $i$ の個数に等しいが，これが偶数のとき $\boldsymbol{f}$ を $\boldsymbol{R}^n$ (または $\boldsymbol{L}^n$)の**回転**とよぶ．このとき，回転の逆写像が回転であることは (7.31) の形から明らかであり，さらに回転の合成も回転であることでわかり[1)]，$\boldsymbol{R}^n$ (または $\boldsymbol{L}^n$)の回転全体のつくる**回転**

1)　$\boldsymbol{f}$ の固有値の積 $\lambda_1\cdots\lambda_n$ は $\boldsymbol{f}$ に対応する行列 $F$ の行列式の値に等しく(前出‘線形代数学入門’ p.150, 問2)，従って回転の定義は$F$の行列式の値が1のときとしてよい．このことと積の行列式は行列式の積に等しいこと(前出‘線形代数学入門’定理 4.2)から，回転の合成は回転であることがわかる．

群 $SO(n)$（または $SO(\boldsymbol{L}^n)$）を考えることができる．

この章の最後に，§5.5 における考察も殆んど同様の証明で一般化できることに注意しておこう．すなわち，$n$ 次元実計量ベクトル空間 $\boldsymbol{L}^n$ の線形写像 $\boldsymbol{f}:\boldsymbol{L}^n\to\boldsymbol{L}^n$ が

$$ {}^t\boldsymbol{f}=\boldsymbol{f}, \quad (\boldsymbol{f}(\boldsymbol{a}),\boldsymbol{a})>0 \quad (\boldsymbol{a}\neq\boldsymbol{o}), $$

（${}^t\boldsymbol{f}$ は $\boldsymbol{f}$ の転置写像）をみたすとき，$\boldsymbol{f}$ を**正値対称変換**とよべば，定理 5.40 は一般化できて，$\boldsymbol{L}^n$ の任意の（正則）線形変換は正値対称変換と直交変換の合成として一意に表わされることが証明できる．

また $n$ 次元複素計量ベクトル空間 $\boldsymbol{L}^n$ に対しては，線形写像 $\boldsymbol{f}:\boldsymbol{L}^n\to\boldsymbol{L}^n$ が

$$ \boldsymbol{f}^*=\boldsymbol{f}, \quad (\boldsymbol{f}(\boldsymbol{a}),\boldsymbol{a})>0 \quad (\boldsymbol{a}\neq\boldsymbol{o}), $$

（$\boldsymbol{f}^*$ は $\boldsymbol{f}$ の随伴写像）をみたすとき，$\boldsymbol{f}$ を**正値エルミート変換**とよべば，$\boldsymbol{L}^n$ の任意の（正則複素）線形変換は正値エルミート変換とユニタリ変換の合成として一意に表わされることが知られており，このことは上の実数の場合と同様の方法で証明できる．

**問 1**　直交行列 $\begin{bmatrix}\cos\theta & -\sin\theta \\ \sin\theta & \cos\theta\end{bmatrix}$ をユニタリ行列で変換して対角化せよ．またこの直交行列は $\theta\neq k\pi$ ならばどんな直交行列で変換しても対角化できない．

**問 2**　1次ユニタリ群 $U(1)$ は絶対値1の複素数全体のつくる複素数の積による群と同一視できる．

**問 3**　$\boldsymbol{R}^2$ の回転群は上の群 $U(1)$ と同一視できる．

# 問 の 解 答

## 2 章

**2.1** (pp. 21-22)

**問 1** $B_3O \square BB_{12} \square B_{23}B_2$ だから $B_3O \square B_{23}B_2$.

**問 2** 定理 2.5(ii) より明らか.

**問 3** (2.4) より平面 $\varepsilon$ と点 $A \not\in \varepsilon$ が存在し, 定理 2.5(iii) より $\varepsilon // \varepsilon'$ となる平面 $\varepsilon' \ni A$, または (2.2), 定理 2.2(ii) より直線 $l(\subset \varepsilon)$ と $A$ を含む平面 $\varepsilon''$ をとればよい.

**問 4** 定理 2.5(ii), 2.6 よりただちに示される.

**問 5** 定理 2.5(i) より $l_1 // \varepsilon_2$ で点 $A \in \varepsilon_1 \cap \varepsilon_2$ をとおる $l_1$ の平行線 $l_3$ は $l_3 \subset \varepsilon_2$, $l_3 \subset \varepsilon_1$, 従って $l_3 = \varepsilon_1 \cap \varepsilon_2$. $l_2$ についても同様.

**2.3** (p. 36)

**問 1** $l(B_1, B_2), l(A_1, A_3)$ が 1 点 $C$ で交わるとき, 例題 2 より $x_1x_2\overrightarrow{CA_1}=\overrightarrow{CA_3}$ で, $\triangle A_1A_3A_4$ に対する例題 2 より求める結果がえられる. $l(B_3, B_4)$ と $l(A_1, A_3)$ が 1 点で交わるときも同様で, $l(B_1, B_2)//l(A_1, A_3)//l(B_3, B_4)$ のときは定理 2.28 より $x_1x_2=x_3x_4=1$ となる.

**問 2** (i) $l(A_2, B_3), l(A_3, B_1)$ の交点を $C$ とし, $y\overrightarrow{CA_2}=\overrightarrow{CB_3}$ とおく. (2.20) より $(1-x_3)\overrightarrow{A_3B_3}=\overrightarrow{A_3A_1}$ だから, $\triangle A_1A_2B_3$ に対する例題 2 より $x_1y(1-x_3)=1$. また $((x_3-1)/x_3)\overrightarrow{A_1B_3}=\overrightarrow{A_1A_3}, (1/x_2)\overrightarrow{B_2A_3}=\overrightarrow{B_2A_1}$ だから $\triangle A_2B_3A_3$ に対する例題 2 より $C \in l(A_1, B_2)$ であるためには $(x_3-1)y/x_2x_3=1$ すなわち $x_1x_2x_3=-1$ が必要十分である. (ii) $\varepsilon_1 \cap \varepsilon_2 = l(B_1, B_3), \varepsilon_2 \cap \varepsilon_4 = l(B_2, B_4)$ で, この 2 直線が交わることと $B_i (1 \leq i \leq 4)$ が 1 平面上にあることは同値だから, 上の問より (ii) がわかる.

## 3 章

**3.2** (p. 47)

**問 4** $\boldsymbol{a}_1 = ((\boldsymbol{a}_1+\boldsymbol{a}_2)+(\boldsymbol{a}_1-\boldsymbol{a}_2))/2, \boldsymbol{a}_2 = ((\boldsymbol{a}_1+\boldsymbol{a}_2)-(\boldsymbol{a}_1-\boldsymbol{a}_2))/2$ だから, 定理 3.7 より $L(\boldsymbol{a}_1, \boldsymbol{a}_2) \subset L(\boldsymbol{a}_1+\boldsymbol{a}_2, \boldsymbol{a}_1-\boldsymbol{a}_2)$. 逆の包含関係も同様.

**3.3** (p. 54)

**問 1** (2) $8(2\boldsymbol{a}_1-\boldsymbol{a}_2)-7(\boldsymbol{a}_1+\boldsymbol{a}_2)+3(-3\boldsymbol{a}_1+5\boldsymbol{a}_2)=\boldsymbol{o}$.

(3) $(\boldsymbol{a}_1+\boldsymbol{a}_2)-2(3\boldsymbol{a}_1-\boldsymbol{a}_2+\boldsymbol{a}_3)+(5\boldsymbol{a}_1-3\boldsymbol{a}_2+2\boldsymbol{a}_3)=\boldsymbol{o}$.

**問 2** $x_1(\boldsymbol{e}_1+\boldsymbol{e}_2)+x_2(\boldsymbol{e}_2+\boldsymbol{e}_3)+x_3(\boldsymbol{e}_3+\boldsymbol{e}_1)=\boldsymbol{o}$ ならば, $x_1+x_3=x_1+x_2=x_2+x_3=0$, 従って $x_1=x_2=x_3=0$.

**3.4** (p. 59)

**問 1** 系 3.16 より明らか.

**問 3** （1） $\{3\boldsymbol{e}_1-2\boldsymbol{e}_2, \boldsymbol{e}_3\}$． （2） $\{\boldsymbol{e}_1+2\boldsymbol{e}_2, 3\boldsymbol{e}_2-\boldsymbol{e}_3\}$．

**3.5** (p.67)

**問 2** $x_1/a_1+x_2/a_2+x_3/a_3=1$．

**問 3** 例題4より $\lambda p+\mu q=0$ となる $\lambda, \mu$ をとればよいから，$(q\boldsymbol{p}-p\boldsymbol{q}, \boldsymbol{x})=0$．

**問 4** 定理 3.30 より容易に示される．

**問 5** $3x_1-2x_2=7$．

**問 6** 第1の直線を含む平面は例題4より $(\lambda+2\mu)x_1+(-2\lambda+3\mu)x_2+(\lambda-2\mu)x_3=3\lambda+\mu$． これが第2の直線と平行となるのは例題5より $3\lambda'+2\mu'=\lambda+2\mu$，$\lambda'-3\mu'=-2\lambda+3\mu$，$2\lambda'-\mu'=\lambda-2\mu$． $\lambda=53, \mu=20$ はこれをみたし， 求める平面は $93x_1-46x_2+13x_3=179$．

**4 章**

**4.1** (p.76)

**問 1** ピタゴラスの定理(と定理 4.9(i))より明らか．

**問 2** 定理 4.9(i)と，前半は定理 4.7(i)，後半は(4.2)(iii)より容易にわかる．

**問 3** 補題 4.2 より $A$ から $l$ への垂線を $m_1$，その足を $A'$ とし， 定理 4.9(iii)より $l, m_1$ を含む平面への垂線 $m_2\ni A'$ をとれば，$m_1, m_2$ を含む平面 $\varepsilon$ が求めるただ1つの平面である．

**4.2** (pp.82-83)

**問 1** その証明より $(\boldsymbol{a}, \boldsymbol{b})=|\boldsymbol{a}||\boldsymbol{b}|$ のとき， すなわちその(ii)と内積の定義より $\boldsymbol{b}=x\boldsymbol{a}(x\geqq 0)$ または $\boldsymbol{a}=y\boldsymbol{b}(y\geqq 0)$ のとき，である．

**問 2** 線形部分空間となることは (4.11)，(4.7)， 補題 3.6 より明らか． $\boldsymbol{a}_i=\overrightarrow{OA_i}$ として $l_1=l(O, A_1)$ の垂線 $l_2\ni O$，$l_2\subset\varepsilon(O, A_1, A_2)$ および $\varepsilon(O, A_1, A_2)$ の垂線 $l_3\ni O$ をとり，$d(O, E_i)=1, E_i\in l_i$ として正規直交基底 $\boldsymbol{e}_i=\overrightarrow{OE_i}(i=1,2,3)$ を考えれば，前者は $L(\boldsymbol{e}_2, \boldsymbol{e}_3)$，後者は $L(\boldsymbol{e}_3)$ となり，次元のこともわかる．

**問 3** $B$ をとおる直線 $\boldsymbol{x}=\boldsymbol{b}+t\boldsymbol{v}$ ($|\boldsymbol{v}|=1$) が $l$ と点 $B'$ で直交するのは，例題3より

$$(\boldsymbol{u}, \boldsymbol{v})=0, \qquad \boldsymbol{b}'=\boldsymbol{a}+t_0\boldsymbol{u}=\boldsymbol{b}+t_1\boldsymbol{v},$$

のときである． 従って $t_0=(\boldsymbol{b}-\boldsymbol{a}, \boldsymbol{u})$ で， $d(B, B')^2=d(A, B)^2-d(A, B')^2=(\boldsymbol{b}-\boldsymbol{a})^2-(\boldsymbol{b}'-\boldsymbol{a})^2=(\boldsymbol{b}-\boldsymbol{a})^2-t_0{}^2=(\boldsymbol{b}-\boldsymbol{a})^2-(\boldsymbol{b}-\boldsymbol{a}, \boldsymbol{u})^2$．

**問 4** (4.17) は $(\boldsymbol{p}, \boldsymbol{x}+\boldsymbol{b})=p-(\boldsymbol{p}, \boldsymbol{b})$ となり，これは $B$ を原点とする方程式である． 従って例題4の後半より求める結果がえられる．

**4.3** (p.86)

**問 1,2** 系 4.18 より明らか．

**問 3** 例題2より左辺は $(\boldsymbol{c}, [\boldsymbol{d}, [\boldsymbol{a}, \boldsymbol{b}]])$ に，従って例題 1(i) より右辺に等しい．

**4.4** (pp.94-95)

**問 1** 補題 4.21(ii)，3.6 より明らか．

**問 2** (4.35) または (4.38) で $\boldsymbol{a}'\in L(\boldsymbol{e})^{\perp}$ または $L(\boldsymbol{e}_1, \boldsymbol{e}_2)^{\perp}$．

問 3 （1） (4.32) より $\mathrm{pr}_{a_1}(\boldsymbol{a}_2)=-\boldsymbol{a}_1/2$ だから，$\boldsymbol{a}_2'=\boldsymbol{a}_2+\boldsymbol{a}_1/2=(5\boldsymbol{e}_1-5\boldsymbol{e}_2+2\boldsymbol{e}_3)/2$. さらに $\mathrm{pr}_{a_1}(\boldsymbol{a}_3)=\boldsymbol{a}_1, \mathrm{pr}_{a_2'}(\boldsymbol{a}_3)=-4\boldsymbol{a}_2'/9$ だから，$\boldsymbol{a}_3'=\boldsymbol{a}_3-\boldsymbol{a}_1+4\boldsymbol{a}_2'/9=(\boldsymbol{e}_1-\boldsymbol{e}_2-5\boldsymbol{e}_3)/9$. $\boldsymbol{a}_1, \boldsymbol{a}_2', \boldsymbol{a}_3'$ を正規化して，求める正規直交基底は

$$(\boldsymbol{e}_1+\boldsymbol{e}_2)/\sqrt{2},\quad (5\boldsymbol{e}_1-5\boldsymbol{e}_2+2\boldsymbol{e}_3)/3\sqrt{6},\quad (\boldsymbol{e}_1-\boldsymbol{e}_2-5\boldsymbol{e}_3)/3\sqrt{3}.$$

（2） 例題3より計算すれば，$g_{ij}=(\boldsymbol{a}_i, \boldsymbol{a}_j)$ は $g_{11}=6, g_{22}=6, g_{12}=3, g_{13}=6, g_{23}=6$ だから，$\boldsymbol{a}_2'=\boldsymbol{a}_2-\boldsymbol{a}_1/2$, $\boldsymbol{a}_3'=\boldsymbol{a}_3-2\boldsymbol{a}_1/3-2\boldsymbol{a}_2/3$ となり，正規化して $(2\boldsymbol{e}_1-\boldsymbol{e}_2+\boldsymbol{e}_3)/\sqrt{6}$, $(\boldsymbol{e}_2+\boldsymbol{e}_3)/\sqrt{2}$, $(\boldsymbol{e}_1+\boldsymbol{e}_2-\boldsymbol{e}_3)/\sqrt{3}$.

## 5 章

### 5.2 (p.109)

問 1 （1） 3. （2） 2. （3） 3. （4） 3.

### 5.3 (p.116)

問 1 （1),（3） 直交変換，（2） 直交変換でない．

問 2 補題 5.27 よりわかる．たとえば，第2式の左辺$=(-1_{e_3})\circ(-1_{e_1})\circ \boldsymbol{r}_{e_1,e_2}(\theta)=\boldsymbol{r}_{e_1,e_2}(-\theta)\circ(-1_{e_3})\circ(-1_{e_1})=$右辺.

### 5.4 (pp.123-124)

問 1 （1） $\cos\theta=-\sqrt{2}/\sqrt{3}$, $\sin\theta=1/\sqrt{3}$, $\varphi=7\pi/4$, $\psi=\pi$, 回転，軸は $(-(\sqrt{3}+1)(\sqrt{2}+1)\boldsymbol{e}_1+(\sqrt{3}+1)\boldsymbol{e}_2-(\sqrt{2}+1)\boldsymbol{e}_3)/\sqrt{6}$, 角 $\alpha$ は §5.5 例題2より $\cos\alpha=(\sqrt{3}-1)(\sqrt{2}-1)/\sqrt{6}$.

（3） $\theta=\pi/3$, $\varphi=5\pi/4$, $\psi=3\pi/4$, 回転でない，軸 $\boldsymbol{u}=(\boldsymbol{e}_1-\boldsymbol{e}_2)/\sqrt{2}$, §5.5 例題2より $\alpha=2\pi/3$.

問 2 (5.24), (5.32), (5.36) より容易にわかる．

問 3 §5.3 例題2より回転は右手系を右手系にうつすから，外積の定義より明らか．

問 4 系 5.33(iii) より $(-1)\circ\boldsymbol{r}$ は回転ではなく，逆に回転でない $\boldsymbol{s}$ に対し回転 $(-1)\circ\boldsymbol{s}$ を対応させる写像が逆写像である．

### 5.5 (p.132)

問 1 （1） ${}^t\boldsymbol{f}\circ\boldsymbol{f}$ の固有値は $\lambda_1=4$, $\lambda_2=(3+\sqrt{5})/2=((\sqrt{5}+1)/2)^2$, $\lambda_3=((\sqrt{5}-1)/2)^2$, それぞれに属する長さ1の固有ベクトルは

$$\boldsymbol{u}_1=\boldsymbol{e}_2,\quad \boldsymbol{u}_2=(2\boldsymbol{e}_1-(\sqrt{5}-1)\boldsymbol{e}_3)/\sqrt{10-2\sqrt{5}},\quad \boldsymbol{u}_3=(2\boldsymbol{e}_2+(\sqrt{5}+1)\boldsymbol{e}_3)/\sqrt{10+2\sqrt{5}}).$$

正値対称変換 $\boldsymbol{g}$ はこれらにより $\boldsymbol{g}(\boldsymbol{u}_i)=\sqrt{\lambda_i}\boldsymbol{u}_i(1\leqq i\leqq 3)$. 直交変換 $\boldsymbol{f}_1=\boldsymbol{f}\circ\boldsymbol{g}^{-1}$ は $\boldsymbol{f}_1(\boldsymbol{e}_1)=(\boldsymbol{e}_1+2\boldsymbol{e}_2)/\sqrt{5}, \boldsymbol{f}_1(\boldsymbol{e}_2)=\boldsymbol{e}_3, \boldsymbol{f}_1(\boldsymbol{e}_3)=(-2\boldsymbol{e}_1+\boldsymbol{e}_2)/\sqrt{5}$ で，$\theta=\psi=\pi/2, \cos\varphi=-2/\sqrt{5}$, $\sin\varphi=1/\sqrt{5}$ とした (5.38) の形であり，$\boldsymbol{u}=2\boldsymbol{e}_1-(\sqrt{5}+1)(\boldsymbol{e}_2-\boldsymbol{e}_3)$ のまわりの角 $\alpha$, $\cos\alpha=-(\sqrt{5}+1)/2\sqrt{5}$, の回転と $-1$ の合成である．

（2） これは対称変換であるが正値ではない．実際 $\boldsymbol{f}$ の固有値は $2, -1, -1$ で，正規直交基底 $\boldsymbol{u}_1=(\boldsymbol{e}_1+\boldsymbol{e}_2+\boldsymbol{e}_3)/\sqrt{3}, \boldsymbol{u}_2=(\boldsymbol{e}_1-\boldsymbol{e}_2)/\sqrt{2}$, $\boldsymbol{u}_3=(\boldsymbol{e}_1-\boldsymbol{e}_3)/\sqrt{2}$ に関し，$\boldsymbol{f}(\boldsymbol{u}_1)=2\boldsymbol{u}_1, \boldsymbol{f}(\boldsymbol{u}_2)=-\boldsymbol{u}_2, \boldsymbol{f}(\boldsymbol{u}_3)=-\boldsymbol{u}_3$ となる．従って求める正値対称変換 $\boldsymbol{g}$ は $\boldsymbol{g}(\boldsymbol{u}_1)=2\boldsymbol{u}_1$,

$g(u_2)=u_2, g(u_3)=u_3$，直交変換 $f_1=f\circ g^{-1}$ は $(-1_{u_2})\circ(-1_{u_3})=r_{u_2,u_3}(\pi)$.

**6 章**

**6.2** (pp. 144-145)

**問 1** (1) 独立. (2) 従属.

**問 2** 系 6.17 を用いて §3.4 例題 2 と全く同様に示される.

**問 3** (必要) 系 6.17 より明らか. (十分) $e_1, \cdots, e_n$ が独立でなければ，そのある 1 つは他の線形結合となり，$L=L(e_1, \cdots, e_n)$ はその 1 つを除いた残りではられることとなり，仮定に反する.

**問 4** 上の問 3 よりただちに示される.

**6.3** (p. 151)

**問 1** 定理 3.25 と同様の操作で，$1_1, 1_3, (1_2+1_4)/\sqrt{2}$ が $M$ の正規直交基底であることがわかる．従って $M^\perp$ は $(1_2-1_4)/\sqrt{2}$ ではられる.

**問 2** $f(a)=o$ ならば，(6.20) より $(a,a)=(f(a),f(a))=0$ 従って $a=o$ がわかり，定理 6.5(ii) より $f$ は単射である.

**問 3** 定義と補題 6.20( i ) より容易にわかる.

**6.4** (p. 159)

**問 1** $h_*$ が定義できることは線形写像の合成が線形写像となるからよい．$h_*$ の線形性は明らか．さらに線形写像 $h' : M' \to M''$ に対し明らかに $(h'\circ h)_*=h_*'\circ h_*$ で，恒等写像 $1_M$ に対し $1_{M*}$ は $\mathrm{Hom}(L,M)$ の恒等写像である．従って $h$ が同形写像のとき，$(h^{-1})_*\circ h_*$, $h_*\circ(h^{-1})_*$ はそれぞれ $\mathrm{Hom}(L,M), \mathrm{Hom}(L,M')$ の恒等写像で，$h_*$ は同形写像であることがわかる.

**問 2** 問 1 と同様.

**問 3** $F, G$ に対応する線形写像 $f : L^n \to M^m, g : M^m \to L^n$ の合成 $g\circ f$ に積 $GF$ が対応している．$\mathrm{Im}(g\circ f)\subset \mathrm{Im}\, g$ で，定理 6.29( i ) より $\dim \mathrm{Im}\, g \leqq m$. 従って $\dim \mathrm{Im}(g\circ f)\leqq m<n$ で，その (iii) より $g\circ f$ は全射ではなく，$GF$ は正則でない.

**6.5** (p. 165)

**問 1** $S'=P'+L', L'=L(a_1, \cdots, a_m), m=\dim L'$，とすれば，仮定より $a=\overrightarrow{P'P}\notin L'$ で $L''=L(a, a_1, \cdots, a_m)$ は $m+1$ 次元であり，求める $m+1$ 次元部分空間は $P'+L''$ だけである.

**問 2** $a=\overrightarrow{PQ}, b=\overrightarrow{PR}$ ならば (6.43), (6.44) より $\overrightarrow{QR}=b-a$ であり，(6.47), (6.18), (6.48) より §4.2 例題 1 の証明と全く同様に証明できる.

**問 3** 平行である条件はそれらが $a_i+L(u)^\perp$ $(i=1,2)$ であることで，$x\in a_i+L(u)$ は $(u,x)=(u,a_i)$ と同値だから求める結果が成り立つ.

**問 4** 直線 $a+L(u)$ と超平面 $b+L(\pm p)^\perp$ が平行である条件は $u\in L(\pm p)^\perp$，すなわち $(p,u)=0$，である.

## 7 章

### 7.2 (p.178)

**問 1,2** 問1は明らか. 任意の $\boldsymbol{a}=\sum a_j\boldsymbol{e}_j$ $(a_j\in\boldsymbol{C})$ は $a_j=b_j+ic_j$ $(b_j,c_j\in\boldsymbol{R})$ とおけば $\boldsymbol{a}=\sum b_j\boldsymbol{e}_j+\sum c_j(i\boldsymbol{e}_j)$ となり，実ベクトル空間 $\boldsymbol{L}$ は $\boldsymbol{e}_j, i\boldsymbol{e}_j$ $(1\leqq j\leqq n)$ ではられる. また $\sum b_j\boldsymbol{e}_j+\sum c_j(i\boldsymbol{e}_j)=\boldsymbol{o}$ $(b_j,c_j\in\boldsymbol{R})$ならば，この左辺は $\sum(b_j+ic_j)\boldsymbol{e}_j$ で，$\boldsymbol{e}_j(1\leqq j\leqq n)$ は複素ベクトル空間 $\boldsymbol{L}$ の基底だから $b_j+ic_j=0$，すなわち $b_j=c_j=0$，となり，求める結果がわかる.

### 7.3 (p.184)

**問 1** 与えられた行列 $F$ を $T=\begin{bmatrix}1/\sqrt{2} & i/\sqrt{2}\\ 1/\sqrt{2} & -i/\sqrt{2}\end{bmatrix}$ で変換すれば，
$TFT^*=\begin{bmatrix}\cos\theta+i\sin\theta & 0\\ 0 & \cos\theta-i\sin\theta\end{bmatrix}$ となる. もし直交行列で対角化できれば，$F$ は2つの実数の固有値をもつから矛盾である.

**問 2** 殆んど明らか.

**問 3** $\boldsymbol{R}^2$ の回転は問1の形の直交変換であり，それと複素数 $\cos\theta+i\sin\theta$ を同一視できる.

# 参　考　書

線形写像に関連して，行列・行列式の理論について

奥川光太郎著　‘線形代数学入門’　朝倉書店

を引用したが，それらの理論も含めて線形代数学のより詳しい教科書として，たとえば

ア・マリツェフ著　‘線形代数学（２巻）’　東京図書

をあげておこう．

ベクトル空間の代数的な一般化である加群の理論も含めて現代代数学については，

ファンデルヴェルデン著　‘現代代数学（３巻）’　東京図書

弥永昌吉・小平邦彦著　‘現代数学概説 I’　岩波書店

服部　昭著　‘現代代数学’，‘同演習’　朝倉書店

などがあげられよう．

線形変換群などの理論，すなわちそれらを位相的にも考察する連続群論も，非常に重要であるが，たとえば

森本明彦著　‘微分解析幾何学入門’　朝倉書店

山内恭彦・杉浦光夫著　‘連続群論入門’　培風館

ポントリャーギン著　‘連続群論（２巻）’　岩波書店

などはすぐれた教科書である．

さらに，いわゆるベクトル解析や線形位相空間の理論について，

岩堀長慶著　‘ベクトル解析’　裳華房

ニッカーソン・スペンサー・スティーンロッド著　‘現代ベクトル解析’　岩波書店

ケレイ・ナミオカ著　‘線形位相空間論’　共立出版

をあげておこう．

# 索　引

## ア　行



## カ　行

## サ 行

## タ　行

## ナ 行



## ハ 行

## マ　行



## ヤ　行



## ラ　行



## ワ　行

# 記　号　表

**著者略歴**

小松醇郎（こまつあつお）

1909年　東京に生れる
1932年　東京帝国大学理学部卒業
　　　　元京都大学教授・理学博士

菅原正博（すがわらまさひろ）

1928年　八戸市に生れる
1950年　北海道大学理学部卒業
　　　　元広島大学教授・理学博士

基礎数学シリーズ3
**ベクトル空間入門**　　定価はカバーに表示

1974年11月25日　初版第1刷
2004年12月1日　復刊第1刷

著　者　小　松　醇　郎
　　　　菅　原　正　博
発行者　朝　倉　邦　造
発行所　株式会社　朝　倉　書　店
東京都新宿区新小川町6-29
郵便番号　162-8707
電　話　03(3260)0141
FAX　03(3260)0180
http://www.asakura.co.jp

〈検印省略〉



中央印刷・渡辺製本

ISBN 4-254-11703-5　C 3341　　Printed in Japan